博物文库 · 生态与文明系列

DEEP FUTURE
THE NEXT 100,000 YEARS OF LIFE ON EARTH

# 十万年后的地球

[美] 寇特 · 史塔格
(Curt Stager) 著
王家轩 译

北京大学出版社
PEKING UNIVERSITY PRESS

**著作权合同登记号 图字：01-2017-8006**

**图书在版编目(CIP)数据**

十万年后的地球 / (美) 寇特・史塔格(Curt Stager) 著；王家轩译. — 北京：北京大学出版社，2020.8

ISBN 978-7-301-28553-4

Ⅰ. ①十… Ⅱ. ①寇… ②王… Ⅲ. ①全球气候变暖—研究 Ⅳ. ① P461

中国版本图书馆 CIP 数据核字（2020）第 095068 号

DEEP FUTURE: THE NEXT 100,000 YEARS OF LIFE ON EARTH


书 名 十万年后的地球
SHI WAN NIAN HOU DE DIQIU
著作责任者 [美] 寇特・史塔格(Curt Stager) 著 王家轩 译
策划编辑 周志刚
责任编辑 王 彤
标准书号 ISBN 978-7-301-28553-4
出版发行 北京大学出版社
地 址 北京市海淀区成府路 205 号 100871
网 址 http://www.pup.cn 新浪微博：@ 北京大学出版社
微信公众号 科学与艺术之声（微信号：sartspku）
电子信箱 zyl@pup.pku.edu.cn
电 话 邮购部 010-62752015 发行部 010-62750672
编辑部 010-62753056
印 刷 者 北京中科印刷有限公司
经 销 者 新华书店
880 毫米 ×1230 毫米 A5 10.625 印张 240 千字
2020 年 8 月第 1 版 2021 年 11 月第 4 次印刷
定 价 60.00 元

---

# 目录 CONTENTS

# 致谢

促成这本书诞生的原因有很多，但最主要的一个是记者伊丽莎白·科尔伯特（Elizabeth Kolbert）与科学家戴维·阿彻（David Archer）的著作带给我的灵感。科尔伯特刊登在《纽约客》（*The New Yorker*）上的文章《变色的海洋》（The Darkening Sea），让我认识到全球碳污染引发的海水酸化问题。阿彻的研究论文则指出，地球要从碳污染当中恢复过来，得花费相当长的时间，长到与地球上曾经发生的古生态变化所需的时间不相上下，这让我感到特别好奇。当然，除了这两位播下的种子之外，还有许许多多的机缘同样功不可没。

自小我的父母就鼓励我对自然世界进行探索，而后在学术界各位师长的提携照顾之下，儿时的兴趣才终于开花结果。这些师长包括鲍登学院与杜克大学的贾尼斯·安东诺维克斯（Janis Antonovics）、保罗·贝克（Paul Baker）、德怀特·比林斯（Dwight Billings）、拉里·卡洪（Larry Cahoon）、查克·亨廷顿（Chuck Huntington）、阿特·赫西（Art Hussey）、丹·利文斯通（Dan

Livingstone)、约翰·伦德伯格(John Lundberg)、吉姆·莫尔顿(Jim Moulton)、弗雷德·尼胡特(Fred Nijhout)、史蒂夫·沃格尔(Steve Vogel)、亨利·韦尔伯(Henry Wilbur)等人。

在研究尼奥斯火口湖惨案与《国家地理》(*National Geographic*)杂志涉及的其他话题时,比尔·艾伦(Bill Allen)、汤姆·坎比(Tom Canby)、福特·科克伦(Ford Cochran)、里克·戈尔(Rick Gore)、克里斯·约翰斯(Chris Johns)与托尼·苏奥(Tony Suau)助我一窥科学新闻写作的堂奥。后来,多才多艺、既能编也能写的迪克·比米什(Dick Beamish)、菲尔·布朗(Phil Brown)〔《阿迪朗达克探索者》(*Adirondack Explorer*)〕、贝齐·福韦尔(Betsy Folwell)、玛丽·蒂尔(Mary Thill)〔《阿迪朗达克生活》(*Adirondack Life*)〕、莫里斯·肯尼(Maurice Kenny)与克里斯托弗·肖(Christopher Shaw)等人又带领着我在这个领域里精益求精。

1987年进入保罗·史密斯学院任教后没多久,我在纽约州圣劳伦斯大学的北国公共广播电台认识了另一群杰出的新闻工作者,他们邀请我加入新闻主持人玛莎·弗利(Martha Foley)主持的一个每周五分钟的小节目。在节目里,玛莎装作是对各种科学问题都有兴趣的普通人,问题五花八门,从蜻蜓到板块漂移都有,而我得提供科学的解释。二十多年来,节目名称已从"田野笔记"(Field Notes)改为"自然选择"(Natural Selections),玛莎与我也共同录制了千百期节目,其中不少现在都公开在网站(www.ncpr.org)上。多亏玛莎既有耐心又一丝不苟的训练,我现在能够轻松自信地向普通大众解释复杂的科学问题。另外,拉马尔·布利斯(Lamar Bliss)、肯·布朗(Ken Brown)、约尔·赫德(Joel Hurd)、布莱恩·曼（Brian Mann）、埃伦·洛可（Ellen Rocco）以及电台的其他工作人员，都是同样值得敬重的工作伙伴。

在本书的写作过程中，很多科学家为我提供了宝贵的灵感、建议与信息渠道，他们是胡恩·阿布拉亚诺（Jun Abrajano）、戴维·阿彻、科林·拜厄（Colin Beier）、丹·贝尔纳普（Dan Belknap）、保罗·布兰乔（Paul Blanchon）、理查德·布兰特（Richard Brandt）、马克·布伦纳（Mark Brenner）、戈登·布罗姆利（Gordon Bromley）、肯·卡尔德拉（Ken Caldeira）、阿尼·卡泽纳夫（Anny Cazenave）、布莱恩·蔡斯（Brian Chase）、杰夫·加伦杰里（Jeff Chiarenzelli）、布莱恩·卡明（Brian Cumming）、埃伦·库拉诺（Ellen Currano）、凯茜·戴罗（Kathie Dello）、安德鲁·德罗什（Andrew Derocher）、迈克·法雷尔（Mike Farrell）、安德烈·加诺波尔斯基（Andrei Ganopolski）、戈登·汉密尔顿（Gordon Hamilton）、达登·胡德（Darden Hood）、米米·卡茨（Mimi Katz）、乔·凯利（Joe Kelley）、乔治·雅各布森（George Jacobson）、安德烈·库尔巴托夫（Andrei Kurbatov）、玛丽－弗朗斯·卢特（Marie-France Loutre）、柯克·马施（Kirk Maasch）、保罗·麦威斯基（Paul Mayewski）、斯泰西·麦克纳尔蒂（Stacy McNulty）、迈克·梅多斯（Mike Meadows）、约翰内斯·欧乐门（Johannes Oerlemans）、尼尔·奥普代克（Neil Opdyke）、库尔特·拉德梅克（Kurt Rademaker）、唐·罗德贝尔（Don Rodbell）、比尔·拉迪曼（Bill Ruddiman）、丹·桑德维斯（Dan Sandweiss）、约翰·斯莫尔（John Smol）、康拉德·斯特芬（Konrad Steffen）、尤金·斯托莫（Eugene Stoermer）、洛威尔·斯托特（Lowell Stott）、

杰罗姆·泰勒（Jerome Thaler）、皮特·费尔堡（Piet Verburg）、克里斯·威廉姆斯（Chris Williams）、布伦登·威尔茨（Brendan Wiltse）与柯尔斯顿·齐克菲尔德（Kirsten Zickfeld）。在2009年12月的哥本哈根世界气候大会期间，美国地球物理学会发动众多科学家组成了一个志愿者团队，二十四小时随时在网络上为记者们提供专业问题的解答。其中几位当时就条理分明地解开了我的疑惑，让我感佩万分。他们是吉尔·巴龙（Jill Baron）、杰弗里·杜克斯（Jeffrey Dukes）、凯瑟琳·海霍（Katharine Hayhoe）、威廉姆·霍华德（William Howard）、伊姆提亚茨·兰瓦拉（Imtiaz Rangwala）、杰夫·里奇（Jeff Richey）、沃尔特·罗宾逊（Walter Robinson）、斯潘塞·沃特（Spencer Weart）与布鲁斯·维利奇（Bruce Wielicki）。没有这几位学养深厚的专家的慷慨协助，我无法完成本书。但书中可能出现的一切疏漏谬误都由笔者一人承担，与他人无关。

我在非洲与秘鲁做的古生态研究的部分内容构成了本书重要的一环，该研究得到了美国国家科学基金会、美国国家地理学会与科默基金会的赞助。我要特别感谢美国国家卫生基金会的戴夫·维拉多（Dave Verardo）与保罗·菲尔默（Paul Filmer）在公关工作与学术研究上给我的鼓励。保罗·史密斯学院、圣劳伦斯大学、女王大学及缅因大学的气候变化研究所都是我有力的后盾。此外，若非亚力克斯·C.沃克基金会、保罗·史密斯学院以及大自然保护协会提供的资金与后勤资源，我对阿迪朗达克山区与尚普兰盆地的研究也不可能完成。

我的朋友、家人、同事，有的帮我编辑，有的帮我整理文献，有的给我意想不到的灵感，在本书写作出版的过程中给予了我许多帮助，我要诚挚地向他们道谢。他们包括肯·亚伦（Ken Aaron）、梅格·伯恩斯坦（Meg Bernstein）、桑迪·布朗（Sandy Brown）、帕特·克莱兰（Pat Clelland）、劳拉林·戴尔（Lauralyn Dyer）、乔里·法夫罗（Jorie Favreau）、凯瑟琳·菲茨杰拉德（Kathleen Fitz-gerald）、玛莎·弗利、艾瑞克·霍姆伦德（Eric Holmlund）与他的学生、卡里·约翰逊（Kary Johnson）、德沃拉·卡米斯（Devora Kamys）、希拉里·洛根－德舍纳（Hillarie Logan-Dechene）、比尔·麦吉本（Bill McKibben）、约翰·米尔斯（John Mills）、理查德·纳尔逊（Richard Nelson）、帕特·皮里斯（Pat Pillis）、谢里尔·普鲁夫（Cheryl Ploof）、卡尔·普茨（Carl Putz）、米米·赖斯（Mimi Rice）、克里斯托弗·肖、苏珊·斯威尼（Susan Sweeney）与比尔·斯威尼（Bill Sweeney）、里安·斯波恩（LeeAnn Sporn）、杰伊·史塔格（Jay Stager）与阿莎·史塔格（Asha Stager）、玛丽·蒂尔，以及威尔·提索特（Will Tissot）。

多年前，阿迪朗达克写作中心的纳塔莉·蒂尔（Natalie Thill）邀请科学家、作家贝恩德·海因里希（Bernd Heinrich）到当地演讲。贝恩德与我相谈甚欢，我蒙他的厚爱，被介绍给桑迪·迪科斯彻（Sandy Dijkstra），我鞠躬尽瘁的经纪人。在桑迪与其团队锲而不舍的努力，以及约翰·皮尔斯（John Pearce）与卡斯皮安·丹尼斯（Caspian Dennis）两位经纪人的力挺之下，本书的书稿得到了托马斯·邓恩（Thomas Dunne，圣马丁出版社）、吉姆·吉福德（Jim Gifford，哈珀柯林斯加拿大出版公司）、亨利·罗森布鲁姆（Henry Rosenbloom，Scribe 出版社）以及 Duckworth Overlook 出版社同仁的注意。与托马斯·邓恩的团队，特别是与我优秀的编辑彼得·约瑟夫（Peter Joseph）合作非常愉快。在提高本书的曝光度上，我该感谢梅丽尔·莫斯（Meryl Moss）传媒公司与Scribe出版社的艾玛·莫里斯（Emma Morris）。

最后，我要向我的知己兼伴侣凯莉·约翰逊（Kary Johnson）献上最深挚的感谢。在过去三年的研究与写作过程中，她是我最温柔、最睿智的依靠。尽管成堆的档案文件塞满了家中各个角落，尽管无数的夜晚与周末我都抱着笔记本电脑埋头写作，但凯莉不仅毫无怨言，还给我极大的鼓舞与支持。她时常在我十万火急时帮我找照片、绘图制表，或是为了遣词用字而大伤脑筋。当我有了一个新点子、新思路，想要往前冲时，她勇敢地陪着我冒险；当我太冒进时，她嘱咐我小心谨慎。是她让我能在这趟旅程当中持续走下去。没有她，我就无法完成此书。

# 序　言

地球上诞生了一个新物种，它……赋予了大地新面貌，它主宰万物以为己所用，最终也自食其果。

——约翰·巴勒斯（John Burroughs），
《接受宇宙》（*Accepting the Universe*）

让我们欢迎人类时代（Age of Humans）的降临，这是地球历史的崭新篇章，并已然成为主流科学界公认的事实。

让我们同时欢迎自然世界之终结。自然世界曾经或多或少地独立于人类世界之外，然而，由于你我不知不觉中在全球各地造成的碳污染，自然世界的时代即将落幕。而碳污染贻害深远，将祸及我们的子子孙孙，历时之久，将远远超过大多数人的想象。

让我们来一窥2100年之后的世界会是什么样子吧！尽管目前大多数针对未来地球的思考与讨论都以这一时间为限，但是，你将会看到，今日人们之所作所为，对地球生态造成的冲击，其范围之广大、程度之剧烈、历时之久远，并非在短短的一两个世纪之内就可以完全展现出来。

许多关心全球变暖的读者，都以为所谓的“长期”效应可能是好多年或是好几十年，我写这本书的目的就是要呈现给你一个更辽阔、宏观的视野。比尔·麦吉本与阿尔·戈尔（Al Gore）等人的努力，已经让世人了解到二氧化碳污染的迫切性，可是大多数人似乎还没有意识到这一危机的长期性。戴维·阿彻是一位看得比较长远的气候模拟专家，他的研究我们之后还会更深入地讨论，他是这么描述这个问题的："我们的社会大众恐怕还不知道人为释放出来的二氧化碳对气候的影响将持续上万年之久。"让我们不要再浪费时间争辩究竟有没有全球变暖吧，这只是一个被政治化了的且毫无建设性的问题。真正重要的问题是，全球变暖何时发生，如何发生，会持续多久。

坦白地说，像我这样一个研究地球环境历史的古生态学家，竟然著书大谈地球的未来，似乎是一件很奇怪的事。我研究过去生态的途径，是阅读大量的档案，但不是写在纸上的档案，而是保存在泥里的档案。我的专长是在阿迪朗达克山区、秘鲁、非洲各地的湖泊与沼泽底部采集地层的岩芯样本，筛选出曾经活跃的微生物残骸，然后通过分析它们的变化，重建地球过去的气候。如果我找到一层喜盐的藻类化石，那就意味着当地的气候极为干燥，因此湖水高度下降而盐分浓度升高。反之，样本中出现花粉化石的踪迹，就表示这里曾经比较潮湿，因此可能丛林密布、生机盎然。

由此观之，古生态学家最大的长处在于能够鉴往知来。大部分将会在未来发生的事情，都已经在过去发生过了。对地球长期的生态变化知之甚详的我们，经常发现许多古老的变化今天仍在发生，其结果也不难预料。在我们的地球历史研究当中，生物与地质的知识都是必需的，因此我们也早已习惯于不只从活着的生物的角度来看待地球变化。更关键的是，我们想得更“长远”。一百年、一千年，对我们只是小菜一碟，而一个人一生的几十年，对我们来说更是短暂得可以忽略不计。

当然，这样的观点往往不被人们接受。对仅仅关心当下的人来说，以亿万年为单位的高瞻远瞩是多余的。不过，既然我们面对的是一个复杂且变动不止的世界，它不失为一个有用的指南针。作为这一趟未来之旅的向导，我将跳出当下的时空限制，既要瞻前，也会顾后，把远古的过去与地球的未来带到各位的眼前。

少数能够思考遥远未来的科学家已经认识到，化石碳对气候与生态的影响绝对不会仅止于21世纪。为了跟上他们的思路，我们得先习惯用非常宏阔的视角来纵观地球的历史。正如那些坐拥金山银山的富翁，开口闭口就是“百万”“十亿”，地质学家很少像普通人那样以季度、年度为标尺，他们谈论的事物动辄以“代”“世”[①]为计 。对这些时间专家来说，始新世与更新世的种种，就像是第二次世界大战或骚动的20世纪60年代一样，历历在目。他们还相信，从这些渺茫的过去中观察到的地球变化，有助于了解我们今天得面对的难题。

在继续深入探讨之前，容我为各位介绍一个最近在科学界引发广泛回响的专有名词。听过这个词的人可能还不多，但对熟悉这个词的意涵的人来说，它一针见血地点出了人类在这段漫长的地球历史中的角色。它的命名方式与诸如“鱼类时代”“恐龙时代”等根据化石记录做出的小分期一样。既然人类的影响如今已经渗透到地球上的每一个角落，一个新时代的黎明已经降临，而且它应该有一个名字。

---

① 译者注：此处所提之代与世都是划分地质年代时所用的专用时间单位。地质年代单位从大到小依次为：宙、代、纪、世、期、时。

这个新时代算是一个最新的世。地质学家根据地质年代命名法，给6500万年前恐龙灭绝之后最新一个世起了这个名字。如果你是一个化石迷，应该多少听过这些地质年代的怪名字。恐龙灭绝之后，地球进入了一个新时代，较热的古新世（Paleocene），它的英文前缀“paleo”（在希腊文中是“古老”的意思）表示它比后面的几个世更久远。紧接其后的是更热的始新世（Eocene），现代哺乳动物的始祖在此时登场。接着是渐新世（Oligocene）、中新世（Miocene）、上新世（Pliocene），每一个时代都有一段与众不同的生态发展史。之后地球开始冷却了，进入了更新世（Pleistocene）。最后一个阶段是比较温和的全新世（Holocene），始于11700年前，一般认为全新世延续到今天。

现在，请各位注意，一个新名字已经在最近诞生，用来指称这个人类最为繁荣昌盛的年代。不，不是博客作家马特·道林（Matt Dowling）倡议的有讽刺意味的“塑料世”（Plasticene）。大气化学家、诺贝尔奖得主保罗·克鲁岑（Paul Crutzen）① 对这个新名字的发明有所贡献，但真正的发明人是海洋生态学家、密歇根大学名誉教授尤金·斯托莫。他最近告诉我，这个响亮的名字早在他与克鲁岑共同发表论文，将其公之于世之前，就已经在科学社群中不胫而走了。

---

① 译者注：美国科学家舍伍德·罗兰（Sherwood Rowland）和马里奥·莫利纳（Mario Molina）在1974年提出“氟氯烃会在平流层累积并破坏臭氧层”的理论，保罗·克鲁岑据此预测地球大气层应存在臭氧层空洞。1985年，科学家果然在南极上空发现了臭氧层空洞。由于臭氧层会吸收阳光中大部分紫外线，保护地表动植物，对人类非常重要，因此各国很快就在1987年签订了《蒙特利尔条约》，控制氟氯烃的生产与使用，上述三位科学家也因此获得1995年诺贝尔化学奖。

他回忆说："我根本不记得当初怎么会想到这个词的。"谈起他的发明的走红，斯托莫像是个意外得知自己的孩子已经成为大红大紫的名人的父亲，既惊又喜。"我常在不同的研讨会上提到这个词，慢慢地它开始受到大家的瞩目。"其实这一点也不意外，因为斯托莫的创见精准地把人类对这个时代的深刻影响传达了出来。自然而然地，越来越多的科学家和业余人士在写作与演讲中用到它。

所以，如果你喜欢在朋友面前用最新的专业词汇来炫耀自己的学识，你的机会来了。这个词不仅涵盖了人类最近的历史，也包括了未来的数百万年。你可以在闲谈中告诉大家："欢迎来到人类世（Anthropocene）。"斯托莫把重音放在第一个音节，但放在第二个音节也可以。

根据大多数的定义，人类世发端于18世纪，那时人类排放的大量温室气体开始显著地改变大气。但其实受人类影响的远不止大气而已。过去地球背对太阳的一面是漆黑的深夜，现在黑夜被人类的灯光照亮，就好像被数十亿只萤火虫照亮一般。根据克鲁岑的研究，我们的渔业每年将温带沿海海域的初级生产力削减了1/3以上。人类喷洒在农作物上的氮肥，超过了自然储存在所有的森林、草原、鸟类栖息地上的总和。物种灭绝的速度更是前所未见。

一小群对人类前景忧心忡忡的科学家，现在正在设法勾勒出人类世在未来的模样，他们的结论恐怕会让各位大吃一惊。但在深入了解这个问题之前，我们应该知道，人类并非唯一一种会对气候造成剧烈冲击的生物。从一个专业生物学家客观冷静的视角来看，人类会对地球造成污染，这并不值得大惊小怪：每一个有机体都会制造废物，而且特定栖息地之上的有机体数量越多，它们产生的废物自然也越多。但问题在于，人类的数量变得如此庞大，分布如此广泛，对自然资源的汲取能力又如此强大，我们产生的废物已经遍及整个星球，甚至改变了它的气候。据此而论，作为一个物种，我们过去的成功已然威胁到我们未来的生存。

历史上第一次爆发全球污染危机是在20亿年前，当时地球上还只有单细胞生物，而其始作俑者是海洋细菌。在突变与自然选择的压力之下，某些微生物被迫越来越多地利用一种转化太阳能的新办法，我们现在称之为光合作用。对当时许多其他渺小的生物来说，这是非常不幸的，因为这种最原始的生物科技会排放出一种当时的生物无法承受的恐怖毒气，这种毒气就是游离氧。

于是，海洋因为这些细菌里的叶绿素而变得越来越绿，氧气对它造成的污染越来越严重，大气的破坏性也越来越强。岩石中的铁开始氧化，原本灰色或黑色的石头变为发红的碎砾。氧化作用会破坏生物的细胞，那些无法修复受损细胞的生物不是相继灭绝，就是把自己关进具有保护作用的泥浆里。这些微生物难民的后代，直到现在都还蜷缩在散发着恶臭的沼泽或是缺乏氧气的深层湖泊与海洋当中。人体消化道也在我们毫不知情的情况下庇护着某些有益于健康的厌氧生物。此外，包括黄豆在内的某些豆类植物，会用一层血红色的含氧组织[①] 包覆住根瘤，保护内部的细菌[②]，以此换取这些微生物产生的氮营养素。

---

① 译者注：即豆血红蛋白，它与氧的亲和力很强，因此可以调节空气中的氧含量。

② 译者注：即根瘤菌。根瘤菌中的固氮酶大多要在一定的氧含量的条件下进行固氮作用，此举可以将空气中的氮转化为植物可以利用的养分。

如果20亿年前的这些微生物也有语言的话，它们会在报纸头版写上斗大的“全球氧化浩劫”。也许，对第一次污染灾害进行预警的那些大惊小怪的细菌，会把我们人类描述为两条腿的怪物，与我们所说的“世界末日后占据地球的蟑螂”别无二致。事实上，我们与现代蟑螂的远祖，确实是在光合作用产生的氧气将地球变得适合动物居住之后，才来到这世界的。

在远古大洋上方的高空中，当时的化学废物也如同今天的温室气体一样，酝酿产生了新的产物。大气层上方的氧原子相互聚合，由三颗氧原子构成一个更重的臭氧分子，并累积成看不见的臭氧层，遮蔽掉太阳光中有害的紫外线。同时，在海洋之中，幸存下来的原始单细胞生物开始研究如何将致命的氧转化为能量的来源。最终，地球上第一批蠕虫般的原生动物学会了利用氧的毁灭性力量，把它们身边更小的生物转化为填饱肚子的食物。一部猎捕与杀戮的历史由此展开。

如今，人类的肺里有1/5的气体是光合作用产生的废物，而身为最初污染者后代的我们，还得靠它才能生存。当地球发生天翻地覆的巨变，必定有些生物被无情淘汰，有些侥幸不死。而我们人类正是这场竞赛的赢家。

在氧气危机之后，又过了15亿年，从海洋细菌那里继承了原始太阳能科技的早期植物又有了新的突破。过去阳光只能供养自由自在的单细胞生物，如今更大型的陆地植物发明了新技巧，它们撷取空气中的二氧化碳，将其分解后，利用其中的碳原子来组成它们自己的根茎、枝干、叶子、种子及孢子。

于是，在原始的沼泽森林当中，宝贵的碳原子像是生长中的水晶，就这样一个原子一个原子地累积起来。进行光合作用的植物从空气中撷取碳元素，空气中氮与氧的比例高达99%以上，而碳还不到1%。这些植物死亡之后，它们带着一身的碳，被埋藏在沼泽的泥泞当中。日复一日，年复一年，一棵又一棵植物倒在里面，堆积成巨大的植物坟场。

又过了亿万年，斯托莫与克鲁岑称之为人类世的时代降临，一种新形态的生物污染随之而来。工业革命的先驱者从地底挖出了黑黝黝的化石沉积，称呼它为煤炭，还用它来生火。只要有氧气助燃，纯化的碳会分解产生大量二氧化碳分子，飘散到空气中，而它们在古生代难以计数的夏日中所积累的太阳能，也一次性释放出来。

乍看之下，化石燃料燃烧时释放的二氧化碳与流通在大自然的植物、动物、水体、空气当中的二氧化碳没什么不同，但实际上它们是不一样的。大部分来自呼吸作用、森林大火、海里的上升流或腐败物质的二氧化碳，都会很快再次进入循环过程中。每年各种细菌、藻类、植物进行光合作用吸收的碳总量，大约等同于由呼吸作用排放出来的总量，而从海洋中释放出来的，也约略等同于融入海洋中的。在全球范围内，每年以沉积物的形式埋藏到地下的二氧化碳只占一小部分，从火山口喷发出来的也相对较少，因此在地表循环的总量通常是稳定的。

来自化石燃料的碳却是一个不速之客。虽然有些被人类回收，但绝大多数还是进入大气当中，无法被其他自然过程及时消化，因此急遽升高了空气中二氧化碳的浓度。在人类世开始之前，每100万个随机取样的空气分子当中，会有280个二氧化碳分子。时至今日，我推测大约会是387个，其中很多是在过去250年间从大烟囱与汽车排气管中排放出来的。

为什么我们要为这个污染肆虐的时代取一个新的、正式的地质年代名称呢？虽然二氧化碳占大气的比例还不到1%，但其浓度确实在增加，而且造成了地球不寻常的暖化。此外，地质学家界定之前两个世的主要依据，也是当时的气候条件：更新世时的地球比较寒冷，有多次冰期发生，全新世时出现了最近一次的短暂间冰期。第一个较复杂的人类文明就是在全新世出现的。

后面我会解释，人类世所排放的温室气体将会阴魂不散地盘踞在地球上，以至于下一次冰期可能无法按时出现，其结果是，这个人造的地质时代在时长上会比全新世高一个数量级。我们恐怕很难相信，决定这个时代之长短的主要因素竟然是人类，而且还正是生活在21世纪的我们。人类世这个名字取得很好。这个时代完全是我们这个物种一手造就的，它构成了我们的生存环境，也是我们在地质学上留下的标志。

对某些人来说，人类与许久以前诞生于非洲的、猿猴般的智人（*Homo sapiens*）是不同的物种，因此人类世象征着自然的终结。主张人类是高高在上的万物之灵的理论，最早可以追溯到亚里士多德写的《自然的尺度》（*Scala Naturae*）一书，通常它被翻译作“存在之链”。在亚里士多德的心中，万事万物层次井然地构成了一个阶梯，或是一条环环相扣的锁链，其中高等动物位于低等动物之上，而最顶端是一个神圣的造物者。人类在这个秩序当中具有特殊的地位，因为唯有他兼具形而下与形而上的特征，因此可以联结尘俗与灵界。在当代生物学术语当中，我们仍然可以发现这一理论的影响，譬如说我们会把外形复杂的兰花称为“高等植物”，而把外形简单的青苔称为“低等植物”。在日常生活用语当中，我们有“演化缺环”之说，它指的是一种理论上的过渡生物，即在生物阶梯中处在人类之下、其他灵长类之上、长满长毛的半人半猿。

然而，对今天的生物学家来说，把人类视作一种独立于自然之外的物种，是相当古板的观点。事实已经证明，我们与所处的物理世界是紧密相连的，否则我们不可能光凭每天排放的垃圾就改变了全球的气候环境。我们甚至可以怀疑，正是这种以自我为中心的傲慢自大的态度，以及以为人类可以不受万古永存的自然规律限制的妄想，害得我们陷入今日的危机。

让我们回到科学家们仍然争论不休的问题上来：人类世究竟是什么时候开始的？克鲁岑以及其他特别关心工业废气排放的人，认为它始于18世纪中叶或末叶。还有人更明确地指出是瓦特改良蒸汽机的18世纪60年代。

气候史学家比尔·拉迪曼则把人类世的起始年代提早了数千年。拉迪曼的理论可以解释气候史中的一个谜团。冰川深处的气泡中保存了古代的大气，科学家通过分析它们的成分，可以建立古代温室气体的档案。格陵兰与北极的冰芯（ice core）蕴藏了数万年的地球气候信息，从中我们可以观察到过去的气候变化与温室气体消长之间的关系。这些极地冰层显示，每当古代气候在严寒的冰期（ice age）与温暖的间冰期（interglacial）之间大幅度地摆荡，二氧化碳与甲烷的浓度也发生同样剧烈的变化。我们会在后面几章中看到，这些变化大多与人类活动无关。

在地球历史中的大部分时候，大气中这两种温室气体的浓度变化都是亦步亦趋的，但在温暖的全新世，难以解释的现象发生了。大约在 11700 年前，上一次大冰期突然终结，开启了全新世[①]。在一段炎热的高温之后，气温开始下降，进入漫长的冷却期。根据过去的经验，寒冷的气候会导致二氧化碳浓度下降，然而，大约在 8000 年前，它不降反升。几千年之后，甲烷的浓度也独自升高了。拉迪曼的推测是，非比寻常的二氧化碳浓度上升，是人类为了开垦耕地而大规模焚烧与砍伐森林的结果。至于甲烷，那是因为后来的亚洲人为了扩大水稻种植面积，将旱地改造成了容易产生甲烷气体的水田。如果这个理论是对的，那么人类行为对地球气候的冲击，早在 8000 年前就开始了。

还有科学家指出，人类行为对地球生态之改变，并不仅限于气候，因此还应该纳入其他指标。大多数生物史学家都相信，石器时代的猎人在 1 万～1.5 万年前，将乳齿象、大地懒与其他大型哺乳动物杀得一干二净，而它们的消失彻底改变了整个地球的生态。就拿北美洲来说，体重超过 32 千克的哺乳动物，有一半以上都灭绝了，超过 900 千克的哺乳动物更是完全绝迹。因此，若有人提议把全新世从地质年代表上删除，并入人类世，逻辑上也是说得通的。

但对大多数人来说，人类世究竟从何时开始，可能不如它在未来将如何演变来得重要。正如化石与冰芯可以告诉我们地球过去的模样，进行长期气候预测的新科技也能合理地勾勒出未来的面貌。科学已经可以宏观地预知未来了。在这个基础上，我们可以把碳污

---

① 译者注：全新世又称冰后期，以第四纪大冰期最后一次亚冰期结束、气候转暖为标志。

染的历史从起源到终结全都描绘出来，而不是像现在我们普遍所做的那样，仅仅着眼于其中一段相对短暂的历史。从人类日常经验来看，接下来的事件的发生速度大多极其缓慢，但它们累积起来，将对我们的生态与社会产生剧烈且难以磨灭的影响。

那么，地球的未来究竟会是什么样子呢？关于人类的政治体制、科技水平、社会演变以及生活方式，我们很难预测其细节，只能静待时间来解答；没有人能知道一个“智人”下一秒要干什么。然而，在物理世界里，发展的轨迹是比较容易预测的。本书要做的，就是对那些几乎铁定会发生的长期气候与环境变化做一番介绍。下面是一个简单的例子。

在接下来 100 年左右的时间里，我们会面临一个很简单的选择。我们要么立刻改用非化石燃料，要么等到现有的藏量全部耗尽的那一天再被迫改变。无论采取哪一个方案，温室气体的浓度大概都会在 2400 年前的某一个时刻达到高峰。然后，不管我们是主动减少排放量也好，因供给不足而被迫改变也罢，温室气体的浓度都会逐渐降低。大量的二氧化碳接着会触发漫长的气候鞭尾效应（climate whiplash），也就是说，全球气温会先骤然飙升，然后缓步下降，进入长期的冷却过程，直到地球回复到 18 世纪工业革命之前的气温。但是这一过程会历时几万年甚至几十万年。我们燃烧的化石燃料越多，气温就升得越高，回复到工业革命之前的气温所需的时间也就越久。

然而，会被二氧化碳污染影响的不只是气候而已。海洋会吸收弥漫在空气中的工业废气，其中的二氧化碳会使海水变酸。海洋中无数的珊瑚、软体动物、甲壳动物及许多种微小生物的外壳，都会被软化甚至被溶解，而它们的减少，又会进一步威胁与其休戚相关的物种。这个情况类似于最初的原始大气被海洋微生物排放的氧气所污染，只是方向颠倒了：在20亿年之后，我们排放的腐蚀性毒气从大气进入海洋当中。最终，具有中和作用的岩石与土壤会帮助海洋恢复原本的化学性质，但酸化对海洋生物多样性造成的破坏，将会是人类世碳污染的后果中最难预料、最凶险且最难挽回的。

在21世纪结束之前，北冰洋的冰层将会在夏季通通融化。要再等好几千年，这些冰才会回来，在此之前，北极会是一个开放的渔场，彻底改变现在北极的面貌与国际贸易势力的消长。但二氧化碳浓度总有一天又会降回来，届时北极将再次冰封，那时候人们习以为常的“正常”无冰的北极生态、文化与经济，又要遭受惨重的打击。

在未来的几个世纪中，格陵兰与南极大部分甚至全部的冰原也会融化，究竟会剩下多少，端看我们还要排放多少温室气体。当今天还覆盖着大地的冰原逐渐从海岸往内陆退缩，空出来的土地与河谷，会给人类提供新的栖息地、农田、渔场与矿场。

海平面会在二氧化碳浓度与气温达到高峰之后继续上升。其过程极其缓慢，将让我们无法直接察觉，但总有一天，如今人口稠密的沿海地带会被汪洋吞噬。然后，地球会重新进入一段逐渐冷却的漫长时期，而海水会逐渐从陆地上撤退。只是一开始这个撤退的效果有限，因为原本陆地上的冰川都早已融化，流入海里了。在遥远的未来的某一时期，海平面会比今天高出70米，这正是长期大规模融冰的结果。只有再等待千百万年，地球继续冷却，冰川缓慢重建，海平面才会回落到今天的高度。

我们已经阻止了下一次冰期的按时出现。按照原本气候循环的自然规律，再过 5 万年地球应该就会再次冰封。然而，这个规律可能不复存在，这得归功于温室气体污染的“长寿”。只有空气中的碳含量降到足够低，下一次冰期才会到来，或许是 13 万年之后，但也可能更晚。正因为我们今日的作为对地球的影响极其持久，因此我们在思考碳污染的伦理问题时又多了一个要考量的因素。如果我们只是孤立地看待接下来的几个世纪，人类活动导致的这种气候变化也许在很大程度上是负面的。但是如果我们把目光放得更长远呢？从环境正义的角度来看，当下的气候变化对人类的威胁只有几个世纪，而千万年后，它将把人类从冰期的巨大破坏中拯救出来。

这类现象将是这本书要探讨的。但请别担心，人类的前景不一定是一片黑暗。我希望能够提供充分的理由，让大家感受到信心与希望。各位与我正处在一个关键的历史时期，即所谓的“碳危机”年代 —— 我们的一举一动都会对地球产生极其深远且广泛的影响。但我们不必太悲观，对人类生存的威胁还有很多，气候变化并非最危险的。在后面我会解释，我们几乎可以确定智人会在人类世的这场危机中生存下来。这很公平，既然人类是这一切的始作俑者，当然也应该留下来承担它的后果。

然而，你一定会问，为什么我们要为如此遥远的未来伤脑筋，甚至还要来读这本书呢？答案很简单。虽然人类作为一个物种能够生存下来，但今天的我们能够决定千秋万世之后人类的福祸，因为我们确实可以左右未来的气候变化。要立即行动遏止碳污染绝非易事，但如果此时不团结一致、壮士断腕，气候变暖、海平面升高和海水酸化就多半会达到几百万年来从未有过的极限，祸及我们的子孙。人类不好过，其他生物的命运更堪忧。剧烈的环境变化曾经发生过许多次，有的跟人类没有关系，但这一次我们面对的是史无前例的局面。

现在，欢迎来到人类世，让我们一探人类的“深未来”（deep future）吧。

# 第一章 阻截冰期

我们只能期待，我们所预见的极端的人类世不会导致地球越过冰期的临界点。

—— 古气候学家弗兰克·希洛可（Frank Sirocko）

尽管现代工业文明导致的气候巨变已迫在眉睫，但分析人类对深未来的影响，也促使我们去思考另一个相关的问题：如果我们从来没有燃烧过化石燃料，任由它被埋藏在地底，全球气候又会是什么样的呢？

在这个从来没有碳污染的想象世界中，我们的后代仍然会担心气温、海平面和冰盖（ice cap）[①] 的问题，只是他们的新闻报道方式会跟今天截然不同："一场铺天盖地的毁灭性气候灾难即将发生，但科学家指出，只要应对得宜，我们仍能力挽狂澜。如果我们还是置之不理，那么沿海城市即将被海平面的变化摧毁，而且全国各地都将沦为水底世界，被厚厚的冰川覆盖。但我们用不着灰心。只要我们能大量地燃烧化石燃料，就可以给大气增温，将冰害推迟数千年之久。"

---

① 译者注：冰盖是一块巨型的圆顶状冰，覆盖的陆地面积小于5万平方千米。覆盖面积超过5万平方千米的叫作冰原（ice sheet）。

这样的场景将在下一次冰期发生。包括我自己在内的古生态学家，在思考全球气候变化的时候，除了温室效应之外，冰原的扩张也是我们关注的因素之一。到现在为止，科学家还是搞不清楚能够覆盖整片大陆的冰川作用（glaciation）为何发生、因何结束，唯一确定的是它具有周期性。当这种自然周期发生时，原本长期稳定的气温会突然剧烈震荡，连续大幅地升高或降低。长期来看，最近两三百万年的温暖时期不过是短暂的喘息，让地球从冰封的状态之中探出头来换口气而已。正因如此，我们才称之为“间冰期”，而不把它当作恒常、稳定的状态。这样的周期循环意味着未来还有更多的冰期在等着我们，这几乎是毫无疑问的，因此科学家们总是把我们所处的这个温暖的冰后期称为“现代间冰期”。基于这种了解，我认识的许多生态学家在面对气候变暖时，心情都比较矛盾，他们会告诉你：“是的，地球确实更温暖了，但它也有可能变得更糟。”

虽然这样的观点在狭小的学术圈之外鲜为人知，但我相信它应该被大众知道。要求大家现在去思考如何预防冰期的降临，并非只是杞人忧天，因为唯有如此，我们才能更理性地为将来的气候变化做好准备。想要更清楚地了解这个问题的复杂性，我们需要更深入地了解冰期的性质。

上一次冰期始于11.7万年前，结束于11700年前。在这段大地为苦寒所主宰的漫长岁月当中，地球上有1/5的陆地，尤其是北半球的高纬度地区，都如同今天格陵兰或南极大陆腹地一般。今天加拿大与北欧的大部分土地，当时都被厚达3千米、缓缓移动的冰原压在下面。今天芝加哥、波士顿、纽约所在的地方，在当时根本不见天日，而今天的长岛是冰川移动时翻起的岩屑堆积的结果，是当时冰川向南扩张的极限位置。庞大无比的冰体如压顶之泰山，使地表下陷数百甚至数千英尺[①]。冰体底部的石砾受到推挤，在坚硬的基岩之上刮出一道道沟槽，使得这些地方至今看来仍伤痕累累。

如果你走在北方的马路或小径上，看着古代冰川遗留的沉积物，以及由冰蚀作用所形成的岩石，你便不难想象，在一个没有草木、没有人类聚落的世界，具有摧枯拉朽之威力的巨大冰层毁灭一切的画面。我的家在纽约上州的阿迪朗达克山区，在那里我常常可以在脑海中描绘出这个场景。附近的圣里吉斯山里有一块我所见过的最大的冰川漂砾[②]，最近去造访它时，我又想起了地球那段寒冷的过往。

这块灰色的钙长石比我家的房子还要大，热胀冷缩的作用使得它长满地衣的一侧剥落掉许多车库般大小的石头。它们一小堆一小堆地散落在大石头周围，就像脱掉的衣服。接近地面之处有些缝隙，似乎可以躲进一个隐居者或是藏下一只熊。我朝里面探去，在黑压压的地面上东张西望，希望能寻找到有人居住的痕迹，但举目所见，唯有土黄色的石砾。这些圆形的石砾十分干净，表面光滑，大小整齐，跟旁边一条小溪河床中的石子差不多。这些石砾大概数万年来都没有什么改变，没有被泥土或落叶掩盖，只有这块为融化的冰川所遗弃的巨石为它们挡风遮雨。

这原始的景象带领我回到了多年前大地逐渐从千里冰封不见天

---

① 译者注：1 英尺 =30.48 厘米。

② 译者注：冰川漂砾指的是被古代的冰川从远处带到某地的岩石，因其材质与大小都与当地的岩石不同，因此往往显得十分突出。

日的黑暗中解放出来的那段时光。倏倏作响的山毛榉、枫树、白桦不见了，地上也没有落叶与泥土，光秃秃的荒地上，只有湿漉漉的沙子与鹅卵石，在冷冽的天空下闪闪发亮。环顾茫茫，我见不到一棵树、一丛灌木，遑论鲜花。在簇新的巨石上，甚至连地衣都没几片。在较低洼处，河流因泥沙淤积而混浊不堪，刚刚融冰的湖泊露出碧蓝的水面。小山丘般大小的冰体躲在有阴影遮蔽的低地，一边融化一边蜕掉表面的层层岩屑，就像刚过完冬天的狗在掉毛。遥远的北方地平线，被宽阔得不可思议、高度超过 1 英里[①] 的白色冰原盘踞，太阳照耀，使得它的南面熠熠生辉。这画面只在我脑海里短暂停留数秒钟，但在这天之后的行程当中，我不断地想到那苍凉的远古冰世界。

让我们再发挥一下想象力。如果这一切再次发生呢？

今天住在阿迪朗达克山区的居民，有很充分的理由担忧酸雨、外来物种入侵及气候变暖对当地生态造成破坏。但它们不会害死这里所有的飞禽走兽，而且就算人类世的温室效应达到最坏的地步，这里还是会有一些绿色的植被，顶多不是今天我们所熟悉的植物。

相比之下，冰川可是一点也不会手下留情的。当大冰川全力向南突击的时候，它就像是一个巨型推土机，所有的湖泊都会被它掩埋在厚厚一层细沙粗砾之下。每一棵美丽的糖枫、每一株金黄色的鳟鱼百合、每一簇苔藓都会被它连根拔起，卷入它前端翻起的石块与泥土当中，统统被搅得稀烂。能跑、能飞的动物，早已向南方逃窜。阿迪朗达克峰会被白色巨浪夷为平地，普莱西德湖镇旁著名的

---

① 译者注：1 英里≈1.6 千米。

滑雪跳台会倒塌在一旁，碎裂一地。从萨拉纳克湖到老铁炉，所有的村镇都成了满目疮痍的荒地。

与此同时，北方的加拿大更是惨不忍睹，它大多数的领土，如魁北克、蒙特利尔、渥太华、多伦多、温尼伯、卡尔加里、温哥华，都会被埋葬，从哈德逊湾到班夫国家公园的所有原野，更是无一幸免。在往后的数万年里，加拿大就跟今天的南极没有什么不同，除了一望无际的冰天雪地之外，什么也没有。在大西洋的另一端，都柏林、利物浦、奥斯陆、斯德哥尔摩、哥本哈根、赫尔辛基、圣彼得堡，都会被冰川推土机毁灭，格陵兰沿海的城镇则会被推入海里。

因为大量的淡水都变成陆地上的冰了，海平面的降幅可达 120 米。21 世纪所有最重要的港口，到时候都搁浅在内陆里。原本纤细的佛罗里达，届时会比现在宽一倍。如今热带浅海里美丽的珊瑚礁，将长出杂草与树木。冷空气会减弱季风的力道，非洲与南亚的大部分地区将陷入长期的干旱。

这恐怖的画面，正是气候史学家在讨论气候变化时会想到的。全球变暖在人类世的未来可能造成的灾害和这些比起来，只能算是小巫见大巫了。至此你应该可以理解，为什么古生态学家在面对其他专家的呼吁时，显得相当沉默。

但是，等一等。全球变暖不是会触发下一次冰期吗？《后天》（*The Day After Tomorrow*）这部环境灾难片不是说，正是温室效应阻断了北大西洋的洋流，改变了原本的气候，引发了势不可挡的超级冰川吗？

《后天》的情节不是没有道理，温暖的墨西哥湾流的确有助于避免欧洲西北部变得更冷。它属于全球洋流输送带的一环，将热带海域中被太阳晒得温暖的洋流输送到寒冷的北大西洋，在那里，降温之后的海水向下沉，最后又流回南方。有些科学家担心未来的气候变化会干扰洋流的正常循环，导致某个地区急遽降温，这部电影中一夕之间冰封曼哈顿的骇人的暴风雪就是这么来的。然而，尽管电影很精彩，这个循环系统在气候变化中的真实作用，还需要进一步澄清。

全球洋流输送带的动力来源有一个艰涩的术语，最新的说法是大西洋经向翻转环流（meridional overturning circulation），简称MOC。也有人把它叫作温盐环流（thermohaline circulation），简称THC。请别误会，它跟毒品四氢大麻酚（tetrahydrocannabinol，缩写也是THC）一点关系也没有。温盐环流的基本前提为：海水温度与盐度的变化，是造成主要洋流运动的动力。

热带海面的海水因为大量蒸发，其盐度高于平均水平。当墨西哥湾流从炎热的低纬度地区，即西非与加勒比海之间，往较冷的北大西洋流动时，因为其密度比较低（水与空气都会因为受热而膨胀），它并不会立刻与北方的海水混合。然而，它的热量还是会逐渐传导给北大西洋上方的冷空气。当它温度降下来以后，额外的盐分使它的密度特别的高。

过高的密度使得部分墨西哥湾流往下沉，并在深海里像一条河似的弯弯曲曲地潜行。等到它再次浮出水面的时候，它已经从海底绕过非洲南端，进入了印度洋与太平洋。接着，它会在太平洋里来个大反转，最后又绕过非洲南端，一路带着赤道地区的热量回到北大西洋。在南大洋与阿拉伯海，我们也可以发现这个输送带的支流。

这样的说法其实是经过了极度简化的。在英国皇家学会最近的一场会议当中，有位演讲者指出，如果我们用幻灯片来呈现温盐环流的基本概念，很容易就可以发现观众当中谁是“懂得海洋的”，因为看到这样极度简化的概括，真正的专家“一定会很明显地露出不以为然的神情”。

温盐环流理论没有犯什么大错，但忽略了太多关键因素。大多数研究海洋与气候关系的科学家，现在都转而采用更完备的MOC理论，因为温度与盐度绝非驱动洋流的全部要素，风向与潮汐也同样重要。温盐环流确实存在，但中纬度的西风以及热带的东贸易风的力量，同样不可小觑。

那么，MOC 究竟与气候有什么关系呢？被墨西哥湾流的热量加温的暖空气，被中纬度的西风吹向欧洲。若不是这些被海洋加过温的风，伦敦的气温应该会下降到……嗯，拿张地图查查，与伦敦同样纬度、大西洋对岸的地方是哪里。你会发现苦寒的拉布拉多。

至此，你已经有足够的知识来反驳《后天》了。曼哈顿上空的盛行风是从陆地吹向大西洋，而不是从大西洋吹过来的，所以墨西哥湾流就算被截断，也不会冰封这个城市。这部电影把欧洲描绘得四季如冬，也不合理。就算欧洲的气候真的变得跟拉布拉多一样，夏天的北欧还是会暖和一点点。拉布拉多还是有夏天的。

事实上，单单是MOC 的减速，不可能让欧洲冷得跟拉布拉多一样，因为吹往欧洲的风会跨过温暖的海洋，而非天寒地冻的内陆。而且，北大西洋的洋流在盛行风的作用下顺时针旋转，因此，无论海水的温度或盐度如何，只要还有风在吹，墨西哥湾流就还是会继续运行。

虽然有些计算机模型确实模拟出了在较热的气候中洋流输送带速度放缓的情形，但真正的灾难，只有在极大量的淡水涌入海洋中时，才可能发生，而这种情况可能来自陆地融冰。举例来说，巨大的冰原掉进北大西洋里，而且恰好落在海水本来应该下沉的区域，因此带来较轻的淡水，造成可观的海水稀释。

在 1999 年，海洋学家华莱士·布勒克（Wallace Broecker）公布了一项耸动的研究成果。他告诉我们，一旦 MOC 在极端条件下全面停止，世界会是什么样子。斯堪的纳维亚半岛不会再有茂密的森林，取而代之的是寒带冻原（tundra）[①]；爱尔兰的气温会降到跟北极圈里挪威的斯匹次卑尔根群岛一样。几年前，英国气象局哈德利中心的气候模拟专家曾下令要计算机“杀掉 MOC”，结果计算机显示，他们实验室外的虚拟气温在 10 年之内下降了 5 摄氏度。

但布勒克认为，这样的状况在今天不太可能发生，这只是一个理论上的推论，而且只会发生在长期的冰期之后。今天，我们的北半球根本没有足够的冰来冲淡海水。要有这么多的冰，除非今天的加拿大、北欧与中欧全都覆满厚厚的冰盖。然而，这要求地球必须变得更冷，而非更暖。

大多数比较先进的计算机模型都已经把风的因素纳入计算，因此我们知道，在人类世之内，地球因为 MOC 的失常而

① 译者注：冻原又叫苔原，指的是地球表面树木生长北界以北的极圈内，由不连续的低矮植被所覆盖的地区。冻原冬季多半被冰雪覆盖，春季表层冰雪融化，短促的夏季中则生意盎然。

急遽降温的可能性是微乎其微的。政府间气候变化专门委员会（Intergovernmental Panel on Climate Change，简称 IPCC）的最新报告总结说："MOC 非常不可能在 21 世纪发生剧烈的变动。"而且大多数科学家都相信，温室效应对未来气候的影响，要比任何区域性的 MOC 失常都严重。布勒克很清楚这一点，因此他试图平息很多业余人士对气候与海洋之间的关系所做出的夸张论断。然而，科学论证总是难敌危言耸听的小道消息。

一个典型的例子是，美国国防部委托的一项研究分析了 MOC 的崩溃会对美国国家安全造成多么严重的威胁。他们 2003 年的报告非常具体地呈现了 MOC 失常的极端情形。这份报告的作者们注明，他们只是呈现各种可能的情况当中最坏的一种，因为军方理所当然地要为最坏的情况做准备，但军方看到后续恐怖的场景之后，这一声明就被抛在脑后了。根据这份报告，全球平均气温以飞快的速度上升，于是 2010 年 MOC 开始瓦解。在随后的 10 年间，北欧的气温会骤降 3 摄氏度，毁灭性的干旱侵袭美国，有些东方国家将陷入饥寒交迫的境地。

布勒克无法接受诸如此类的夸大，因此写了一封公开信给《科学》（*Science*）期刊。他写道："我对这类说法在时机与严重性上的可信度提出质疑。"他还指出，这样巨大的变化需要漫长的时间来酝酿，而且触发它的关键不是全球变暖，而是冰期。除此之外，他还提醒大家，现今的计算机连模拟过去 MOC 的失常都有困难，更别说预测未来了。最后，他警告说："全球变暖引起的争论已经够多了，不实的夸大只会火上浇油，根本于事无补。"

尽管如此，MOC 完全失常的概念实在骇人听闻，所以也很深入人心。职是之故，许多海洋学家还是提心吊胆地紧盯着洋流的信号，寻找全球变暖对它的影响，以免压错宝。2005 年，一个英国研究团队声称 MOC 从 1957 年以来已经慢了 30%，这个新闻立刻如野火般蔓延开来，引发了科学界内外的骚动。但理查德·克尔（Richard Kerr）后来在《科学》上发布简讯，引用其他研究，反驳了这种说法，证明它只是虚惊一场。MOC 的模式本来就极难掌握，如果我们仔细分析英国研究团队的数据，就能发现，他们观察到的减速，很可能只是随机的波动。

如果 MOC 的改变不会造成欧洲的冰封，那冰期还会对人类世的地球有任何影响吗？答案是肯定的。然而，就算冰期再次出现，也不会是因为洋流失常。地球本身环绕太阳的运动，才是下一次大规模冰期的主因。

只看一般大众媒体上的报道，你很容易误以为，只要能够阻止温室气体的排放就能避免所有的气候变化。事实上，无论有没有人类的存在，地球的气候总是在变化。在火星上，类似的气候变化也在不断发生，结冰、融化、洪水，周而复始地在火星表面的石砾与红土上留下记录。幸运的是，这类变化是周期性的，通过计算机我们多多少少可以预测一些气候变化。

行星运动当中，最快的就是章动。当一个旋转的陀螺减速的时候，它逐渐失去平衡，开始颤颤巍巍地摇摆，转得越慢，晃动的幅度就越大。地球也是如此，只是地球摇晃，不是因为它快要翻覆了。按照地球的章动周期，北极每 2.1 万年就画出一个圆圈（严格地说，其实有两种不同的循环模式，周期分别为 1.9 万年与 2.3 万年）。

这对地球的气候会有影响，因为它改变了地球表面各区域的日照强度。每年，北半球偏离太阳的时候就是冬天，它朝向太阳的时候就是夏天。每 2.1 万年，因为章动，地球会在其鸡蛋形的轨道上离太阳最远的时候来到夏天。这时北半球的夏天会比往常更凉一点，融化的积雪也会少一点。

记住，这些事情的发生，不是因为太阳本身有了变化，变化的是阳光对季节与南北半球的影响。阳光的影响又被地球本身的构造放大，因为大部分陆地都在北半球，而坚硬、干燥的大陆又比海洋更容易形成冰原。基于这些原因，冰期通常都从北半球开始。上一次就是始于加拿大东北部与亚欧大陆西北部，当时的阳光特别微弱。

但上面说的，只是一部分因素而已。还有两个周期更长的循环，也会影响冰期发生的时机。

当地球摇晃时，其倾斜角度是大或是小，会改变四季的温差。倾斜循环（tilt cycle）的周期较长，北极每 4.1 万年会完成一次从 22.1 度到 24.5 度的循环。当地轴倾斜角度较小的时候，两极在夏天就不会那么正对着太阳，因此气温相对来说就低一些。基于我们至今还不了解的原因，直到 100 万年前，这还是造成冰期反复出现的最主要的原因。在最近的 100 万年之中，另外多了两个变量，其一是上述的章动周期，其二是另一个更慢的周期。

第三个变因，是改变地球公转轨道之形状的偏心率周期变化。每隔大约 10 万年，地球公转轨道就会变得有点像是鸡蛋的形状，另外，每隔 41.2 万年它还会发生其他的变化。由于太阳并非端坐中心，而是靠近椭圆形轨道的两个焦点中的一个，因此地球与太阳的距离也会随着四季交替而变动，而偏心率周期变化所造成的地球公转轨道的变形，又加剧了这个变化。当轨道发生严重扭曲时，地球可能处在鸡蛋形轨道最遥远的那一端，太阳输送给我们的热量于是降到最低。

只要我们想象一下水波的画面，就很容易了解这三种不同的循环周期同时发生时相互作用的效果。这个方法是我从我的好友兼同事，冰芯专家保罗·麦威斯基那里学来的。他是缅因大学气候变化研究所的所长。他向我解释了太阳是如何造成突如其来的气候反常的。

“这就好像湖面上的涟漪一样。”他开始解释。我想象着一阵微风吹过之后，湖面上平稳地兴起了一圈圈的波浪。“最大的波浪的起起伏伏，就像是缓慢的偏心率周期变化。然后，一艘快艇呼啸而过，掀起了小而密的波浪。由于形状不一，它们与较大而宽阔的波浪不会合并在一起。”

我回想起我在青年时代滑水时见到的混乱又起伏不定的水波。如果湖面上的水波只有一种，要保持平衡就非常容易，但如果拉着我的快艇又沿着原路绕回来，或是另一艘快艇从旁切过，彼此交错的结果，就是忽高忽低的水波纠结在一起。当两个波峰碰巧重叠在一起时，波浪会冲得更高，而当两个波谷重叠时，它们会沉得更深。如果再加上其他不同方向的波浪，我个人可以向你保证，滑水者不摔得人仰马翻才怪。

麦威斯基继续说道：“这正是许多长期气候变化的原因。当不同周期同时发生时，有时它们能彼此强化，有时它们会弱化甚至抵消对方的作用。你考虑的周期越多，整个系统就变得越复杂。”过去亿万年来，地球运行的各种周期像波浪一样时分时合，地表接受的日照因此而改变，频繁的气候变化就是这样产生的。当机缘巧合，它们共同创造出一个特别长期且低温的环境时，冰期就出现了。

19 世纪的苏格兰科学家詹姆斯·克罗尔（James Croll）算出了地球的这些运行周期，20 世纪初，塞尔维亚的土木工程师米卢廷·米兰科维奇（Milutin Milankovitch）又做了一些修正。这个理论还无法解释历史上所有的气候变化，有些短期的气候波动另有原因。更棘手的是，我们还不懂，为什么北半球的冰川作用能对整个地球产生这么大的冲击。地球的倾斜虽然会降低北半球夏天的温度，但同时南半球应该会变得更暖和，所以照理说冰期只会影响半个地球才对。尽管如此，地质学采样得到的证据还是足以支持日照引发冰期的基本假说。譬如说，最近从南极钻取出一根超长的冰芯，它保存了 80 万年的气候记录，其间发生了 8 次冰期，理论上与 10 万年一轮的偏心率周期变化相符。

克罗尔与米兰科维奇当时没有计算机，只能用铅笔与纸来手动计算地球运行与日照之间的关系。当时叫人望而生怯的庞大工程，现在的计算机只需几秒钟就能完成。然而最令我们关心的还是，这套模型将如何预测人类世未来的气候。通过持续追踪未来北极日照的模式，我们就能预测下一次袭击地球的冰期会在何时降临。然而，人为制造的碳污染改变了这一切。

根据目前地球在章动周期中的位置，北半球的夏天要比往常更凉爽一点，这是触发冰期的条件之一。而且，最近 11700 年来较温暖的时段，其实只是一系列间冰期中最新的一个。既然如此，那么谁都可以想到，下一次冰期应该快来了。

在 20 世纪 60 年代，有一阵子全球气温稍稍下降，有些科学家误以为这是“冰室”（icehouse）回归的信号，于是“全球变冷”一时之间成为媒体上最热门的话题。这种说法当然是错误的，因为他们观察的时间不过 10 年，短到根本不足以代表米兰科维奇周期（Milankovitch-scale cycle）。当时突然的降温不是冰期的预兆，只是 20 世纪的暖化趋势的短暂中断。

但现在我们的科学条件好多了。训练有素的专家穷其一生都在钻研地球公转轨道与气候之间的关系。其中最权威的是安德烈 · 贝尔热（André Berger）与玛丽 – 弗朗斯 · 卢特，他们两位都是比利时新鲁汶天文与地球物理研究所的气候学家。他们在日照研究上的成就广为科学界引证。下面这张图是根据卢特博士慷慨提供的数据绘制的。

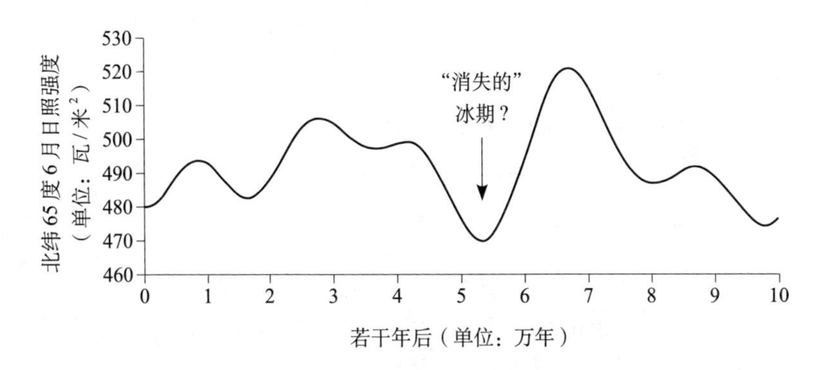


根据北纬 65 度的日照强度可知，如果没有持续燃烧化石燃料，公元 50000 年的降温事件会引发下一次冰期。

那么，下一次冰期何时会来呢？2002 年，贝尔热与卢特共同发表在《科学》上的一张表可以为我们解答。如今，北极在夏天接受的日照已属微弱，如果赶上之前公转轨道偏心率大的时候，本来有可能在未来几千年当中触发一次冰期。但这样的力道还不够强，就算没有温室效应也没用。也就是说，好在地球公转的轨道稍稍偏离了一点点，我们逃过了一场天寒地冻的浩劫。

贝尔热与卢特的研究也显示，每 41.2 万年一轮的偏心率周期变化在最近几千年之中效果正在减弱，这也会减弱冷却的力道。地球公转轨道越是对称，四季气温变化的幅度就越小。这表示，在人类世遥远的未来，周期性的气候变化会是比较温和的。

从今天算起，2.5 万年后，地球公转轨道会达到有史以来最趋近圆形的时刻，而影响北极冰层厚度的其他周期性力量将史无前例地弱。如此一来，就算还有一些区域性的反常，如北大西洋涛动、厄尔尼诺现象，或各地天气异常，顶多也只是在长期的稳定之下激起短暂的涟漪。2.5 万年后，由于地轴倾角会比今天升高一点点，北半球夏天日照强度的曲线也会微微升高。

尽管这微弱的波动只会使气温升高一点点，它还是说明了，即使没有人类的干预，未来几千年里，地球的气温还是会缓步上升。如果贝尔热与卢特是对的，那些深信格陵兰会冰封、海平面会下降的人就要大失所望了。

根据公转轨道的变化周期，要等到 5 万年后，北极才会经历一个足以引发冰期的寒冷夏天，然而，这一次人类有了发言权。大部分气候预测模型都判断，只有当大气中的二氧化碳浓度低于

250ppm[1] 时，才会在遥远的未来引发冰期。既然我写书的当下，二氧化碳浓度是 387ppm，而且还在继续上升，那么显然，短期内它不可能降到临界值以下。我在第三章会解释，即使到了公元 50000 年，二氧化碳浓度都还是会远远高于 250ppm，而且之后至少还需要好几万年，才有可能回复到前工业革命时代的水平。

地球的运行周期不利于低温的发生，碳污染具备非常强的持久性，这两个因素的共同作用，将导向一个惊人的结论：碳排放不仅暖化了我们这个世纪，更阻截了下一次冰期。

根据最新的计算机模型研究，人类对未来冰期的影响才刚刚开始，在接下来的一两个世纪里，我们仍能有所改变。如果我们现在开始节制碳排放，并尽力寻求替代能源，下一次冰期便不会在公元 50000 年出现。不过此后地球还是会有自然的降温机制。等到公元 130000 年，另一场大规模的冰川进击北半球时，温室效应已经相当微弱，无法阻止冰川的扩散。北半球的北部将再次笼罩在一片白色的冰雪之下。或者，我们可以继续肆无忌惮地挥霍，在未来一两百年之中，把地球储存的煤炭全部烧掉。如此一来，在很长很长的一段时期内，我们都不用再担心冰期，5 万年后不用，13 万年后也不用，即使连 50 万年后地球日照强度降到最低值时，也不会有冰期出现。

我们究竟该怎么做？当我想到人类的碳足迹（carbon footprint）竟能够阻挡冰期的发生，一开始我感到很震惊、惶恐。然而，换个角度想想，如果碳排放能够使美国、加拿大以及亚欧大陆的北部免

---

① 译者注：ppm（parts per million）表示百万分率。

于巨大冰原的荼毒，那又有什么不好？我于是糊涂了。

这并不是说我们担忧温室效应只是庸人自扰。然而，如果我们把冰期与全球变暖的危害做一个比较，那就好像是核战争对上酒吧里的口角。为眼前的气候灾害未雨绸缪当然是必要的，然而，比起整个国家与生态系统被铺天盖地的冰层毁灭，全球变暖也许没这么坏。要是我们两害相权取其一，该怎么选？

事实上，在我们思考如何应对当前的气候变化时，面临的确实是鱼与熊掌不可兼得的两难选择。1000 年后以及更久以后的人类，必须承受种种最严重的碳污染的恶果，可是这些气体能够帮助更遥远的未来的人类，使他们免受冰封之苦。

乍听之下，这个问题相当荒唐，好像故意找麻烦似的。而且一不小心，还会被认为是对全球变暖的受害者冷漠无情。对一向反对减少使用化石燃料的人来说，这个说法倒是天上掉下来的大礼。然而，事实就是事实，而且我希望我们能严阵以待。

不幸的是，由于这个争议牵涉的时间太过久远，人们反而显得漠不关心。要我们考虑自己或孙子的利益很容易，但要为 13 万年之后的人着想，就不太实际了。于是，很多人根本就不当一回事。没有人会觉得一个卡通人物的价值要比一个活生生的孩子大，也不会有人愿意为了千万年后一群完全陌生的人牺牲这一代人的利益。难以想象的未来、模糊的面孔，阻碍了我们的判断。

另一方面，总算开始有人关注这个问题了。虽然缺乏全心全意的投入，但这总归是好的开始。事实上，要为未来的人类着想，说起来容易，做起来难，特别是当你把眼光放得更长远的时候，你需要考虑的因素也更多了。

第一个棘手的问题就是，你得决定把谁的利益放在第一位。以公元2500年为例，你要顾及当时的每一个人吗？还是只挑选其中的某个群体？为了让你的直系子孙有一个健康、自然的生活环境，你愿意放弃高油耗的轿车吗？但如果这个决定对某些人来说是有害的呢？如果未来的某个民族，必须因此生活在一个更潮湿或更干燥的环境之中呢？你在乎自己的子孙更甚于陌生人吗？而就算你只为自己的后代打算，你还是得决定以哪一代的子孙为重，因为处在不同时空环境里的不同世代，会有不一样的需求。

如果我们从一个更全面的视角来看待人类在人类世的前景，我们所需要考虑的人口就非常庞大且多样了。他们之中，许多人将会生活在一个逐渐变暖的环境中，但绝大多数的人会生活在一个气温随着二氧化碳浓度缓缓降低的世界。也许到了公元130000年的时候，地球上已经好几千年没有冰原了，北冰洋变成了开阔的海域，因而能为贸易往来提供航路。这时，想到冰期即将来袭，他们宁可维持二氧化碳的高浓度，而不愿设法将其降回工业革命前的水平。到那时，我们遗留下来的、迟迟不消散的二氧化碳，不但不是污染，还将被视为抵御全球变冷的护身符。

当然，他们不见得一定会这样想。但我们又有什么权力来为他们做决定呢？

人类的作为已经对地球的温度造成严重的影响，即使在2100年之后，这影响也不会消失。不过，只要我们愿意为长远的未来着想，我们还是有时间力挽狂澜，阻止最坏的情况发生。眼前有两条路，一是相对温和的路线，即尽快以其他能源替代化石燃料；二是极端的路线，即尽情地把便宜的石油与煤炭烧光。我们的选择关系到人类数万年的福祉。但无论如何，有一点是很清楚的，在人类世的未来，我们将面对自己一手造成的长期环境挑战。

# 第二章
# 祸福攸关的抉择

碳是永恒。

——梅森·英曼（Mason Inman），

《自然报道气候变化》（Nature Reports Climate Change），

2008年11月20日

从长期变暖到海平面上升，化石碳是所有人类世气候问题的共同起因，而且它已经造成了一些无法挽回的重大改变。然而，这些作用在未来会如何演变，在很大程度上还是取决于我们。我们很幸运，人类世的未来，正掌控于21世纪的我们之手。在我们面前有几条不同的路径，关键就在于我们究竟要在未来的一百多年中烧掉多少化石燃料。在决定如何面对自己一手造成的碳危机之前，我们应该对当前的行动将如何左右未来气候的长期变化，有更充分的了解。

全球变暖会是所有人类活动造成的气候变化当中最早显现的。然而，它只是序幕而已，紧接其后的，是一段极漫长的全球变冷时期，只是因为最初的人工急速加温，届时地球还是会比现在热。根据一群越来越被重视的气候预言家——我稍后会介绍他们——的研究，地球至少要花上数万年才能靠自然的力量消除人为的碳足迹，使二氧化碳浓度回落到正常范围之内。一旦二氧化碳浓度下降，温室效应导致的高温也会跟着降低，只是大多数人都不知道这个过程有多缓慢。至少要数万年，甚至是数十万年，才有可能回到前工业革命时代的水平。

要想象未来的大体趋势并不难，只要牢记一句简单的格言：凡是会上升的，必定还会降下来。我假设大家都了解全球变暖的基本原理：二氧化碳（来自发电厂、汽车、工厂）与甲烷（来自农田、垃圾场、下水道、矿场、油气管道）等温室气体把地球表面反射回去的太阳能以热量的形式困在大气层当中，气温因此上升。相关的书籍已然汗牛充栋，网络信息也无所不在。然而，温室气体的浓度不可能永无止境地一直攀升，因为地球上碳原子的总量是有限的。因此气温的升高也有终点，即使在最坏的情况下，地球也不会陷入一片火海。也就是说，全球变暖有到头的一日，达到顶峰之后势必会反转。

目前最令大多数人担心的，是迫在眉睫的全球变暖，这使大家都忘了另一种方向完全不同、但在未来毫无疑问会发生的变化模式。总有一天，当前的趋势会发生逆转，产生巨大的气候鞭尾效应。到那个时候，原本用来应付气候变暖问题的所有对策，不但会显得不合时宜，而且会成为沉重的包袱，因为即使气候已经开始变冷，旨在解决变暖问题的手段的作用还会继续发酵。也就是说，人们除了要面对新的环境变化之外，还得想办法适应一种全新的变化模式。

麻烦的是，一连串的后续反应会接踵而至。地球大气、陆地、海洋中的各个要素之间存在着松散的关联，会延迟温室气体浓度升降产生的冲击。这些要素，彼此之间就好像一组登山者，如果带头的领队从结冰的峭壁上坠落了，后面的队员每隔几秒就会一个接一个被扯下去。

这个变化模式非常简单，我们用不着强大的计算机也能预测其过程，只需基本的常识就能推论，当然，要确定详细的时机与强度又是另一回事了。或早或晚，无论是出于自愿，还是因为廉价的化石燃料已消耗殆尽，我们终将减少温室气体的排放。排放开始减少之后，大气中二氧化碳的浓度亦将随之日渐降低，最终回归工业革命前的水平。二氧化碳浓度的下降又会引发其他变化。

全球平均气温在达到高峰之后，接着就会下降。如果你过去关心的只是短期的气候变化，你可能会惊讶于全球变暖也有寿终正寝的一天，但这确实是合情合理的。化石燃料的污染会有尽头，接着温室效应必然衰退，于是气温下降。

尽管气温开始下降，两极的冰原仍在缩减，这时已加热的海水就像温暖的厨房里发酵过的面团一般，仍在膨胀。但海平面上升到最高点之后，也开始下降。海水的酸度也会慢慢降低。

现在，通过科学家在最新全球气候变化模型的辅助下进行的研究，我们可以更精准地预知公元2100年之后全球气候的变化，甚至连发生的大概时机与规模都可以预测。

各位可能会怀疑，如今的天气预报连几周之后某个小地方的天气都说不准，我们还能相信这些模型吗？这话并没有错，要计算机模拟出真实的气候，就像要玩具飞机飞得像喷气式战斗机一样，简直是强人所难。不过，我们的目的不在于预测遥远的未来的天气，那是短期、小范围、变量相当多的现象。我们想知道的是长时间、大规模、变量相对较少的全球气候，这是地球上大多数地区许多年来的平均值。这种大范围的归纳有很坚实的科学理论基础。譬如说，没有一个负责的气候学家敢保证说公元5000年7月29日的纽约市是艳阳高照的晴天，但是，我们可以肯定，当天的太阳会在清晨的东方升起，而且当地的水既不会太烫也不会结冰，而刚好是7月的纽约该有的温度。

这样的预测的理论基础之一，是物质不灭定律。就算我们关掉碳排放的最后一个水龙头，已经流出的污染物也不会凭空消失。它们也许随风飘散，但仍然停留在地球的某一处。我们看到烟囱上方的烟尘渐渐地消散，我们说把垃圾“丢掉”了，但事实上组成烟尘与垃圾的原子一点也没有增加或减少，只是我们常常注意不到这一点。

经验丰富的工程师能够在计算机中模拟出碳的循环路径，就像追踪逃犯一样。毕竟，碳能够去的地方也不多。它也许会先在空气中飘荡几年，但总有尘埃落定的一刻。然后它可能潜入海中一阵子，在游到地球另一端之后，蒸发到大气中。有一天，它落到一棵橡树的叶子上，被微小的气孔吸收，构成树皮或树干。橡树腐朽之后，它溶入一颗小雨滴之中，打落在花岗岩之上，与其内部的长石晶格[①]结合，导致花岗岩风化。今天，它可能停留在你多肉的鼻尖，但下一刻又不知道到了地球的哪处。精密的计算机模型在计算未来的时候，会把这些全都纳入考虑范围。

芝加哥大学对气候了如指掌的海洋学家戴维·阿彻是最早开始研究这个课题的学者，同时也是研究成果最丰硕的一位。这个人

① 译者注：晶格是指晶体内代表原子的点在立体空间内系统排列的最基本的组合。

对知识的渴望永不餍足，他的学术成就是一般学者穷其一生也无法企及的。他使用的最新一代的复杂计算机模型，有些令人莞尔的名字，譬如说“登山者”〔CLIMBER，气候（Climate）与生物圈（Biosphere）的结合〕、“精灵”〔GENIE，网格集成地球系统（Grid-Enabled Integrated Earth System）的缩写〕，还有“爱气候”（LOVECLIM，其他五个模型名字的组合）。阿彻与一群来自全球各地志同道合的伙伴正在孜孜不倦地测试、校正其预测系统，就是为了能描绘出空气中弥漫着煤炭、汽油和天然气燃烧废气的地球的未来。

在最近的一通电话中，阿彻告诉我：“主流社会还不知道，为数可观的二氧化碳将在数十万年内阴魂不散。”大多数科学社群也不知道，只是近年来情况略有好转。这个领域才刚刚起步，打下理论基础的重要论文屈指可数。不列颠哥伦比亚省维多利亚大学的气候学家兼计算机建模专家柯尔斯顿·齐克菲尔德也十分推崇阿彻在这一领域里的领导地位，她还解释了为什么相关的研究拖到现在才开始。“我们一直等到几年前才有足够快的计算机来做计算。”她说，“计算机在模拟气候变化的同时，还得模拟碳在地球上各个栖息地进进出出的循环，老旧的模拟系统根本不够快，无法处理这么复杂的信息。”升级的新模型可以快速扩大我们想象未来的时间尺度。“我们现在可以看到，我们对这个星球造成的影响已经无法挽回了，”她继续说道，“我们排放的碳不会像我们过去所设想的那样快速消失。事实上，它们几乎会永远留在那儿。”

不同计算机针对21世纪的短期气候变化做出的模拟结果分歧相当大，以至于我们不知道哪一个才能跟阿彻、齐克菲尔德以及他们的团队做出来的长期模拟相符。为了避免太过费工，我从政府间气候变化专门委员会针对碳排放的各种可能性所做的最新评估报告当中，挑选了两组数据，一组是相对温和的，一组是极端的，它们可以涵盖一般认为最有可能发生的情况。看了这些数据，各位就会知道我们未来可能的两条路大概是什么样子。接着，我们再来看看由“登山者”与其他计算机模型针对长期气候变化做出的模拟。每个模拟结果的细节都不太一样，但总体趋势非常相似。

在温和路线的场景中，人类需要积极地把二氧化碳浓度控制在550～600ppm 的范围内，也就是说，二氧化碳浓度还是会增加，但是比较缓慢。政府间气候变化专门委员会称这个场景为 B1。所谓的“温和”，是相对于更激烈的手段而言。许多环保人士坚持要把温室气体的浓度控制在 350ppm 以下，据说只有这样，将来的气候变化才不至于引发社会动乱。我个人非常相信也支持 350.org[①] 网站的宗旨与相关运动，但碳排放的飙升已让我们错过达成此目标的黄金时间了。我采访过的大多数气候学家都认为我们不可能在短时间之内再次回到那个水平。B1 听起来也许不那么动人，却是最切实可行的方案。我们还是应该把目标定为 350ppm，但最终我们会实现的也许是 550～600ppm 。

在温和路线的场景中，我们要尽快改用非化石燃料，但即使如此，我们还会再排放 7000 亿吨二氧化碳，加上人类从工业革命至今产生的 3000 亿吨，总共就是 1 万亿吨。这样的结果，免不了会

① 译者注：350.org 是一个全球性环保网站，发起人是比尔·麦吉本。其主要宗旨是将全球二氧化碳浓度控制在 350ppm 以下。这个数字是由美国气候学家詹姆斯·汉森（James Hansen）于 2007 年提出的。

对地球产生重大且持续的冲击，尽管我们期望这样的情况最好不要发生，然而理论上，这确实是最有可能办到的，或者至少是没那么惨的。

### 场景一：温和路线

今天的人类不可能在一夕之间就全面停止使用化石燃料，所以比较合理的预估是，二氧化碳排放量在公元 2050 年达到最高峰，之后递减，并在 2200 年全面停止。

在这种情况下，今天大气中 387ppm 的二氧化碳浓度，会在公元 2100 年到 2200 年间的某个时刻上升到 550～600ppm，这数值是 18 世纪前工业革命时代的两倍。接着海洋吸收多出来的二氧化碳，形成了碳酸，提高了海水酸度，使之腐蚀许多有石灰质外壳的海洋生物，特别是生活在高纬度与深海冷水中的那些。

在公元 2200 年到 2300 年间，地球的气温会达到顶峰，全球平均气温比现在高出 2～4 摄氏度。气温的高峰会比二氧化碳浓度的高峰迟来大约 100 年，这是因为气候学家汤姆·威格利（Tom Wigley）口中的“气候变化约定”（climate change commitment）效应，它主要的原因是海洋对气温上升的反应比较慢。就算我们现在立刻停止所有温室气体排放，22 世纪的气温仍会比现在高 1 华氏度[①]甚至更多。维多利亚大学的研究员迈克尔·伊比（Michael Eby）等人认为这种延迟其实更严重。根据他们的计算机模型预估，气温的高峰会比二氧化碳浓度的高峰晚来至少 550 年。

---

① 译者注：温度每升高 1 华氏度相当于升高 0.55 摄氏度。

气温高峰过了之后，鞭尾效应会引发一个漫长的冷却期。然而，尽管气温开始下降，比起今天，那时还是比较炎热的，两极的冰层还在继续融化，海平面每年因此升高几十厘米。此外，深海中温度较低的海水仍在升温膨胀，这会导致全球海平面再多升高 0.5 米。但海平面究竟会以怎样的速度上升到多高，主要还是取决于陆上冰原融化的程度。在此温和场景当中，一半的格陵兰冰原、绝大部分的西南极冰原会融化，唯有东南极冰原可以保存完好。在接下来的数百年或数千年里，海平面应该一直比现在高 6～7 米。

到目前为止，这场景还符合一般人对全球变暖的理解，殊无特异之处。但从这里开始，阿彻与其他研究人员描述出了震撼科学界的气候图景。在此之前，人们都以为全球变暖只会维持数百年，但越来越多的证据表明，大气绝不可能在这么短的时间之内恢复原状。阿彻认为："化石燃料产生的二氧化碳在大气中的寿命有数百年之久 …… 另外有 25% 则几乎是'长生不死'。"

在考量过巨量的二氧化碳的循环路径之后，阿彻得出这样的结论：我们在燃烧化石燃料时，实际上是把埋藏在地底墓穴中达数百万年之久的植物与浮游生物给挖出来，之后就算经过数千年，它们也不见得回得去。阿彻说的"长生不死"不过是玩笑话，被人类破坏的碳平衡终究有恢复的一天。但当你知道这一过程究竟要历时多久的时候，你可能会倒抽一口凉气。比起人类文明的历史，譬如说古埃及、罗马帝国，或是近代工业文明，恢复碳平衡所需的时间确实近乎永恒。

这绝非危言耸听。阿彻的每一步推论都有充分的科学依据。关键还是那一句老话，二氧化碳与甲烷中的碳不会离开地球，也不会自行分解，碳原子差不多是永存不朽的（除了放射性同位素碳 –14）。一旦它们从化石燃料当中释放出来，就总得有个去处。它们从某一根烟囱、烟道或排气管出发，然后开始环游世界之旅。

计算机模拟结果显示，一开始，我们排放的大部分碳会溶解到海里。空气分子本来就会直接溶入液体表层，鱼就是这样才能在水中呼吸的。再加上海浪与洋流的搅拌，温室气体很容易就能被海水吸收。事实上，海洋容纳的二氧化碳量是大气中的 50 倍，而且它还占地球表面的 70%。正是海水的吸纳作用会导致二氧化碳浓度在抵达高峰之后下降。然而，即使浩瀚如海洋，容纳量也是有极限的。

在一两千年之后，海洋吸收温室气体的速度会变得像蜗牛一样缓慢。于是，在公元 3000 到 4000 年间，约有 1/5～1/4 的二氧化碳还留在空气中。这些残留的温室气体足以让地球的平均气温在越过高峰很多年之后，仍比现今高上 1～2 摄氏度。

如果整个地球都是水做的，那么海洋吸收过多二氧化碳的工作就到此为止了，纵然空气中的二氧化碳已经大幅度地减少，但剩下的会终其一生飘在空气中。但是地球表面还有很多区域是干燥的陆地，海洋底下也是陆地。岩石与地壳中的沉积物这时将派上用场，帮助清除剩余的污染。不幸的是，它们的作用非常缓慢，非常、非常缓慢。

在这些位于地层里的修复机制当中，速度最快的，或者应该说还不算太慢的，是含有丰富石灰质的碳酸盐物质，譬如说石灰石、白垩，以及海洋生物的外壳。这些碱性物质碰到酸就会吱吱冒烟，就像你在自然课上把醋滴进苏打粉里，看着它冒出一堆泡泡一样。

由碳酸盐组成的岩石与沉积物若是暴露在外，就很容易被雨水、土壤、河流中的酸性物质腐蚀，尤其是含有二氧化碳的碳酸，它现在大量污染了地球各处的水体。

海洋会是最早开始这种清理工作的地方之一。在人类世的初期，溶入海水中的二氧化碳会使海水变酸，分解那些分布在海底盆地的碱性的泥巴、珊瑚、海洋生物的外壳。你可能想象得到，这对原本的海洋生物是一场飞来横祸——然而，它也有正面作用。碳酸盐分子经年累月地从固体当中分解出来之后，有助于中和海水的酸性。如此一来，这些海水又能够继续从空气中吸收更多的二氧化碳。因此，碳酸盐就好像是海洋的抗酸剂，帮助海洋“吃”下更多的二氧化碳。

另一方面，陆地上的碳酸盐岩与土壤也没闲着，不过它们处理的对象是雨水而非海水。酸雨早已因其破坏性而恶名昭彰，它们破坏了欧洲的森林，也害得我老家阿迪朗达克山区的湖泊失去了生机。自然界本来也有含碳酸的雨，但只要浓度不是太高，碳酸本为雨水的正常成分，比起火力发电厂或汽车引擎排放出来的硫酸与硝酸，酸雨所造成的污染要温和许多。一旦空气中的二氧化碳扩散至云雾中的水滴里，即使最纯净的水都会变酸。当碳酸雨滴在一块灰白的石灰岩上，它还不至于冒泡。但如果你把石头放在显微镜底下，你就可以看到，它的表面有极细微的崩塌现象。

在中国南方的桂林与阳朔，我们可以看到丰富的石灰岩构成的绮丽地质景观。你或许在中国的山水画中看过这样的景色：画里的丘陵如犬牙交错，它们猛然拔地而起，直逼天际，陡峭得难以想象，像是一个个圆锥形的高塔，诡异而如真似幻。这种景象的形成，正是由于自然的酸雨在漫长的岁月中腐蚀了柔软的、可溶解的石灰岩层。类似的地貌在地球上许多地方都可以找到。

想象一下，在山色空蒙的日子里，我们站在一座这样的山峰上，俯瞰远方的漓江蜿蜒而过。飘起雨来了。雨水积满了脚下的坑坑洼洼，挟着酸性的物质钻进裂缝与坑洞当中，然后任由碳酸分子撕裂石灰岩的晶格。经过这个作用，这些性质活泼的酸转变为腐蚀性较小的碳酸氢盐，它们每一个都带着原本空气中的碳原子，一点一滴地连同一路冲刷下来的物质往下流。

这些满载碳酸氢盐的溪水最后汇入中国南海。在海洋中，碳酸氢盐的作用与上述海底碳酸盐一样，也是一种抗酸剂，可以中和海水酸性，帮助它消化更多的二氧化碳。接着，海洋生物在进行光合作用、建造自己的外壳或骨骼时，会用到这些碳酸氢盐与碳酸盐。当这些生物寿终正寝时，这些碳原子在走过千山万水之后，已彼此凝聚而变得沉重无比，终于真正地“石沉大海”。

碳原子深海旅行的结果就是，陆地上的碳酸盐岩与土壤把空气中多余的二氧化碳吸收过来，最终储存在海底。经过大约 5000 年的清除、恢复工作，地球上的碳酸盐物质也差不多可以功成身退了，届时空气中多余的碳只剩下 10%～20%。然而，即使是这个数量，还是能够让地球的平均气温比现在高出 1～2 摄氏度。公元 7000 年，残留的温室气体仍足以让极地的冰继续融化，海平面继续上升。

不过，故事还没完。不可思议的是，公元 7000 年只不过是阿彻所说的“二氧化碳曲线长尾”的序幕。此时空气中的二氧化碳污染还是会继续减少，但剩下的这一段路要走得非常久，至少还要 5000

年才能把剩下的碳清除干净。公元 12000 年，也就是我们停止碳排放的 1 万年之后，全球平均气温依旧至少比今天高出 1.1 摄氏度。

碳的清除工作的最后一步之所以要拖这么久，是因为海洋与碳酸盐轮番上阵之后，剩余的工作只能留给高硬度、抗腐蚀的硅酸盐岩石，譬如白色、粉红色的花岗岩，以及沉重、黝黑的玄武岩。酸性水质可以像腐蚀碳酸盐一样腐蚀它们，只是效果没那么明显。那么，以硅酸盐的清除能力，究竟需要多久的时间才能使大气中的二氧化碳浓度恢复到今天 387ppm 的水平呢？大多数计算机模型推算的结果是，至少还得 5 万年，其后还需要数倍的时间才能完全恢复。

尽管那时的地球已经历漫长的降温过程，但气温还是比人为的碳污染发生之前高一点。这意味着极地的冰原会继续崩裂或融化入海，海平面因此会继续上升好几米。

综上所述，阿彻与他的同事想要告诉我们的是，即使我们选择许多专家称之为温和的碳排放路线，未来的人类仍然会在极长的时间当中承受碳污染的后果。然而，等我们看过极端的碳排放路线，就会发现这只是小巫见大巫。如果我们把所有警告当作马耳东风，把所有能烧的全丢进火里，让总量高达 5 万亿吨的碳排放到大气当中，又会怎样呢？这就是政府间气候变化专门委员会列出的所有可能场景当中最恐怖的一个。这个场景被称为 A2。在此场景当中，人类选择了最极端的路线，就算到了公元 2100 年，还在大量排放温室气体。有一种说法认为，人类把文明的基础建立在化石燃料上，等于是拿地球的生态做实验品。然而，如果说排放 1 万亿吨碳的做法是一个不负责任的实验，那么排放 5 万亿吨更像是拿自己生命开玩笑。如果我们选择了这条路，也就是说，依然不改变当前的碳排放量，直到耗尽所有剩下的碳储备，那真的就是玩火自焚、饮鸩止渴。

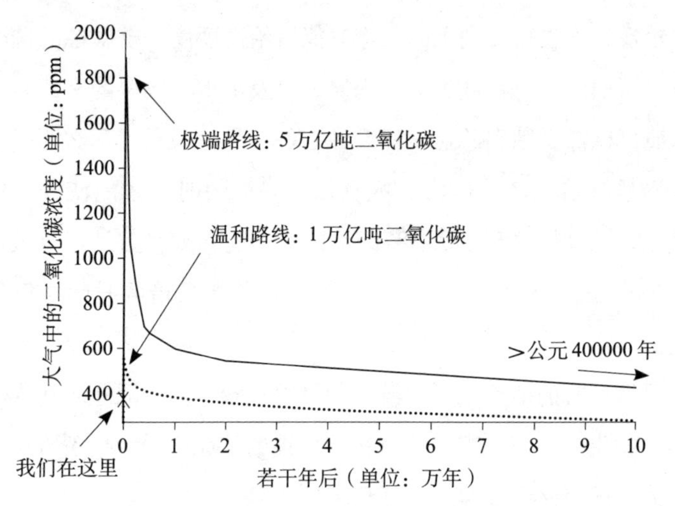


10万年内两种不同路线下的二氧化碳浓度变化。极端路线下的恢复时间比10万年更久。（来源：Archer，2005）

### 场景二：超级温室

地球上容易取得的碳还有很多，要把它们消耗完还得过一阵子。因此，碳排放的高峰大约会出现在公元2100年到2150年间，之后会递减，但仍需几个世纪才能清空存货。

大多数计算机模型都显示，在2300年左右，大气中的二氧化碳浓度会达到高峰，约为1900～2000ppm，是现在的5倍。然后开始下降。这些二氧化碳溶入海水之后，产生的碳酸对全球海域中的有壳生物将是可怕的灾祸。

不同的计算机模型与参数对气温高峰的预估有些差异，可能早在公元2500年，也可能晚至3500年。但多数计算机模型都得出结论，气温的高峰会延续数千年之久。这个高峰既平坦又绵长，所以不会出现上一个场景当中的瞬间反转。它不像一个陡峭的巨浪，而像是一片连绵不绝、气吞山河的万里狂涛。那时的全球平均气温比现在高出5～9摄氏度，这一差值是温和场景中的两倍。而且这还只是全球平均气温，北半球高纬度地区的气温可能比现在高出10～18摄氏度。在这种情况下，斯堪的纳维亚半岛、欧洲其他地区，还有美国的大部分地区在冬天也不会下雪。

许多计算机模型告诉我们，公元4000年的二氧化碳浓度大约是1000～1300ppm，是现在的3倍。然而，海洋学家安得烈亚斯·施密特纳（Andreas Schmittner）与其同事运用的模型算出来的数值更高，约为1700ppm，这倒是与迈克尔·伊比团队的估计相符。那样的话，甚至连海水表层温度都比现在高得多，在热带地区高出6～7摄氏度，在高纬度地区高出约10摄氏度。在这个大暖炉当中，高低纬度之间的气候差异会缩小，全球气候趋于同质化。

公元7000年，硅酸盐还在缓慢地清除大气中的碳。阿彻与德国气候学家维克多·布洛夫金（Victor Brovkin）的一份报告指出，在最初的5000年之中，气温只会下降不到1摄氏度，而5000年后，二氧化碳浓度也还会高达1000～1100ppm。就算是1万年之后，1/10～1/4的污染物依旧飘浮在空中，将全球平均气温维持在比今天高3～6摄氏度的水平。大约10万年后，二氧化碳浓度才能回落到今天的水平。40万～50万年后，一切才会回归最初的正常状态。

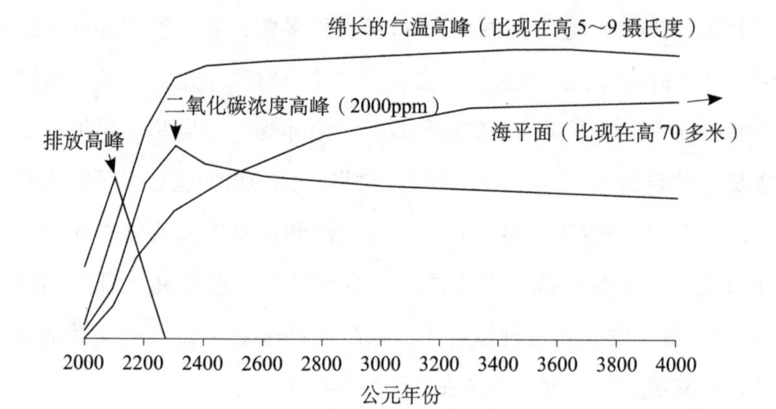


排放 5 万亿吨二氧化碳的极端场景。（来源：Schmittner et al.，2008）

在看不到尽头的酷热影响之下，格陵兰的冰原会融化到一片不剩，惊人的水量能把海平面抬高 7 米。可怕的还在后头，当南极的冰原也都融化，海水会升高 10 倍以上，今天的沿海地区都将成为海底大陆架的一部分。

排放 1 万亿吨的温和路线和 5 万亿吨的极端路线，后果是相当不同的。无论我们选择哪一条路线，在我们有生之年里，都不会看到明显的环境变化。然而，真正叫人胆战心惊的，不是变化的速度，而是其规模与持久性，尤其是在极端路线下。

在温和路线的场景当中，几乎所有剧烈的气候变化都会在起初的一两千年之内爆发，剩下的只是小规模的污染再拖个几万年。但如果我们排放的是 5 万亿吨碳，二氧化碳曲线将飙升得更高，拖曳在后的尾巴也更长。其原因并非仅仅是污染物本身的量比较大，也因为剧烈的增温会进一步引发后续的连锁反应，导致自然储存的碳释放出来，促使气温进一步升高。因此，在极端路线下，气温上升的幅度会是温和路线下的两倍，恢复的时间更是遥遥无期。

信不信由你，这其实还算比较保守的预估。海洋学家詹姆斯·扎克斯（James Zachos）与他的同事计算的结果是，10 万年之后的二氧化碳浓度仍平稳地停留在 500～600ppm 的水平。另外一个研究显示，硅酸盐的清除工作要在足足 100 万年之后才有可能完成，而且这还是在温和路线下。

很多人也许会觉得以上的推测都只是捕风捉影之论。要人类去思考动辄千年、万年以后的未来，就好像要我们想象航行在一个扁平的地球的边缘是什么感受。更何况，对很多人来说，除了此生此世的问题之外，其他的都是天马行空的想象。再说，10 万年之后还有人类吗？

大多数被我问到这个问题的同事或学生都回答说，人类在那之前应该早就灭绝了。有些人相信天灾或是人祸都有可能是罪魁祸首，也有许多人相信各种不同教派的末日预言。我个人很担忧这类宿命论的负面影响，因为人类这一物种的延续，是我们在讨论化石燃料使用、气候变化与全球生态时的核心关怀。如果我们根本不会活到那时候，又何必担心二氧化碳会在大气中停留多久？如果我们的子孙也来日无多，为什么我们不干脆及时行乐，尽情地挥霍地球上的自然资源？

因此，假设人类根本不会活到那时候确实是个方便的借口。对长远的未来视而不见，就能够忽视二氧化碳污染的持久性，然后假装没有人需要去面对我们引发的气候变化。然而，我保证人类无法逃避这个责任，因为人类不会从地球上消失。今天我们选择的生活方式，会决定未来人类的祸福，我们至少应该承认这一点。

能够威胁到人类生存的危机其实不多，而且大部分人可以想到的都不值一哂。工业污染的毒性容易被冲淡，且波及范围也不会太大，不可能危及全人类。火山爆发也可以直接剔除。人类历史上威力最强的火山，是7.5万年前爆发的苏门答腊的多巴超级火山，但它也没有杀光所有人。恒星坍塌或新兴黑洞射出的伽马射线虽然强烈，但概率太低，无需杞人忧天。就算这真的发生了，巨大的地球也能庇护地表上另一面的居民，因此也不可能将人类赶尽杀绝。

那传染病呢？人类历史上最致命的微生物杀手——黑死病，在14世纪夺走了7500万至2亿人的性命。纵然如此，这距离世界末日还有一段距离。尽管当时的医疗资源极度贫乏，大多数的中国人、欧洲人、中东人、非洲人都还是渡过了难关。今日的医学技术，应当可以将黑死病的死亡率降到5%～10%。

是什么使人类免于疾病的大规模屠戮？尽管很多人还不相信，但答案正是基于自然选择的演化机制。今天地球上人类的数量是如此庞大，突变的基因几乎无所不在，而且千奇百怪。因此，无论是针对什么样的病原体，几乎都一定会有某些人天生就能够免疫。人类的数量越多，基因的多样性就越大，有人能对某种传染病免疫的概率就越高。这就是人类的远祖20亿年前可以适应全球氧化危机，甚至从中得利的原因。即使是最致命的传染病，也可被当作一个自然选择机制，汰弱留强，让适者生存下来。

人类可能因为核战争而毁灭吗？除了爆炸与辐射直接造成的死伤之外，尘埃与烟雾导致的核冬天更是骇人，它将使侥幸活下来的人陷入暗无天日、饥寒交迫的境地。然而，地球其实足够辽阔，辐射尘只会飘散到风能抵达的地方，而且迟早会被土壤与海底的泥巴覆盖住。除非好几个大国真的都不想活了，展开一场玉石俱焚的自杀式攻击，否则数十亿人并不会在顷刻间覆灭。我由衷地相信这样的浩劫不会发生。

最后一个可能消灭人类的危机，是陨石撞地球。由于太阳系中的岩石很多，这个可能性并不小。6500 万年前，一颗陨石像一道闪电般击中了墨西哥的尤卡坦半岛，撞出一个直径 180 千米的大坑，并造成恐龙灭绝。巨大的撞击产生的蒸汽与灰尘使许多生物窒息而死。当陨石划过天际时，高温点燃了燎原大火，数千平方千米的土地化为灰烬。然而光是这样还不足以毁灭人类，除非这颗陨石更大、更快，用高温把大面积地表融化，甚或把地球撞成碎片。如果各位真的很想知道陨石撞击地球究竟会造成什么灾难，可以利用亚利桑那大学的冲击效应研究计划（Impact Effects Program）放在网上的一个简易的“灾难计算器”。在它的网页上，你只要输入撞击物体的体积、速度、密度、撞击的角度、被撞击地点的地理条件，以及撞击地点与你的距离，轻轻一点，计算器就能立刻计算出撞击的详细数据以及可能造成的灾害。

我忍不住试了这个程序。我发现，如果一颗直径大约 300 米的陨石以每秒 17 千米的速度，在离我家 30 英里的地方坠落，它能撞出一个直径 5.6 千米、深 2 千米左右的大坑。一颗比太阳亮 20 倍的火球会一飞冲天，我身边的树木会被引燃，大地会被里氏 6.9 级的地震撼动。约一分半钟之后，跟我的头一般大小的石块如炮弹般纷飞而至。再过 30 秒，高温的风暴夹杂着震耳欲聋的巨响扑面而来，所有燃烧的树木、楼房以及我自己无一幸免。这样大小的陨石还远不足以毁灭地球，但必然能在世人心中掀起一阵恐慌。如果它的直径有 7000 千米，那就会使地球表面全都陷入一片火海。如果再比这个大上很多，地球就会被撞得粉身碎骨。幸运的是，此网页也告诉大家，银河系当中地球所处的范围内没有这样巨大的岩石。

在评估过地球会面对的不同浩劫的可能性之后，我们在后面评估全球变暖严重程度的时候，还应该谨记一件事。一方面，气候变化是个不容忽视的重大危机，但另一方面，我们也用不着过度恐慌或绝望。如果就连陨石撞击等浩劫都不至于在未来的 10 万年之内毁灭地球，那么温室效应肯定也不会。人类实乃一种适应力极强的物种。我们已经在地球上兴盛了数万年之久，人数多达 60 亿之众，纵然没有现代科技的辅助，也无畏冰期与间冰期之间剧烈的气候变化，从冰天雪地的南北极，到烈日当空、寸草不生的热带沙漠，都有我们的踪迹。我很难相信，像人类这样成功生存下来的物种会因为全球变暖而灭亡。

不过，二氧化碳确实可以置人于死地，而且我亲眼见证过它可怕的杀伤力。只不过这跟全球变暖没什么关系。

1985 年，我在非洲中西部的喀麦隆参与一项沉积物勘探工作。当时我的身份是博士后研究员，同行的还有我先前在杜克大学的研究生导师丹·利文斯通以及他当时指导的学生、研究水域生态的乔治·克林（George Kling）。我们的工作是在丛林密布的火口湖（crater lake）[①]巴隆比波湖进行地质采样。巴隆比波湖距离海边约一小时的车程，水质非常清澈，后来我们还在那儿采样创建当地热带

---

① 译者注：火口湖，又称火山口湖，是火山喷发后，因喷火口塌陷而形成的漏斗状洼地，之后经积水而形成湖泊。

雨林花粉的历史记录。这项任务结束之后，乔治与我继续往比较凉爽、草原较多的中部喀麦隆高地前进，探索更偏僻的据点。其中之一便是发生悲剧的尼奥斯火口湖。

尼奥斯火口湖坐落在一片翠绿的山坡的顶上，距离环绕半山腰的土路很远，为了省事，我们就没有把笨重的采样器材搬过去。所以这趟旅程更像是探路，而非真正的采样工作。当地一位善良的老先生约瑟夫（Joseph）在山脚下热闹、富饶的尼奥斯村迎接我们，并叫他的一个儿子领我们走一条没有标识的小路。我们在岸边休息时，头顶晴空万里无云，脚下湖水波光潋滟，远眺约一英里外灰蒙蒙的峭壁，虽然有点热，却是说不出的惬意。我们都很庆幸在采样工作之余能享受这样的美景。

遗憾的是，当时我们没有带上足够的器材，否则我们就可以在充气筏上直接分析尼奥斯的湖水，发现其不寻常之处。当时我们还不知道尼奥斯是喀麦隆最深的湖，湖中央深达 200 米。除此之外，湖水里蕴含着超量的二氧化碳，它们来自富含二氧化碳的地下水。一年多后，1986 年 8 月 21 日，湖里约 1 立方千米的气体喷发出来，火山下的村子里有 1700 名居民因此丧生，包括约瑟夫与他的家人。

后来我在 1987 年 9 月的《国家地理》中做了介绍，指出这个惨剧发生的时间点非常不巧。那刚好是市集的最后一天，尼奥斯附近其他村子的居民都赶来交易日用品与农产品。太阳刚下山，大人小孩都回到家里，准备吃晚餐并就寝。

有一个叫哈达利（Hadari）的牧人碰巧在附近的山丘上目睹了悲剧的上演。他告诉我，气体在傍晚时从湖底喷发出来，“它如一朵白云般浮起，然后又如洪水般扑向村子”。二氧化碳比空气重，因此它像水一样流向地势较低的村庄，形成了一条50米深、16千米长的死亡之河，神不知鬼不觉地夺走了人们的性命。挤在一起用餐的尼奥斯村民不明就里地倒在餐桌旁，挣扎着多喘一口气，却终于绝望地横躺在地。在一片死寂的暗夜里，家家户户的床上、门前都堆满了尸体。

一个月后，我搭着直升机与摄影师安东尼·苏奥（Anthony Suau）在现场上空盘查，约有五千头牲口的尸体还散布在绿油油的山坡上。连秃鹰与苍蝇都死了，“连小蚂蚁都死了”，哈达利说。只有青草与树木仍安详自在，茂盛如昔。对植物来说，二氧化碳是赐予生命的瑰宝，它们靠着它而茁壮成长。而对动物来说，二氧化碳是废物，过量了还会致命。有时生物实验室要把老鼠安乐死，就把它们与干冰一起放在密闭的容器里，希望它们能毫无痛苦、平静地归天。但实际上这并不是什么好方法。根据尼奥斯村生还者的说法，高浓度的二氧化碳在致人死亡之前会先让受害者产生幻觉，包括剧烈的灼热感，以及痉挛。

我深深懊悔在1985年那个晴朗的日子里我们偷了懒。如果我们辛苦一点，把尼奥斯湖的水好好分析一番，我们就能向村民提出警告了。而今，灾难的幸存者在约瑟夫先生的访客簿上看到我们的名字，还以为是我们在湖底放了炸弹，因为我们是爆炸发生前唯一一批去过那里的外国科学家。对于当地居民而言，我们的失职实与安置炸弹无异。

这次惨剧让我了解到真正的二氧化碳浩劫会是什么样子。相比之下，温室效应根本不算什么。如果我们真的把地球上所有的煤炭都烧了，把5万亿吨的碳排放到大气中，的确会引发最恶劣的温室效应——漫长而剧烈的全球变暖。我们应该尽力去制止它，不是因为人类会因此灭绝，而是因为我们没有权力要后代子孙与其他物种承担这一切。

未来的生态系统与生物要怎么面对一个发烧的地球？没有人真的知道，但我们可以做些合理的推测。在下面两章，我们将会分别看一看远古的地质记录中保留的温和与极端两个剧本的情况。我希望我们的子孙的子孙永远也不需要面对一个超级温室。我上一次跟阿彻聊天的时候，他似乎很笃定这种情况不会发生。"我们就是不能让它成真。"他说，"我个人猜想，最后我们大概会排放1.6万亿吨的碳，然后二氧化碳浓度保持在600ppm上下。希望这样就能避免最糟的局面。"

但不管将来我们选择哪一条路，自然环境的改变已经发生，未来的苦果已经种下。只是，如果你因为这些理由就相信人类注定灭亡，因而自暴自弃、听天由命，那你就错了。

古生物学家史蒂夫·杰克逊（Steve Jackson）最近在《生态与环境前沿》（*Frontiers in Ecology and the Environment*）的评论中说道："气候变化也许是无法避免的，但我们不应以此为借口任由它发生，甚至加速它的发生。"我们已经对地球造成了难以磨灭的影响，然而，如果我们不立刻倾尽全力设法减少碳排放，那么接下来地球受到的冲击只会更加难以想象。5万亿吨的碳排放确实是一个可能发生的悲剧，但绝非无法避免。

身处这个关键的时期，历史赋予了我们无比的重责大任，或者说是荣幸，来决定未来数十万年地球的气候环境。事实上，我们的所作所为早就已经成为后代子孙必须面对的烫手山芋了。但无论我们是否愿意承认，这个难题会造成多大的伤害、会持续多久，是我们自己可以决定的。

# 第三章

# 上一次冰川融化

哪里有什么事人能指着说：“看，这是新的！”其实，它在我们以前的世代早已有了。

——《传道书》1:10

当我们跨过2100年，眺望遥远的未来，我们究竟会看到什么，取决于今天我们怎么做。如果我们只排放1万亿吨二氧化碳，那么5万亿吨才会引发的灾难就不会发生，但那时的人类仍将被迫在史上二氧化碳浓度最高的大气中生活，而且其时的气温在高峰时要比现在高出2～4摄氏度。

然而，这样的场景真的有可能发生吗？地球历史上曾经这么热过吗？如果有，当时的地理环境是怎样的？当时的生物又如何适应环境呢？

计算机模型可以依据理论模拟可能发生的气候变化，但地质历史研究呈现给我们的是过去真实发生的故事。两种方法，一个抽象、一个具体，各有优点与缺陷。计算机模型可以被设计来模拟各种可能，但无法准确反映事实。古生态记录完全凭证据说话，但无法针对假设性问题提供解答，它们能提供什么信息，你就只能用什么信息。两者若能够携手合作，将模型建立在扎实的历史资料的基础之上，那两者都能发挥最大功效。在看过“登山者”与其他模型对温和路线场景做出的模拟之后，我对过去地球上是否曾经发生类似的暖化现象更感兴趣。两者结合起来，我们就能清楚地了解类似今天的暖化趋势在过去真实发生的情况，也能了解它对未来的影响。

大型的暖化现象在历史上周而复始，为数不少。然而，太过古老的暖化与今天的暖化缺乏足够的相关性。有些暖化发生的时候，大陆板块还没移动到今天的位置，动植物的生理形态也与今天的不同。当我们回顾地球历史的时候，一方面，我们要寻找二氧化碳浓度高达 550～600ppm 的时代；另一方面，我们也希望那个时代的自然条件与今天相仿。

如此一来，可供我们分析研究的例子就少了。只有把时间限制在最近的数十万年之内，地球上的物种生态才与今天的差不多。幸运的是，越是晚近的年代，侵蚀与其他自然因素破坏的作用也越小，遗留的地质证据也越多。严格地说，过去 100 万年来，没有一个时期的二氧化碳浓度接近今天的 387ppm，远低于我们心中的温和路线条件，但仍然可以为我们提供宝贵的参考。另外，研究近期的地质年代还有一个优势，就是今天的冰川与大陆冰原尚保存着这些时期的空气样本，通过冰芯研究，我们可以破解其中的秘密。

格陵兰与南极拥有地球上最广大的冰原，理所当然地也具备最厚、年代最久远的冰芯记录。它们无与伦比的长度、清晰完整的层次、厚厚的沉积物，记录了不同时期的气候条件，从远古至今，每年的降雪都被封存在那些冰层里。在一望无际的冰原当中，科学家最青睐的，是被埋藏在高耸山峰下的冰层，不仅是因为它们数量庞大，也因为它们移动较少，更完整地保留了原貌。相比之下，处在冰原边缘的冰因重力的拉扯而像河流一样流动、搅拌，免不了遭受严重的磨损与扭曲。

目前最长的一条冰芯来自东南极的 C 丘，由跨国合作的欧洲南极冰芯开采计划（European Project for Ice Coring in Antarctica，简称 EPICA）挖掘。其垂直长度有 3 千米，涵盖了 80 万年的历史，从中我们可以观察到 8 次冰期 — 间冰期循环。另外还有几处挖出的冰芯，也记录了最后一轮冰期 — 间冰期循环，其中一根来自 C 丘附近的沃斯托克观测站，涵盖了 42 万年的历史，另外几根则来自格陵兰。既然来自不同地点的冰芯所呈现的记录都差不多，这表示它们提供的信息应该是可信的。

根据那些被冷冻在冰芯里微小气泡的记录，每到冰期，二氧化碳浓度就降到最低，通常在 190ppm 左右。比较少但威力更强的甲烷则约为 0.4ppm。在地球最热的时候，二氧化碳浓度最高也只不过达到 300ppm，甲烷最高则在 0.7～0.8ppm。我们再来看看今天的数据，二氧化碳浓度为 387ppm ，而且还在上升，甲烷目前是 1.8ppm。即使我们现在就开始减少碳排放，温室气体的浓度还是会飙升到任何一项历史记录都无法企及的程度。

另外，古代暖化的成因也与今天不同。在过去的间冰期，气温的升高不是因为温室气体浓度上升，而是因为北半球高纬度地区日照强度的增强。间冰期的二氧化碳浓度最后还是会升高，但那主要是因为较高的温度加速了微生物的分解速度，而且降低了气体的溶解度。但今天的状况恰好颠倒了，我们是二氧化碳浓度先升高。如果今天的冰层还有机会保留到遥远的未来，那时候的科学家会惊讶地发现，我们破坏了气温与大气成分之间长期维系的关系。在人类世的冰芯里，温室气体浓度的上升微微早于气温的上升或与之同时发生，而非跟在它之后。

总之，想要知道炎热的气候会对今天地球上的生物有什么影响，我们最好从近处着手。幸好最近一次的间冰期就符合这样的条件，而且它距今也只有 11.7 万年而已。只有 11.7 万年？除了地质学家与古生态学家，大概没人会在这个数字前加上“只有”吧！习惯于以亿万年为单位的科学家，很容易忘记 11.7 万年对一般人来说是个太过漫长的时间段。

现在，为了帮助我们更清楚地了解整件事的来龙去脉，让我们开始一趟气温的时间旅行，沿着欧洲南极冰芯开采计划那条 3 千米长的冰芯，回到 11.7 万年前的伊缅间冰期。一路上我们可以感受到过去数万年中地球平均气温的高低起伏。

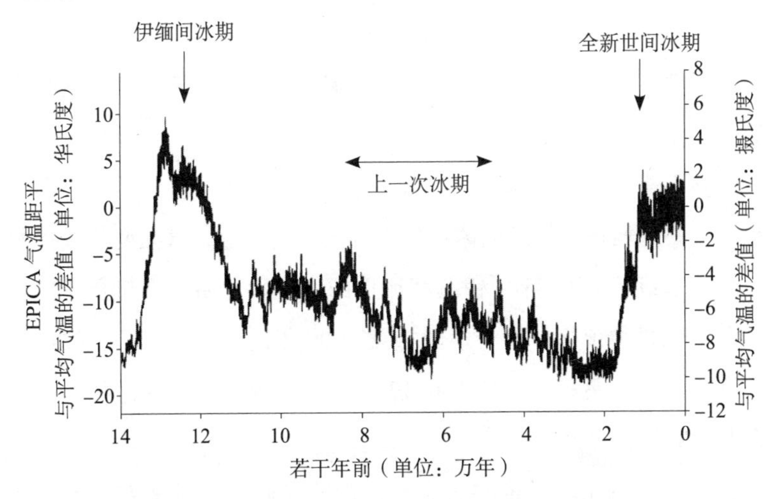


根据 EPICA 冰芯推断的伊缅间冰期至今的气温变化。
（来源：EPICA Community Members，2004）

一开始我们只会感受到些微的颠簸。首先穿越的是近1000年的各种战争、重大事件、科学发明，然后见到穆罕默德与耶稣基督的诞生。再往前2000年，有些读者会认为可以看到诺亚方舟与大洪水。再2000年，文明的诞生。现在才走了6000年，从这里开始到公元前10000年之间，气温些微上升，这是温暖的全新世的初始阶段。这时生活在中东地区的人类已经懂得种植谷物了。接着再1000年，又1000年。

至此，欧洲南极冰芯开采计划已经带领我们重温了1.2万年的人类文明与气候变化。但为了到达我们的目的地，接下来得闯进一个寒冷的深渊，里面布满了象征剧烈气温变化的利刃，而且这段不平静的旅程足足是刚才的9倍。没错，这正是所谓的冰期。

这次冰期几乎把今天的加拿大全部覆盖起来。然而，在将近10万年的历史当中，发生过许多次剧烈的气温波动，每次只有短短的数千年甚至数百年，而主要成因是冰原面积与洋流的突然改变。我们得一再辛苦地攀越一座座气温高峰，又急遽下坠。这时我们会怀念气温变化平缓的全新世。

马不停蹄地翻山越岭11.7万年之后，我们终于抵达整个冰期的起点，并开始攀爬伊缅间冰期的险升坡。这一次，气温变化线持续抬高，延续了8000年。伊缅间冰期的这一段气温似乎与全新世差不多，但再往前行，就会遇到持续5000年的极高温气候。翻过这个高峰之后，另外一个冰期在13万年前出现了。还好，我们可以在此暂时打住。

让我们用比较通俗的语言与正常的时间顺序再来看一遍。伊缅间冰期的起点是13万年前，在最初的5000年中，东南极的气温总共上升了 12～14 摄氏度。换句话说，平均每 100 年上升的幅度还不到 0.3 摄氏度，这比地球在 21 世纪平均上升的 0.7 摄氏度要少。然而，地势高、气温低的东南极的暖化速度是比全球平均速度慢的，因此我们可以合理推测，伊缅间冰期的东南极的暖化速度也比全球平均速度慢。尽管暖化的起步比较慢，但是那时东南极的气温最终要比今天的东南极高出几度，而且持续了好几千年。然后，在 11.7 万年前爆发最近一次冰期之前，气温降到了与今天相仿的程度。

伊缅间冰期的名字来自位于荷兰阿姆斯特丹以东 30 千米处的伊缅河，它的河床都是富含黏土与沙的海洋沉积物，里头夹杂着许多亚热带软体动物的外壳。今天，大多数这样的生物，譬如说尖针型海螺（*Bittium reticulatum*），都不愿待在寒冷的北海，而是出没于比较温暖的地中海沿岸。我记得小时候，我父亲在伊斯坦布尔的高中教数学，我在土耳其沿海捡了好几箩筐这样的海螺。19 世纪末，那些被埋藏在海底的生物遗迹在伊缅河边的阿默斯福特被发掘出来，成为伊缅间冰期的典型代表。

细究伊缅间冰期这个称呼的来历，我们可以发现它只参考了欧洲的历史。北美洲的人们称它为桑加蒙[①] 间冰期，俄罗斯人称它为卡桑茨夫（Kazantsevo）间冰期。这一时期的海底沉积物在化学成分上发生了极大的变化，因此许多海洋地质学家就把这个年代定名为深海氧同位素 5e 亚阶段（Marine Isotope Substage 5e）[②] 。但我们只要知道它是伊缅间冰期就足够了。

---

① 译者注：桑加蒙为美国伊利诺伊州的一个县名。

② 译者注：深海氧同位素阶段是根据反映温度变化的氧同位素（这些数据从深海沉积物样本中获得）推断出的地球古气候中的冷暖交替阶段。

冰芯中的证据显示，伊缅间冰期的二氧化碳浓度总在 300ppm 上下。大家因此可能会推测，既然当时温室气体的浓度比现在低，那么当时的气温也应该比现在低。然而，冰芯数据显示的结果正相反。许多记录都告诉我们，伊缅间冰期的平均气温要比今天高出 1～3 摄氏度。这是为什么？

有可能是冰芯中保存的气泡有问题吗？可能性不大，因为许多冰芯都显示出同样的结果。而且根据其他科学方法所收集到的数据也都差不多。譬如说，麦茨·朗德格林（Mats Rundgren）与欧雷·本尼克（Ole Bennike）带领的北欧团队就从古代的柳树叶中获得了相同的信息。这些柳树叶都来自他们从欧洲各地采集的伊缅间冰期的沉积物。因为植物吸收二氧化碳，因此空气中二氧化碳的多寡，有时能够明显地影响叶片的外形，包括叶面细微的气孔。当二氧化碳浓度升高时，有些植物的气孔就减少了。根据植物气孔的数量，科学家推断伊缅间冰期的二氧化碳浓度是 250～280ppm，这与通过冰芯得出来的数值惊人地相似。

那会是气温的计算出错了吗？我们也有好几个方法来推测古代的气温，其中最常用的是稳定的同位素（同位素是一种元素多种原子中的一种，就好像宠物狗与宠物猫有好多不同的品种）。同位素中又属氘最常用，它是比较重的氢，常在冰期对水分子造成污染。因为氘与正常的氢的含量比例会随着气温而改变，因此它可以作为古代气温的指针。由欧洲南极冰芯开采计划与沃斯托克观测站的冰芯中的氘含量来看，在伊缅间冰期的最初四五千年当中，南极的平均气温比今天高出 2～3 摄氏度。但在此间冰期的其他时段中，南极的气温与今天是差不多的。

冰芯记录的局限在于，它只能反映地球上某单一地点的气温。为了测量今天地球的平均气温，科学家架设了数百个分散于各地的气象观测站。但能给我们提供伊缅间冰期的气候信息的，只有十几个。所以，只凭欧洲南极冰芯开采计划的冰芯就声称伊缅间冰期初期的全球平均气温比今天高出几度，确实有点以偏概全。欧洲南极冰芯开采计划的信息不足以告诉我们当时整个地球的平均气温，正如今天南极当地的气象观测站也只能记录区域性的气温变化一样。更何况，冰芯只能保存雪季里的气温记录。在每年没有下雪或是雪量过少的季节里，当时的气温就无法被记录下来。

莫尔顿山是目前为止唯一可以让我们一窥西南极气候变化的工作站。从这里挖掘出来的水平冰芯槽反映了各观测点之间的差异。此地隔着罗斯冰棚[①] 与更辽阔的东南极冰原隔海相望。深厚的冰层由于本身的重量太大，往往会向周边缓缓溢出，而莫尔顿山周围的冰层受到山脚的阻挡，会如太妃糖般一层一层地向上翘起。如果你从冰与岩石接壤的区域开始向外走，就可以从晶莹剔透的蓝色冰层中目睹 50 万年来的南极气候历史。一群来自美国各大学的研究员在此放弃了垂直下钻的冰芯采集方法，而直接横向切片。

今天南极西部的气温比东部高，而这样的区域性差异，也是伊缅间冰期的特色之一。尽管在 13 万年前，西南极的气温与东南极几乎一样高，但是在后续的冷却期中，它表现得比较温和，其下

① 译者注：冰棚指冰层或冰川延伸到海面的部分。冰棚由雪堆积重新结晶而成，因此成分为淡水。沿海冰棚经常形成悬崖，海拔可达 60 米，并往海面下延伸，最深可达 900 米。海水从冰棚边缘进入冰棚下方，并在冰棚下方结冻，释放出盐分，造成冰棚下方有一层寒冷、高盐度、高密度的海水，这层海水随后沉降，向外流，完成冰棚下海水的循环。南极最大的冰棚为北部的龙尼冰棚及南部的罗斯冰棚。

降的姿态像是一个平缓的山坡，而非悬崖峭壁。大趋势总是千篇一律：气温突然飙升，温暖期持续数千年，然后寒冷的冰期又回来了。但不同区域还是会有细微的差异。因此我们切记要避免以管窥天、以偏概全。

今天，大多数极地地区的暖化现象都要比低纬度地区来得剧烈，古代应该也是一样。北极的大部分地区在伊缅间冰期的夏天时，比今天高出4～5摄氏度，但若以整个地球的平均气温来比较，则相差得比这个数值的一半还少一点。所以，如果我们只根据高纬度地区的资料来推算全球气温，很容易得到一个过高的结论。

虽然伊缅间冰期的地球只比今天温暖一点点，温室气体的浓度却毫无疑问低了很多。这是否表示我们根本不该把今天的全球暖化归咎于碳排放呢？并不是。今天的我们只是把顺序颠倒过来了。今天地球的暖化是因为二氧化碳与甲烷的推波助澜，但在过去这些气体是因为暖化才大量出现的。当地球沿着轨道运转时，北半球高纬度地区冰雪的减少导致被反射回去的阳光也少了，多出来的热量于是被颜色较深的陆地与海洋吸收，促使气温上升。一旦地球气温升高，微生物会呼吸得更快，湿地产生的甲烷也会更多，于是地球会被一层厚厚的温室气体包裹住，不让热量跑掉。对今天的地球而言，开始于11700年前的全新世间冰期的日照循环，已经过了其高峰，当前的暖化其实是我们自己造成的。

尽管伊缅间冰期暖化的原因与今天不同，但它还是告诉我们，即使气温些微上升，也足以摧毁大量冰层。要知道间冰期的融冰有多严重，我们只要看看全球各地遗留在陆地上的化石就好。目前全世界有好几百处伊缅间冰期形成的古代礁石，但我们若要用它们来推算古代海平面的高度，最好是挑那些地质环境非常稳定、没有抬高或压低古代沉积物的海岸。澳大利亚新南威尔士州的伍伦贡大学的地质学家保罗·哈蒂（Paul Hearty）就发现了一个这样的地点。在澳大利亚西部大城市珀斯的海岸线外，有一个地势低平、气候干燥、被一片白色的沙滩环绕的罗特内斯特岛。岛上有一个被海浪冲刷出来的地岬，那里有些已经化石化的珊瑚，应该形成于伊缅间冰期早期，就在碎浪带之上或附近。因为那些珊瑚喜欢生活在浅水之中，这个发现说明了当时的海平面要比现在高出2～3米。

随着温暖期的持续，就算气温已经过了最高峰，海平面还是继续上升。当哈蒂的团队继续往内陆前进以追寻间冰期海平面上升的踪迹时，他们发现了还附着在石头上的软体动物的化石，那里已经高出海平面7米了。它们的年代比先前的珊瑚要晚数千年，它们更高、更靠东的位置说明了当时海平面的上升是长期的。罗特内斯特岛与其他热带地区的发现，已足以让我们清楚地描绘出伊缅间冰期海平面升降的变化。

在伊缅间冰期刚开始的时候，海平面上升到比今天高出2～3米的高度，然后维持了上千年。到了伊缅间冰期的后半段，也许是因为极地冰原崩裂，海平面继续上升，最高比现在高7米。然后，下一个冰期就降临了，海水开始消退，被冻结在陆地辽阔的冰原之中。

当时就跟今天一样，最大的冰体都在北极与南极两地，而它们也最有可能是伊缅间冰期中期的冰川融化事件的源头。如果整个格陵兰的冰都融化掉，确实可以引发这样规模的海平面上升，但事实并非如此。格陵兰的冰芯显示，大多数处于中央地区的冰丘在那数千年的暖化过程中并没有受到威胁，因此至少有像今天的冰原一半大小的冰体保存了下来。在地球的另一端，广大的东南极冰原也没有全部融化，否则今天的欧洲南极冰芯开采计划与沃斯托克观测站不可能挖出那么长的冰芯。

这说明，导致伊缅间冰期海平面上升的水源应该来自四面八方，其中最有可能的是格陵兰与西南极。另外，从中我们也可以看到，1.3 万年的暖化并没有全面融化格陵兰所有的冰原，这可以让我们下次在思考眼前的暖化与融冰时稍稍放宽心。如果我们能把碳排放量控制在温和路线要求的范围之内，未来地球的气温不会高于伊缅间冰期，那么两极陆地上的冰也就不会全部消失。

另一方面，我们从格陵兰北边海底的沉积物可以看出，当时北冰洋的大部分海域在夏天是没有冰的。今天在南方比较温暖的水域中常见的浮游微生物出没在当地，生活在海冰下的那些物种则不见踪影。另外，保留在软体动物外壳中的稳定的氧同位素也说明当时的北极没有冰。然而，漂浮的海冰融化本来就不会影响海平面，只有陆地上的冰才会。

很可惜，因为我们无法知道当时的海岸线全貌，所以伊缅间冰期海平面的上升究竟如何改变了沿海的地貌，我们只能掌握一个大概的雏形。当时北欧与西西伯利亚平原的大部分地区都被海水淹没了，瑞典与挪威于是孤悬海外，成了一个长得像香肠的岛。除此之外，今天也面临被淹没命运的孟加拉国沿海地区，以及不少太平洋小岛，伊缅间冰期时至少都在水里泡过一阵子。

除了暖化与海平面上升之外，另一项重大的变化是降雨量。从罗特内斯特岛一路向东，深入澳大利亚寸草不生、尘土飞扬的中部地区，我们有惊人的发现。过热的夏天，低纬度地区的季风带来丰沛的雨水，滋润了干燥的澳大利亚内陆。在澳大利亚西部的金伯利地区，当时的格雷戈里湖的面积要超出今天的湖岸。如今，水源时有时无、甚至有时会呈现沙漠中的海市蜃楼景象的艾尔湖，当时从来不必担忧水源的问题。在印度洋另一头的东非高地，巨大的雨量使尼罗河泛滥，滚滚波涛沿着低地向北奔腾，最后注入东地中海，为其带来大量淡水。原本因为盐度与密度较高，或因为风的搅动而应该下沉的表层海水，有了这些较轻的淡水的混入，也不再下沉。但这样一来，表层的海水不下去，下面的海水就得不到足够的氧气。因此，埃及沿岸的海底沉积物中，就出现了一层层很厚的黏腻的有机软泥（ooze）[①]。另外，因为雨水充足，今天黄沙遍野的撒哈拉沙漠，在当时可是一片茂盛的草原。

拜温暖而潮湿的气候所赐，当时地球上布满了与今天相差无几的动植物。尽管有些生物在过去这一段时间之内确实因演化发生了显著的变化，但造成今昔生物差异的主要动力是环境因素，而非基因突变。猛犸象消失，是因为人类猎杀它们，放火烧了它们的栖息地，不是因为它们演化成了体毛比较少的普通大象。从伊缅间冰期到今天，时间还不够长，当时死去的动植物的残骸，包括骨头、贝壳、树叶，都还来不及化石化，因此它们被挖掘出来的时候，看起来不像是石头，而更像木乃伊。因为这种相近性，伊缅间冰期遗留下来的动植物有宝贵的研究价值。我们不仅可以通过它们来观察气候变化对生物的影响，甚至可以直接推测出当时的气候条件。

---

① 译者注：软泥是指深海中的细质地沉积物，常含有 30% 以上的微生物遗骸或碎屑。

在伊缅间冰期早期的炎热气候里，北方森林的边界比今天更往北数百千米，几乎逼近北冰洋的海岸线。桦树长满了巴芬岛的大部分地区与格陵兰南部，北极圈内的瑞典与芬兰北境则成了榛树与赤杨的地盘。从湖泊与泥炭[①]沉积物中找到的花粉粒来看，阿尔卑斯山以北的欧洲还有茂密的橡树、鹅耳枥与紫杉。在更东边的贝加尔湖清澈而深邃的湖水中，我们可以找到伊缅间冰期（俄国人称之为卡桑茨夫间冰期）的云杉、冷杉、松树的花粉。这意味着当时的北方泰加林[②]与今天的基本相同。然而，贝加尔湖以北、今天已成为滨海冻原的地区，那时长满了常绿的森林，橡树、榆树之类的阔叶林一直往北蔓延到泰加林带的南边。

各类植物往北极扩张的情况也发生在北美洲。当时的阿拉斯加中部与加拿大的育空地区，因为温暖与潮湿的关系，冻原的范围缩得很小，云杉与桦树等树木则不断向北入侵，远比今天的北极树木线更北。华盛顿州与不列颠哥伦比亚省的太平洋海岸是西洋杉、铁杉、冷杉的天下。北美洲中央的大平原则是各式各样的落叶林与大草原。在佛罗里达州与佐治亚州，干燥的橡木林地在伊缅间冰期早期温暖的气候中大肆扩张，之后才让位给松树林与柏树沼泽。现在阿巴拉契亚山脉南段特有的树木，在当时连纽约上州与安大略省都有许多，它们的果实与橡实是熊与松鼠的美味佳肴。

在冰期因低温而变得微弱的亚洲夏季季风，随着间冰期的回

---

① 译者注：积聚在沼泽地的植物残骸因为积水中缺乏氧气而无法有效分解，由此种大量局部分解的植物组织和少量矿物质构成的土壤称为泥炭。泥炭含碳量略高于50%，是最低级的煤。

② 译者注：泰加林是指分布在北美洲和亚欧大陆北部、由低矮的树林和间距较大的树木以及地面苔藓组成的林带。

归已恢复了旺盛的活力。中国的高原原本多被沙尘覆盖，现在则因为季节性高温与大量雨水造成的严重风化作用，铺满了厚厚一层泥土。从哥伦比亚山区湖泊里的花粉粒可以推测出来，这个地势高耸的国家当时长满了茂密、湿润的森林，林中满是橡树以及叶面光亮、会开花的万恩曼属（*Weinmannia*）植物。据估计，当时那里的气温应该比现在高出 1～2 摄氏度。

然而，就在 11.7 万年前地球再度开始变冷时，这种生机勃勃的景象很快就落幕了。从贝加尔湖沿岸开始，中亚大草原将泰加林向北推。当针叶林与冻原侵入了越来越冷的欧洲，茂盛的落叶林不得不向南撤退。德国北部四处弥漫着因低温与干燥而引发的沙尘与森林大火。等到高纬度与高山地区都被巨大的冰原吞没之时，原本属于斯堪的纳维亚北方的植被已经一路向南，发展到法国中部了。

动物分布的变化与植物大体相同。食草动物逐水草而居，食肉动物又被猎物吸引而来。细数伊缅间冰期欧洲中部的动物，有野猪、狼、狐狸、野兔、河狸、貂，以及种类繁多的老鼠。在温暖的日子里，小型水田鼠的后代在欧洲西北部相当兴旺。但当气候变冷时，它们比较耐冷的亲戚往北方迁徙，而它们就回到原本祖先栖息的南方了。

重建伊缅间冰期的动物生态比植物生态难，因为你需要它们的骨头、皮毛或外壳来掌握更确切的信息。然而一旦取得这些材料，工作就容易得多了。譬如说，新西兰惠灵顿维多利亚大学的古生态学家莫琳·马拉（Maureen Marra）发现，当时新西兰的气温比今天高出 2～3 摄氏度，因为某种特别的甲虫被完好地保存在湖泊的底部。相反，植物研究就比较容易，因为风与水会把它们的种子带到各地。新西兰湖底沉积物中的花粉与植物遗迹，证实了通过甲虫推论的暖化历史，也显示当时降雨比现在多。

研究动物时还有一个陷阱，得小心避免。科学家很容易因为在某处找到或没找到某种动物，就以为它不是进化了，就是灭绝了。然而，在仔细研究了许多地点之后，科学家发现，伊缅间冰期的大多数动物都没有真的消失，只是在气候变化时随着植被分布的改变而迁走了。有些动物的迁徙距离简直令人难以置信。

在暖化达到最高峰的时候，我们可以在距离今天伦敦不远的泰晤士河畔看到河马悠闲地戏水、张大嘴巴打哈欠。在长着矮灌木的英国原野上，会有犀牛踩着沉重的步伐奔跑。牙齿笔直的古象（*Elephas antiquus*）在丹麦寻觅嫩叶，尖角弯弯的水牛跑到莱茵河畔找水喝。虽然当时的欧洲确实比较暖和，尤其是夏天，但也还没有暖到这个程度。也许河马、犀牛、大象、水牛也可以生活在现代的欧洲，只是我们没有给它们机会，更何况未来的欧洲只会越来越热。

生活在那时的北美洲非常危险，史上出现过的最大的狮子——美洲拟狮与体型更大的短面熊瓜分了这个苍翠富饶的世界。一种超大型的河狸 *Castoroides ohioensis* 与其他的食草动物，如猛犸象、北美野马、各种野牛倒是能和平相处。猛犸象与其同类常被称作“冰期哺乳动物”，但实际上，纵然在间冰期，它们在北美洲与亚欧大陆也相当活跃。当气候变暖时，这些不怕冷的动物只是躲回到它们越来越小的栖息地，其中北极熊、海豹与北极狐等许多动物成功度过了间冰期，并在千万年后与人类相见。通过单一地点出土的化石来推断过去十万年来的物种的变化，我们可以看到，特定物种有的时候会出现，有的时候又消失了。之所以如此，最主要的原因是气候变化，而非基因改变。

至此我们可以发现，伊缅间冰期与现在有一个很大的不同。尽管很少有人知道，但人类世地球的物种正在快速地减少。因为人类而灭绝的物种名单可以密密麻麻地写上好几页。以美洲为例，剑齿虎、美洲拟狮、大地懒、犀牛，还有许多不同种的大象、野牛、骆驼都相继灭绝。澳大利亚大陆不再有短面袋鼠与巨型树袋熊，新西兰失去了所有的恐鸟，爱尔兰不再有顶着巨型双角的爱尔兰麋鹿的足迹。在法国，曾把会画壁画的原始人吓得半死的洞熊，也早已销声匿迹。

杀死它们的凶手并非冰期之后的暖化。其实它们经历过好几个温暖的时期，而且除了较长的间冰期之外，伊缅间冰期与全新世之间气温急遽的高低起伏也难不倒它们。有一小群科学家现在已一致认为，人类才是导致它们消失的真正元凶。

很不幸的是，对现存物种来说，这个大灭绝的过程还会继续下去。就算我们现在决心选择温和的碳排放路线，积极减少温室气体污染，也确实拯救了南北极与阿尔卑斯山上的一部分冰体，然而，规模等同于伊缅间冰期的暖化现象还是会逼着很多动物往北方或高地迁徙。然而，这一次的动物大移民不会如以往那样容易，因为人类栖息地的大幅扩张已经阻断了它们的迁徙路线。人，而非气候，才是在人类世里决定这些动物命运的关键。

那么我们接着要问，人类的祖先在当时又过得怎么样呢？在那个中亚大草原与北美大平原是如此欣欣向荣，如同今天非洲的塞伦盖蒂大草原般哺育万物的时候，人类在做什么？很可惜，我们所知不多。理由有三。第一，当时人类还没有从亚洲扩张到美洲与澳大利亚，所以那里根本没有人的足迹。第二，地球上并非每处都有伊缅间冰期留下来的沉积物。除非刚好因采矿或开路而被发现，科学家并不是总能找到它们。第三，也是最重要的，当时人类的数量其实很少，尤其是在非洲之外。无论是出于巧合还是明确的原因，现代智人是等到伊缅间冰期时才开始大量走出非洲的。

这个说法与更早以前就有大量的人科动物在地球各地活动的说法并不矛盾。在印度尼西亚的热带雨林当中，有类似霍比特人的矮小物种出没。在现在属于德国与法国的地区，在冰期的“猛犸象草原”[①] 上，尼安德特人已经懂得使用长矛攻击毛发浓密的长牙象与驯鹿了。随后，因为气候使开阔的猎场北移，伊缅间冰期的尼安德特人转而在浓密的森林中追捕大象、犀牛、灰熊、鹿与野牛。另外，他们也沿着海岸采集贻贝，猎杀海豹、海豚与鱼类，最南可达直布罗陀与中东。然而，尽管尼安德特人也会用工具，也有某些与我们的祖先相同的基因，但他们并不属于最严格意义上的现代人类。

解剖学意义上的现代人，也就是我们最直系的祖先，诞生于20万年前的非洲，然后慢慢地扩散到全世界。很多科学家相信，非洲的大型哺乳动物之所以能够生存下来，而其他地区的不能，就是因为它们与早期的人类一同演化，因此不会一遇到拿着恐怖武器的两只脚的掠食者就吓得不知所措。

---

① 译者注：指更新世末期，以西欧为起点、横跨亚欧大陆北部、直到北美阿拉斯加的广大地区。那里原本有非常富饶、多元的生态，但在全新世来临时因为气候变化而瓦解。

当中石器时代步入伊缅间冰期的时候，人类第一波大迁徙中的一批人穿过了埃及，向东走到了今天的以色列与约旦。地质化学家分析了洞穴里的岩石切片，发现当时那里的降雨量异常大，仿佛建造了一条通往新世界的走廊，帮助这批人穿过原本干燥的西奈半岛与内盖夫沙漠。到了伊缅间冰期末期，寒冷的气候减少了中东地区的降雨量，这条湿润的走廊就被切断了。这群早期的移民后来没有再留下任何踪迹，也许是回到非洲了，也可能渴死在了沙漠当中。

让我们回头看看非洲老家吧。在红海边上的厄立特里亚，人们挥舞着泪滴形的手斧，在海滩与礁石之间捡拾牡蛎与螃蟹。在大陆的另一端，南非沿海的布隆伯斯洞穴里的穴居民族，以石头与骨头制作锋利的工具，并以鱼和软体动物为主食。在不远的克莱瑟河边，那里的人除了以植物与水生有壳动物为食之外，也猎食企鹅——不是因为那里冷得像南极一样，而是南非沿海真的有当地的企鹅。伊缅间冰期末期，气温下降了，两极再次结冻，海平面持续后退的结果，是原本位于克莱瑟河河口的洞穴如今已深入内陆，远离了物产丰富的海岸线。那里的人口后来就减少了，直到最近三千年才又兴旺起来，原因正是上升的海平面再度拉近了海岸线与聚落的距离。

通过以上描述，我们大致知道，地球上一次跟我们现在一样过热的时候是什么样子。伊缅间冰期的地球近似我们采取温和路线后的结果，至于极端路线的 5 万亿吨温室气体会产生什么效果，我们会在下一章中讨论。在这一章中，我们只要能大致了解 1 万亿吨的结果就行了。

伊缅间冰期的高温也导致了温室气体浓度的上升，但还没有达到今天的程度。热带地区的季风因为北方炎热的夏天而强化，而且海平面比今天高出 7 米。当时北极甚至几乎全部成为开放水域，所以我们很肯定，只要现在的气温继续升高，北极会再度开放。然而，格陵兰与西南极在陆地上的冰原不会损失太多，而东南极冰原的缩减会更少。

伊缅间冰期对北极造成的暖化效果远超低纬度地区，其主因应该是地表的反射作用以及微生物的分解作用。当然，即使在今天，同样的情况仍在发生。然而，总还是有些冰体能够逃过融化的命运，这也许是因为它们表面的物质能起到保温、隔热的作用。加拿大的地质学家杜安·弗勒泽（Duane Froese）与其团队发现，阿拉斯加地下有些冰的年龄高达 75 万年，说明多次间冰期并没有消灭它们。冻原、草原、森林以及靠它们过活的动物，在伊缅间冰期温暖的气候中向北撤退，等到冰期重新夺回北方，它们又乐天知命地往南迁徙。在辽阔的大地之上，能飞、能跑、能游的动物不会不愿意搬到有吃有住的地方。事实上，在过去地球反复的“冷—热—冷”循环当中，它们已经南来北往地搬过好多次家了。

但今天的情形与过去大不相同了。人为的气候变暖的威力无远弗届，因为它不受任何纬度、季节、白天黑夜的限制，它能以比过去更快的速度融化地表的冰体。此外，今天人类对生物圈的破坏与剥削也远非我们的祖先能比。虽说他们也大量地猎杀与搜刮，但因为他们人数少且装备差，对生态环境的影响可能还不及一群水狸或猛犸象。这种情况，最早也要等到上一次冰期末期的克洛维斯文化[1]之后，才有改变，因为直到那时，人类才发明了更具杀伤力的长矛与其他武器。但今天人类的定居点、工厂、农田、道路已经无所不在，我们可以凭科技随心所欲地改变地球的面貌，可以迁走或消灭任何一个物种。在过去，动物的迁徙受制于汪洋大海或高山流水，但在人类世，我们才是动物迁徙最大的障碍。当地球气温在人类世迈上一个前所未有的高峰，已经饱受人类摧残的生物的前景只会更加堪忧。

我们人类正是它们的命运的主宰。

① 译者注：克洛维斯文化是史前的北美印第安文化，大约出现在1.3万年前，最初的发现地点是美国新墨西哥州的克洛维斯市。克洛维斯文化共同的特色是，他们制作的石制矛头是双面且有沟槽的。

# 第四章
# 超级温室

你对过去研究得越透彻，对未来就能看得越清楚。

—— 温斯顿·丘吉尔（Winston Churchill）

在上一章中，通过伊缅间冰期的例子，我们大致可以了解，如果我们在未来采取温和的碳排放路线，地球会变成什么样子。然而，超级温室所引发的气候效应是目前记录在冰里面的任何气候事件都无法比拟的，想要知道肆无忌惮地挥霍地球上的化石燃料会造成什么样的后果，我们就得换个方法。人类世未来的气候，最坏会是什么样子？届时的生物又要如何适应那样恶劣的环境？

到目前为止，我们还不清楚究竟是什么原因让地球的气温急速攀升，但历史已经说明了一件事，这样的高温是可能的，因为它曾经发生过。只是其历史久远，不是在13万年前，更不是大部分现存的物种曾经历过的。它发生在5500万年前，也就是恐龙灭绝后1000万年，而且，在地球过去的历史当中，它应该最接近采取极端碳排放路线后的地球在未来的样子。与伊缅间冰期的暖化不同，它的高温不是因为地球轨道的改变，也不只受北半球某些机制的影响，而是全球性的。最重要的是，它是一个绝对极端的例子。

不管怎么看，它都是地球历史上最突然、最剧烈的一次暖化。

在讨论这个超级温室究竟是怎么爆发的之前，我们应该先来了解一下6500万年前开始、一直持续到今天的新生代。新生代之下最新的纪为第四纪，而第四纪下最新的世即我们所处的人类世。也有人把新生代称为哺乳动物时代，为的是凸显这些恒温、全身长毛、分泌乳汁、种类繁多的奇怪物种对这个时代的重要性。

新生代最初的3100万年是古新世与始新世，当时的地球已经比今天热很多了，只是原因我们还不清楚。有的地质学家认为，这是由不同的洋流模式造成的，因为当时的板块位置与今天不太一样。譬如说，当时的中美洲走廊尚未出现，因此热带洋流及其引发的气候效应跟今天略有不同。但大多数专家都认为温室气体才是主因，当时的温室气体浓度比今天还高，只是其起因同样扑朔迷离。

无论如何，某些我们不知道的原因促使地球的气温在新生代早期越升越高。大约5000万年前，始新世气候适宜期（Eocene climatic optimum）开始了，那时地球的平均气温比今天高出10～12摄氏度，并持续了数百万年。之后，地球气候的整体大趋势就是冷却。3400万年前，南极第一次出现了永不消退的冰原。800万年前，北极也走上了同样的道路。过去两三百万年间，地球经历了多次冰期。因此，若在人类世的未来，果真出现了一个极度炎热的超级温室，那真是地球数千万年来气候史的大逆转。5万亿吨的碳排放足以把地球的气候带回始新世早期。

当然，这么说实在是过度简化了。在漫长的大趋势中，短暂的剧烈起伏还是有的，尤其是在新生代早期，几次气温急速飙升，在整体上升的折线上留下了几个向上凸出的尖峰。其中最著名、最戏剧化的一次发生在5500万年前，许多地质学家认为，要了解全球变暖最坏会坏到什么程度，这一次便是最好的历史教学案例。这场发生在古新世与始新世之交的极热事件（Paleocene-Eocene thermal maximum，简称古新世—始新世极热事件）延续了将近17万年，并将地球加温到一个极热的境地，与我们采取极端碳排放路线后的地球十分类似。

今天，我们人类已经排放了大约3000亿吨化石碳。相比之下，科学家估计古新世—始新世极热事件时代地球大气中至少有2万亿吨碳，甚至有人认为有5万亿吨之多，这就跟极端路线下最骇人的碳排放量差不多了。是什么原因造成了这种结果？还好这次恐怖的暖化与我们无关。就连我们人类最早的祖先，都还要再等5000万年才会在化石记录中出现。

为了探索其起源，我们可以从温室气体与其产生的暖化现象着手。只是这一次，我们无法再像研究伊缅间冰期那样，从冰芯中寻找证据。今天科学家拥有的最长冰芯所涵盖的历史范围，甚至还不到古新世—始新世极热事件之前的1/50，更何况新生代早期的气温是如此之高，根本不会留下任何冰原供我们研究。

既然无冰可用，这次我们需要把焦点转向古代沉积物。譬如说，有些海底沉积物中含有一种叫有孔虫的原生动物，它们身上带有宝贵的信息。有孔虫是生活在咸水中的变形虫，但与最典型的变形虫不一样，它们身上披着一个螺旋状的美丽外壳。有了这一层由碳酸钙组成的厚重外壳的保护，它们便不必害怕小型掠食者。因此，这种超迷你的小乌龟得以在全世界的海洋中自在地四处漂流。

等它们死掉之后，坚硬而沉重的外壳坠入海底，就算经过几百万年也不会腐烂。

对古海洋学家来说，有孔虫特别有用，因为它们身上含有氧 –18，这是氧原子的一种稳定且较重的同位素。有孔虫身上氧 –18 与氧 –16 的比例与海水温度有关，因此海洋学家可以从有孔虫身上的氧 –18 含量读出当时海水的温度。因此，氧同位素可以说是古海洋的温度计。当然，它的精确性不够，因为有时冰原会捕捉常见的氧 –16，让海水中的氧 –16 一下子少好几吨。还好我们不用担心这个问题，因为新生代早期地球上几乎没有冰，所以氧 –18 温度计在那个时代比在最近的冰期中更精准。举例来说，我们对 3400 万年前还没有冰的南极温度的估计，要比之后的估计更可靠。

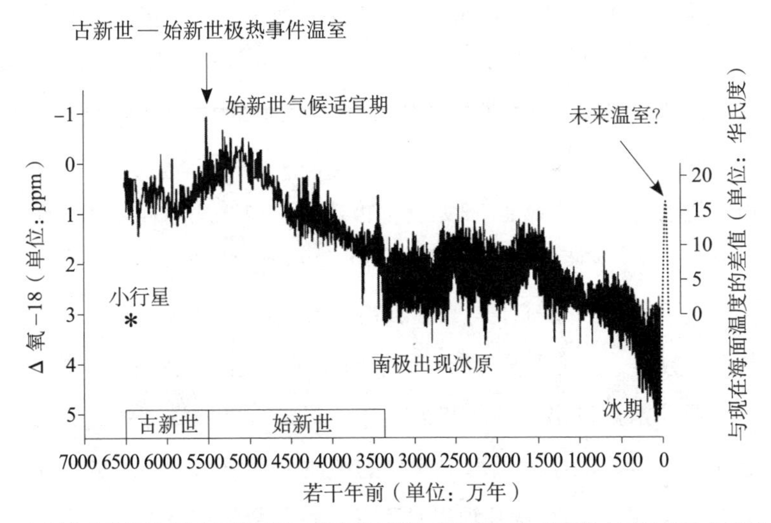


新生代的深海氧同位素显示，新生代早期气候温暖，之后便进入了长期的全球变冷时期。（来源：Zachos et al.，2008）

根据太平洋海底沉积物中的有孔虫，在古新世—始新世极热事件开始时，本来就已经很温暖的热带海面温度一下子又跃升了3摄氏度（5华氏度）。同一批沉积物中的其他温度指标，或是来自印度洋的沉积物，甚至显示温度跃升的幅度是这一数值的两倍。更令人难以置信的是，来自两极海域的有孔虫化石显示，南极与北冰洋海面温度在数千年之中上升了8～10摄氏度（14～18华氏度）。其他研究显示，北冰洋的海面温度是23～24摄氏度，甚至更高。换句话说，在始新世初期，我们都可以在一个完全没有冰的北冰洋中游泳，完全不用担心会发抖。

耶鲁大学的地质学家马克·帕加尼（Mark Pagani）及其团队也得出了类似的结论。他们在北冰洋海底的沉积物中找到了一种叫“四醚脂质”的物质。它来自一种浮游生物身上的油脂性的细胞膜，这种油油的细胞膜就跟我们吃的黄油一样，遇冷变硬，高温则会让它变得软绵绵的。某些四醚脂质能够赋予细胞膜灵活的弹性，以适应不同地区的温度变化。通过分析北冰洋海底的这些油质的成分，帕加尼发现，在古新世—始新世极热事件中，北冰洋的海面温度为18～24摄氏度。这项结果与有孔虫的研究可以说是不谋而合。

至于当时的全球平均气温，由于我们缺乏足够的来自不同观测点的数据，目前无法论断。伊缅间冰期的气温，我们也是根据少数几项证据推论出来的。我们只知道热带与极地海域的温度都在上升，从坦桑尼亚附近海中获得的地质数据显示，当地的气温高达35～40摄氏度。从几项得自不同地点的数据来看，也许我们可以大胆推测，古新世—始新世极热事件在数千年当中将整个地球的气温提升了5～6摄氏度（9～11华氏度），而且跟今天一样，高低纬度地区的差异很大，极地气温的上升幅度要比热带地区大。在今天，我们可以把这种差异解释为极地冰雪融化之后，颜色较深的陆地吸收了更多的阳光，因此气温上升更多，但我们不确定在古新世—始新世极热事件中，地球的南北两极有没有冰。那么究竟为什么两极地区的气温上升较多呢？也许这反过来说明，当时的冬天还是有些冰雪的。有冰的地方因为反射掉的阳光较多，所以气温较低，而在古新世—始新世极热事件融化掉最后的冰之后，气温上升的幅度也更大了。

没有冰芯里的气泡帮忙，科学家在解释这次暖化现象的成因时一筹莫展。但所有研究人员都一致认为，以碳为主要成分的气体，亦即二氧化碳与甲烷，是元凶，这点就跟今天的情况一样。古新世—始新世极热事件所遗留的海底沉积物也支持这种说法：全世界当时的沉积物中的碳-13含量都突然下降。碳-13是一种较少见的碳同位素，会出现在所有生物的身体与排泄物当中。唯有大气中突然出现大量的二氧化碳、甲烷或两者的混合物，才会引发这样的状况。

碳-13用途很广。地质学家不只用它来推测古新世—始新世极热事件的起因，还可以用它来测定岩石、沉积物、已灭绝动物的牙齿、古代开花植物的叶子化石等，从而判定温暖的间冰期。碳-13极具情报价值，经由它，我们可以判断来自不同大陆的地质采样的年代，其准确性在放射性同位素定年法当中是最高的。据此我们可以认定，当时地球气温确实全面急遽升高了。

它的原理是这样的。每一种生物身上都有很多碳，其中有一小部分是碳-13。这是因为植物会吸入被碳-13污染的二氧化碳，尽管它们会极力避免，但还是在所难免。因为筛选机制的漏洞，植物体内多少会存留一些碳 -13，只是比起在空气中飘散的量，当然还是少得多了。同样的情况也发生在包括人类在内的动物身上，因为食草动物吃草，草中的碳通过食物链进入所有动物体内。由于大部分活着的生物体内都有一些碳 -13，如果有一层地质沉积物中的碳 -13 含量特别低，那表示其中包含的生物残骸年代非常久远。

洛威尔·斯托特是最早发现古新世 — 始新世极热事件沉积物中独特的碳 -13 现象的科学家之一，他现在是南加利福尼亚大学的古海洋学家。20 世纪 80 年代晚期，他还是一个研究生，那时正在研究南大西洋的沉积物，他发现其中的有孔虫的碳 -13 含量低得不合常理。

“当我看到这些数据时，心中很纳闷为什么会这样。”他最近这样跟我说，“一开始我以为我做错了什么，于是又重新分析了一次采样，但结果还是一样。然后我换了另一个品种的有孔虫，结果竟然还是一样。”他的导师詹姆斯·肯尼特（James Kennett）也是一头雾水。对研究生来说，发现一个难以解释却又不得不解释的现象总是令人既惊又喜。“那时的我还很天真，只是觉得很兴奋，”斯托特咯咯笑着说，“过去从来没有人发现这个现象。”三年之后，肯尼特与斯托特把他们的发现发表在《自然》(*Nature*）期刊之上。

紧接在这两人后头的研究也发现，在所有海洋盆地与陆地上找到的古新世 — 始新世极热事件的沉积物，都有类似的碳 -13 减少现象。面对这种全球性的碳 -13 骤减，最合理的解释就是，腐败的泥炭或其他含碳量高的沉积物大量地排放二氧化碳或甲烷等生物废气。然而，究竟是哪一种气体？它在古新世 — 始新世极热事件之前躲在哪里？为什么在这时突然冒出来了？

如果嫌疑人是二氧化碳，那么因为它溶于水时会产生碳酸，应该会使海水酸化。海底的沉积物除了因含有碳 -13 可用来测定年代之外，此时也可以派上用场。一般来说，深海沉积物的采样是一个圆柱体，里面全是灰色或褐色的泥巴，有时因为里面含有大量白色的碳酸盐，一遇到强酸还会嘶嘶冒泡。然而，古新世 — 始新世极热事件的沉积物总是非常醒目的红色，厚度从几厘米到几十厘米都有，甚至更厚。原因是当时灰白色的碳酸盐都被溶解掉了，只剩下像是生锈的黏土状的残渣。

这一层红色与沉积物中的下一层的色差非常明显，意味着当时的深海海水是突然变酸的。但后来恢复成正常的含有碳酸盐成分的沉积物，过程却比较缓慢，持续了 5 万～20 万年。这样的模式与大气中二氧化碳暴增又缓慢减少的过程十分相符，也很符合我们对于极端的碳排放路线下大气成分变化的预测。对生活在今天的我们来说，这是一个严厉的警告：这样的超级温室确实可能出现，因为它已经出现过了。

我们要如何解释这突如其来的二氧化碳狂潮？谁也没想到，科学家们在一项表面上似乎不相关的古地质研究里找到了一个可能的解释。在北大西洋中，大西洋海岭山脊中部的大裂谷自从新生代就一直推挤着两边的海底盆地，使欧洲与北美洲越来越远。然而，在古新世晚期，格陵兰与今天是斯堪的纳维亚半岛的区域之间，出现了一个活动特别频繁的扩张区。在数十万年的时间里，炙热的岩浆如潮水般从海底裂谷中涌出，侵入含碳量高的海底沉积物中。岩浆流过的时候，燃烧起里面丰富的有机物质与石灰质，这一过程就如同今天我们燃烧化石燃料一样。而且，因为这些沉积物包含死去的海洋生物的尸体，因此它们产生的废气里的碳 -13 也会比较少。如果这样的气体足够多地散布到大气中，它们不只会产生温室效应，也会在全球范围内降低碳 -13 的含量。

但如果造成古新世—始新世极热事件的主要污染气体是甲烷呢？空气中的甲烷很快就会因氧化而变成二氧化碳，所以甲烷浓度的暴涨也会间接地提高海水的碳酸含量。那么这些甲烷是哪里来的呢？在海底的大陆架等地方，某些特定的沉积物能够保留微生物制造出来的甲烷冰或者说甲烷水合物。生活在沉积物里的细菌新陈代谢时，它们排出废物甲烷。在适当的低温与高压环境下，这些甲烷会被由水分子组成的小笼子包裹住，形成像是干冰一样的晶格。若我们把一块像蛋糕一样的白色甲烷冰从深海打捞到海面上，点上一根火柴，它会像蜡烛一样燃烧。

甲烷冰非常不稳定，因此举凡海平面升降、气候变暖、火山爆发，都有可能触发它，使大量含碳气体进入古新世—始新世极热事件的大气当中。如果有 1 万亿或 2 万亿吨甲烷在短时间内大量涌出，全世界碳 -13 的含量会急速降低，效果比等量的二氧化碳喷发还明显。在细菌产生的甲烷当中，碳 -13 的含量比大多数生物物质中的都要少，所以比起二氧化碳，少量甲烷就可以有效地降低空气中碳 -13 的含量。

科学家有时把这个假说称为“甲烷水合物枪”，詹姆斯·肯尼特则进一步利用它来解释古新世—始新世极热事件的暖化现象与过去几亿年来多次剧烈的气候变化。基本逻辑十分简单。首先，甲烷水合物在海底的泥巴、泥炭层或永冻层中不断累积，渐渐扩充成了一个火力强大的甲烷弹药库。然后，有一天这弹药库爆炸了，大量甲烷促成了温室效应，直到它们最终又被大自然缓慢地吸收回去。

“甲烷水合物枪”理论对相信今天地球上的温室气体有一天会产生同样的爆炸性作用的人来说，特别有吸引力，然而，它有它的问题。1 万亿或 2 万亿吨甲烷可以解释碳 -13 含量的降低，但许多专家相信，这样规模的暖化与碳 -13 的异动更有可能来自 5 万亿吨二氧化碳。此外，戴维·阿彻指出，目前地球上大多数甲烷冰一方面太过分散，另一方面都被很厚的沉积物覆盖住，因此不太可能突然之间全面喷发出来。如果阿彻说得没错，甲烷枪上有一个很安全的保险栓。他认为甲烷的释放是非常缓慢的，如涓滴细流般持续千万年，而非一个突如其来的大爆炸。

无论这场温室气体大爆发的凶手是甲烷还是二氧化碳，它都会引发一连串后续的气体释放，而同样的情形也很可能发生在未来 5 万亿吨二氧化碳排放的情况下。科学家将这种累积式的自我强化的过程称为正反馈循环。

生物工程专家、我在杜克大学的指导老师史蒂夫·沃格尔有一个非常生动的比喻，来形容这种正反馈循环，听过这个比喻的大学生很少不印象深刻的。“想象一下你与你的梦中情人一起躺在床上。”他的话刚一出口，原本昏昏欲睡的大学生突然都清醒了。“房间很冷，但还好你们每人都包裹在一条电热毯里，而且手上拿着电热毯的温度控制器。只不过，因为房间太黑，你俩又意乱情迷，你们错拿了彼此的控制器。”

一阵哄堂大笑之后，他继续说：“接着，夜越来越黑，室温越来越低，然后呢？你觉得很冷，于是调高你手上的控制器的温度。但结果是你的梦中情人觉得很热，于是对方只好调低温度，结果你觉得更冷了，所以你把温度调得更高，而对方又把温度调得更低。没过多久，你被活活冻死了，而对方则被热死。这就是所谓的正反馈循环。‘正’并不是说它是正面的，而是说它是一个自我强化、一发不可收拾的机制。”

这个正反馈循环发生在地球上，就意味着一旦气温高到一定程度，连锁反应的机制就会被启动，于是地球的气温会猛虎出柙般越飙越高。从此开始，气温每升高一点，就会使更多的温室气体释放出来，导致气温进一步升高。

能促成这个正反馈循环的因素多得不胜枚举。热水能溶解的气体比冷水少，因此海水的暖化会促使海洋释放更多的二氧化碳到大气当中。较热的大气湿度会更高，因为土壤、湖泊、海水中的湿气都往上跑了，而水蒸气本身就是非常重要的温室气体。另外，高温也会加速湿地与融化的永冻层中有机体的腐败作用，导致甲烷大量增加，同时原本冰冻的甲烷也变得不稳定。根据某些统计，目前地球上甲烷水合物的碳含量并不亚于所有化石燃料的碳含量。所以，想象一下古新世—始新世极热事件的恐怖，我们能不立即悬崖勒马吗？

接着我们再来看看处在超级温室中的地球是什么样子。首先，两极原本在炎热的古新世都保存下来的陆上冰体，此时完全融化了。北冰洋已成了一个温暖的咸水湖，水面温度高达20多摄氏度。地表已不见任何冰盖或大型冰川，甚至不会有任何降雪。就算有，那也是在极地最高的高山之上，而且仅限于极夜的漫漫长冬之中。

等到天气一暖和，阳光一出来，它们也许就全融化了。

有些古海洋学家对从古代海底沉积物中的同位素得出的结论不满意，因此舍有孔虫不用，而把研究重心放在古代浮游藻类的残骸之上。这些在海中漂来漂去的微生物与有孔虫不一样的地方在于，它们比较像是微型单细胞植物。靠光合作用维生的它们需要充足的阳光，因此不可能生活在很厚的冰层下。所以，当它们大量出现在某一个时期的海底沉积物采样当中时，就说明当时的海水应该是没有结冰的。另外，这些海藻的近亲今天仍然存在，而且它们都生活在盐分较低的海水中甚或是淡水中，这也证明当时的北冰洋应该已经被融冰与河水稀释得相当淡了。最后，当时的白令海峡还是有陆桥的，于是乎北冰洋三面都被陆地包围，只有北大西洋一面有缺口，来自陆地的河流纷纷注入其中，再度冲淡其已然稀释的海水。这种情况下的北冰洋很像今天的波罗的海，后者同样被陆地包围，在与大西洋连通之处海水最咸，在接近内陆之处海水最淡。

当时的南极大陆也与今天非常不同。在古新世—始新世极热事件中，地球上很可能没有任何大型冰原，南极沿海的泥巴上也不见被冰川挟带过来的鹅卵石。相反，温暖、潮湿的气候导致土壤被严重风化与侵蚀，于是留下来一片突兀的黏土矿物。譬如说，高岭土在今天的两极地区极为罕见，但在尼日尔河三角洲等炎热多雨的地区就很普遍，不过在5500万年前地球的最南端，它无所不在。就算当时的南极还有冰，恐怕也只存在于内陆地区的山巅之上了。

在海洋的最深处，今天世界上最冷的海水，在当时要高出4摄氏度，海底许多性喜低温的生物因此灭绝。许多专家把这个现象归因于南北两极或者其中之一的暖化，因为两极地区的低温通常会使密度大、含氧量高的海水沉入海床，并在底部流动。他们怀疑古新世—始新世极热事件的高温阻断了这种流动。其他学者认为丰沛的降雨才是主因。大量雨水让极地的海洋表面出现一层低盐、较轻的海水，它阻断了低温、含氧量高的表层海水下沉的趋势。

无论是什么原因，总之，当流动缓慢、含氧量低的温暖海水阻碍原本含氧丰富的海水沉入海底时，海底的生物就面临缺氧的危机了。从化石记录来看，生活在海底的有孔虫大约死了一半，其他生活在类似深海环境中的生物也伤亡惨重。但另一方面，大部分生活在海洋表层的生物倒是平平安安地度过了古新世—始新世极热事件。这不是没有道理的，因为漂浮在海洋表层的生物本来就比较适应高温，而且上方的空气与进行光合作用的海藻能为它们带来氧气。

就算当时的深海生物能熬过高温与缺氧这两关，还有第三关等着它们，这就是前面提到的能够把海底沉积物中的石灰质都烧掉的强酸海水。对于想要知道海水的碳酸化对海洋生物会造成什么影响的人来说，古新世—始新世极热事件提供了一个惨痛的案例。如果同样的酸化过程在我们的时代再一次发生，海中的贝类、珊瑚还能活下来吗？

好消息是，许多物种还是在这次大难中苟延残喘地活了下来，特别是生活在浅海的生物。一些有孔虫灭绝了，一些演化出较薄的外壳，但还有一些如鱼得水。牡蛎、许多其他软体动物，还有不少种珊瑚都活下来了。有些含石灰质的浮游藻类的外壳，甚至在酸化的环境中变厚重了。综合来看，海洋表层的生物虽然死去了一批，但很快又有新的一批来取代它们，生生不息，保持了平衡。我们甚至很难看出海水酸化到底对它们有多强的杀伤力。我们不清楚这些背着外壳的生物究竟是如何抵抗酸性的腐蚀的，但总之它们就是有办法。然而，还有坏消息。今天海洋世界中几乎所有的生物，在5500万年前都还不是今天的样子，也就是说，我们不能肯定现在的海洋生物真的经历过那次浩劫。

说了这么多关于海洋的事，并不表示古新世—始新世极热事件的超级温室只对海洋有影响，这只是反映了当时大多数地质记录来自海底沉积物而已。若要了解当时地面上的情况，我们得借重陆地上的化石，尤其是植物化石。当时的植物与今天的其实十分相似，至少其相似度比今昔的动物相似度要高得多，所以我们可以很容易地从它们留下来的叶子、枝干、种子来判断它们的种类。然后科学家可以进一步推测出当时地球气候的概况。

从南极大陆沿海采集到的化石显示，当时那里布满了绿油油的南青冈科植物，那是一种山毛榉，今天南美洲的温带雨林是其主要生长地。另外，加拿大北方的极地地区，当时也长满了高大的落叶针叶林。这些迹象有力地证明，当时的地球非常温暖潮湿，以至连南北两极都可以长出茂密苍翠的树林。那时北美洲有些植物生长范围的北界，比今天往北1000多千米，这等于说，我们可以把美国南部亚拉巴马州的一座花园搬到加拿大北方的哈德逊湾，而它依然会长得很好。

史密森尼自然博物馆的古植物学家斯科特·温（Scott Wing）带领的团队，最近在怀俄明州采集了古新世—始新世极热事件中泛滥平原的沉积物，并在其中发现了许多保存良好的树叶化石，它们分别来自一品红[①]、木瓜等南方植物，这里距离它们原本的南方栖息地已相当遥远。然而，温的团队还有更进一步的发现。他们发现这些树叶的形状大有蹊跷。

在古新世—始新世极热事件中，怀俄明州这片土地上长出来的植物，相较于之前与之后，其叶片都更圆滑、平顺。对大部分植物来说，叶片的边缘是进行气体交换、吸收阳光以完成光合作用的最主要区域。在寒冷的高纬度地区，植物的生长季节比南方短，所以这里的植物必须在冬天来临前的短暂日子里铆足全力进行光合作用。因此，高纬度地区植物的叶缘通常都是锯齿状的，这样才能扩大其边缘的面积，提高光合作用的产量。如果细心一点，我们就能发现，美国北方新英格兰地区的山毛榉、枫树与橡树的叶子都是有锯齿的，而路易斯安那州的木兰叶子就比较圆润，像个舌头似的。温的团队根据手上的树叶化石建立了一套“叶缘指数”，并推算出当时怀俄明州大角盆地的气温比今天高出 5 摄氏度。这项发现与海洋的研究是相符的：这里暖化程度不如两极地区，但比热带地区严重。

然而，我们怎么知道这个乍看之下言之成理的理论，没有受到大陆板块漂移的干扰呢？这些化石与地质采样之所以显示出暖化的迹象，也许是因为当时它们所处的板块比较接近赤道。

事实上，大陆板块漂移的速度太慢，不可能有这样的影响。当时的大西洋比今天窄，但其主要的扩张运动是东西向的，因此对特定地点纬度的改变很小。巴拿马地峡在当时还未完全封闭，因此温暖的洋流还是可以穿过去。此外，喜马拉雅山脉也还没有被印度洋

---

① 译者注：一品红原产于中美洲的墨西哥等国家，在 1825 年才被引进美国。

板块推挤得那么高。尽管融冰引发的史上最高的海水水位淹没了低海拔地区，然而宏观地看，古新世—始新世极热事件的地质环境与今天并无太大的不同。所以，我们可以肯定，当时出现在北极地区的森林意味着北方真的很温暖，而不是因为那块地区曾经漂到了南方。

要想象如今一片苍茫的冻原或被冰雪覆盖的极地曾经长满森林，确实有点困难。我教过的一位学生、如今任教于宾夕法尼亚州富兰克林与马歇尔学院的克里斯·威廉姆斯，目前已是全球新生代早期树木研究方面的权威，通过他的研究，我们可以清楚地了解过去的景象。他研究的一个课题，是加拿大北极圈之中的埃尔斯米尔岛上冰川湾的形成。当地实为地质学家勘探的宝库，然而它的名字与今日的气候，都与它所代表的古代的温暖气候有天壤之别。

“在那里，死掉的树木被保存得很好，甚至还没有全然变成化石。”克里斯最近解释道，“正确地说，它们变成了木乃伊。”原本的纤维素在5500万年之后湮灭了，但幸存下来的细胞结构还很多，因此许多叶子、树枝、树干都还跟当初相差无几。“当时北极的树林里都是落叶的水杉，其中有些高达30多米。在新生代早期的数千万年当中，它们盘踞着加拿大北部与阿拉斯加。你还可以在那里找到茂密的银杏与柏树，这很合理，因为它们都喜欢潮湿的环境，而当时北极还有很多不结冰的河流与沼泽。”

每年，这里大多数树木的叶子都会有凋零的时候，不见得是因为低温的关系，更主要的原因是，高纬度地区冬天阳光特别少。然而，今天它们之所以会在北极消失，确实是由新生代的长期冷却造成的。它们不得不往南推移，但即使在南方，它们也竞争不过其他物种。目前只有在中国还能见到生长在野外的水杉与银杏。[①] 在最近两三百万年的冰期当中，最后一片森林也被赶出了北极。

既然有了茂密的植物，当时的北极就跟今天的热带地区一样，也有大量且多样的动物。不过，有关这些动物，最丰富的资料主要来自怀俄明州比较干燥的丘陵地区、犹他州中部、法国、比利时，以及中国河南省，这些地方的化石都位于比较容易开采的沉积岩当中。古新世 — 始新世极热事件的岩层如果出现在这样的地质结构之中，通常会带有很独特的红色或紫色，对古生物学家来说，埋藏在这些岩层当中的远古动物化石简直是从天上掉下来的礼物。

在这些沉积物当中，最令科学家感到振奋的是哺乳动物的化石，这固然是因为它们的数量最多，更是因为在古新世 — 始新世极热事件时代哺乳动物当中首次出现了完整的“目”，这是生物分类系统当中的一个类别。对也是哺乳动物之一员的人类来说，这点格外有意义。譬如说，之前不存在的偶蹄目哺乳动物，就在始新世为地球带来了鹿与牛。此外，属于奇蹄目哺乳动物的现代马随后也出现了。最后，在一群大眼睛、大脑容量、长得像狐猴的物种当中，渐渐也演化出猴、猿、人类这一支脉。

然而，尽管那些早已灭绝的动物丰富了哺乳动物家族的多样性，但因为我们对它们的认识往往仅限于它们留下来的骨骼与牙齿，因此它们并不能像植物那样加深我们对古新世 — 始新世极热事件气候的了解。事实上，就算这些动物出现在我们家门口，我

① 译者注：水杉在多年前被植物学界认为是绝迹的物种，但 1943 年，中国的几位科学家意外地在湖北与四川的交界处发现这种似杉非杉、似松非松的古树被当地居民顶礼膜拜，经深入观察和比对之后，证实是罕见的水杉，由此震惊全球植物学界。

们也不会认出它们。在新生代早期，现代马的祖先矮得跟狮子狗一样，而且还驼背、杂食。最原始的鲸鱼还长着能走路的四只脚。下颚凸出、一口龅牙的踝节目哺乳动物在脚趾上长着小蹄子，可以快速追捕猎物，有些科学家半开玩笑地戏称它们为“狼羊”。那时还有鬣齿兽、幻鼠（*Labidolemur*）、大头盖骨（*Macrocranium*），光是这些不寻常的名字，就可以让我们想见它们稀奇古怪的模样了。

正因为它们与今天的动物差异太大，我们无法通过它们来推知当时的气候环境。最近有人在埃尔斯米尔岛发现了长得像貘的动物化石，这似乎印证了当时气候确实很炎热，因为今天的貘其实很像是一种塌鼻子、生活在新热带[①] 雨林里的猪。然而，既然两者相隔数千万年，我们实在无法肯定当时的“貘”习性是否跟今天的一样。一厢情愿地把这些动物也叫作貘，很可能会误导我们对古代气候的认识。

稍晚才在新生代出现的猛犸象能够提供给我们比较多的气候信息，因为除了骨头之外，我们也采集到了它们的毛。然而很不幸，古新世—始新世极热事件遗留下来的化石都是骨头一类的。仅就骨架而言，猛犸象与今天的大象其实相差不大。因此，如果我们只有它的骨头，根本不会知道那一身长毛是帮助它度过冰期的利器。一个科学家若是在欧洲挖出冰期猛犸象的骨头，还会误以为当时的欧洲很温暖，所以大象都从非洲跑过去了。而事实上，是这头庞然

① 译者注：这里的“新热带”一词，与一般常说的热带地区并无必然关系，它指的是地表的八大生态区中的一个，涵盖的地理范围包括加勒比海地区、中美洲与南美洲。

大物有对抗寒冬的法宝。我们在面对埃尔斯米尔岛的“貘”时，很可能也会遭遇同样的陷阱。在只拥有骨头的条件下，若非我们今天已经知道当时的埃尔斯米尔岛是一片翠绿的世界而非冰天雪地，我们实在无法判断它究竟喜欢温暖还是寒冷的气候。

另外一条可以参考的线索是，古新世 — 始新世极热事件的多数哺乳动物体型都比较小，大约只有之前与之后的同类的一半。许多古生物学家主张，这是高温引起的，因为小的体型比大的体型更容易散热。有些大型动物体内产生的热量会比它们通过皮肤释放到空气中的更多。但这样的论点难以解释为什么大象、犀牛、长颈鹿等动物还能生活在今天的热带非洲。再说，在温暖的中生代，恐龙巨大的体型好像也不成问题。

最近有一种新的假说，认为哺乳动物的缩小是温室气体造成的，因为它降低了动物赖以维生的植物营养成分。古新世 — 始新世极热事件中，动物体积的下降与温室气体造成的碳 -13 含量的降低几乎齐头并行，而对很多植物来说，高浓度的二氧化碳就像是一种零嘴 —— 好吃但不营养。这种气候条件下的植物长得很快，但其体内的养分，如氮，反而会降低。这就好像用厚纸板而非钢筋水泥搭起来的豆腐渣工程，便宜、快速，却不牢靠。以这种缺乏营养价值的植物为食的动物，很可能会长得比较矮小，这也许正是古新世 — 始新世极热事件中哺乳动物体型缩水的原因。有些专家担心，在未来的超级温室当中，地球上的植物与动物也会面临同样的问题。

科学家从怀俄明州大角盆地采集到的树叶化石，也许可以用来证明当时植物营养价值的下降。我的另一位学生、目前任教于俄亥俄州迈阿密大学的地质学家埃伦·库拉诺发现，古新世—始新世极热事件留下来的树叶，比起其他相邻时期的树叶，有更多被穿刺、挖孔、咀嚼的痕迹。她解释说："我们认为在那个时候，当地的昆虫种类比较多，因为气候比较温暖，许多南方的物种就迁徙过来了。""另一个理由是，当时的昆虫必须多吃一点来摄取等量的养分，因为大量的二氧化碳降低了叶片的营养价值。"库拉诺的团队后来把他们的研究成果发表在最近的《美国科学院院报》（*Proceedings of the National Academy of Sciences*）之上，并在文章结尾处发出警告，未来地球上的高二氧化碳浓度也会导致相同的后果。

然而，不管这些动物到底是为什么变小的，始新世早期的哺乳动物似乎并不太在意气候的变化。虽然有些物种绝迹了，譬如拖着长长的尾巴、"非常类似灵长类动物"的更猴（*Plesiadapis*），还有下颚很长、"貌似鳄鱼"的鳄龙（*Champsosaurus*），但其他的物种看来都熬过了那个漫长的酷热期。今天的地球因为各地的气候颇为不同，不同物种的栖息地有明显的区隔，南极的企鹅不会跑到中国，中国的大熊猫也不会出现在南极。但古新世—始新世极热事件把全球的气候差异缩小了，因此所有动物比以往更能自由自在地移动。它们在一个温暖的地球上四海为家，无论在哪里都有它们的踪迹。许多闯进北极的动物更是干脆跨过连接亚洲与北美洲的陆桥，定居在辽阔的新大陆。譬如说，中国曾经出现过一种早期的灵长类动物，它扩散到北美洲的速度非常快，以至于看起来像是在两地同时出现的。

由于我们替非常古老的地质沉积物测定年代的方法还不够精

密，至今我们还无法十分确定古新世—始新世极热事件的气候变化与生物演化速度究竟有多快。如果这些沉积物都像古代的账本一样，按照先后顺序，一年又一年整整齐齐地叠好，那我们只要数数总共有多少切片，就知道它究竟花了多长时间加热到最高温，又花了多长时间才冷却下来。然而天不从人愿，大多数沉积物都不是这样子的，所以我们只好依赖比较粗糙的计算方式。在测定这样古老的年代时，碳-14派不上用场，因为它的原子钟太快，但若是使用适合更久远年代的放射性钾与铀，它们又无法精确记录发生在这么短的时期之内的变化。

不过，这些担忧都是次要的，我们仍然可以通过古新世—始新世极热事件学到宝贵的一课。首先，它已经证明了超级温室绝非危言耸听的末日预言，它真的发生过。

其次，虽然我们不清楚它究竟是如何发生的，但我们知道其惊人的影响持续了17万年。根据某些计算得最长远的计算机模型，就算不是最极端的温室气体排放量，都可能达到这样的效果。

我们也不清楚它发生的速度有多快，但我们知道从地质变化的角度来看，它来得非常突然，在短短数百年之内，气温就上升到顶峰。也就是说，我们这个时代，气温上升的变化其实与古新世—始新世极热事件有点相似，只是我们的更剧烈一些。

再次，当时的地球究竟热到什么程度，我们也不能够完全掌握，但我们知道，由于全球平均气温升高了5～6摄氏度，高低纬度之间的气候差异因而缩小，北冰洋成了一个大咸水湖，陆地上最后一块大型冰原也消失了，而海平面也上升到不可能更高的地步。如果类似极端的二氧化碳排放发生在我们的时代，同样的后果当然也就难以避免。

我们不清楚究竟需要多少含碳的气体才能够引发古新世—始新世极热事件，但我们知道它们可以分批慢慢释放进大气当中。正反馈循环无疑扮演了关键的角色，而它在今天会将现代化石燃料碳排放的效应进一步扩大，使5500万年前那样的超级温室再次出现。不幸的是，启动进一步的增温与二氧化碳浓度上升的临界点在哪里，我们并不知道。我们只能祈祷，若是我们尽快开始减少碳排放，就不会达到那个临界点。

我们不清楚二氧化碳浓度到底升高到多少，但我们知道它使海水严重暖化、酸化，以致海洋生物大量灭绝，海底沉积物中的石灰质也被腐蚀殆尽，只留下红色的黏土。这些沉积物显示，海洋需要花上成千上万年的时间，才能让酸性慢慢淡去。如果在未来，我们真的不幸排放了5万亿吨温室气体，海底同样会出现一道红色的伤疤，为我们的荒唐留下难以磨灭的证据。

我们不清楚高浓度的二氧化碳会如何影响生物界，但它可能导致植物营养成分减少，阻碍哺乳动物生长，并逼迫食草性昆虫啃食更多的植物。我想没有人会乐于见到同样的现象发生在往后的农作物、牲畜与大自然的生态上。

历经古新世—始新世极热事件而仍然存活下来的动物不见得与今天的一样，但我们仍然能够以它们为鉴。高温不见得对陆地上的动物都是不利的，许多物种就在温暖的环境中大肆繁衍。然而，我们也可以看到，它们之所以能够在那种环境中生存下来，是因为可以自由迁徙。

但在国家与国家之间的疆界壁垒分明的当代世界，另一个古新世—始新世极热事件的降临，对这些动物肯定就是一场浩劫。虽说这些改变也可能会造福某些国家，但既然光是北冰洋最近开放出来的航路都足以引发国际纠纷，一旦矿产丰富的南极因融冰而成为可以开采的矿场，其中蕴含的国际冲突就难以想象了。尤有甚者，海平面升高 70 米以及极端气候变化后的灾民安置问题，都可能构成极端严峻的挑战。

往好的一面看，我们也知道，包括我们自己的灵长类始祖在内的许多动植物安然度过了古新世—始新世极热事件。如果能乘上时光机器回到始新世早期，我们也许还会觉得那是一个风光明媚、气候宜人的时代，只是那些在北极出没的“狼羊”与好像是貘的动物看来有些匪夷所思而已。毕竟，古生物学家可是把古新世—始新世极热事件之后的始新世早期命名为“气候适宜期”，而不是给它冠上一个“气候乱象”之类的负面名称。因为，当时的地球似乎真的欣欣向荣、生机盎然。

然而，最后再提醒大家一次，那些通过古新世—始新世极热事件的考验的动植物，在当时可不需要面对人类因素的干扰。下一个由人类造成的超级温室对它们来说会困难得多。当人类排放的碳终于布满大气，地表最后一片冰原随之消融，如今的气候圈被迫向两极移动，地球经过亿万年累积而成的生态多样性将因为人类毁于一旦。

# 第五章
# 来自未来的化石

很不幸，我一开始就出生在未来，所以我的一生是倒过来活的，越活越年轻。

——《永恒之王》（*The Once and Future King*）

许多人至今还不太相信温室效应是真的，这或多或少是因为我们无法看到、听到或摸到温室效应。二氧化碳无色无味，不会在空气中留下任何线索，而其造成的气候变化又太过细微，以至于很容易就被当作是自然的气候波动。但对很多穷尽一生心力研究肉眼看不着的事物的科学家来说，来自化石燃料的碳的存在实在是毋庸置疑的。对他们来说，它已经清清楚楚地呈现在现代人的眼前，而且已经成了我们日常生活的一部分，根本不需要等到未来才能发现其影响。碳污染的某些面向比全球平均气温的缓步上升更难以察觉，但它是无所不在的，因为它不但穿梭在空气、水源、土壤里，甚至也渗透到我们的身体当中。

时至今日，化石碳对地球的污染已经在地质的化学成分上留下了如山铁证，除了最无知、最不愿面对真相的死硬派之外，多数科学家都不会怀疑其真实性。然而，除了会引起气候变暖之外，碳污染的影响不见得都是负面的。甚至，我们会在本章中讨论到，有些影响很可能具有正面价值。然而，无论如何，它的存在已经明明白白地证实了一件事：从科学证据来看，人类的作为对全球碳平衡所造成的破坏是不容否认的。

有三类专家把化石燃料污染的迫切性看得一清二楚。第一类是生态学家，他们的工作就是观察生态系统里的所有生物的活动。第二类是刑事鉴定专家，他们追踪最近发生的事件的来龙去脉。第三类是地质学家，他们通过土壤、冰川、木头、石头之类的古代沉积物来研究古代地球的历史。碳原子是他们不可或缺的帮手，在其基础上发展出来的新科技，已革命性地改变了我们对自然界的了解。然而，造成全球变暖的气体，同时也会影响他们科学研究的精确性。化石燃料污染的影响范围是远超我们想象的，除了空气与水之外，生物体与生态系统的基础原子结构也在我们绝大多数人不知不觉之中被改变了。

在此我应当先对三种碳原子做一番介绍。在我们的日常生活当中，我们不会真的接触到形形色色、性质各异的化学元素，对我们来说，它们都聚集成一大块一大块的物质。然而，并非所有的碳都是一样的，我们前面提到的古新世—始新世极热事件沉积物中的碳 –13，就是一个很好的例子。科学家根据原子质量的不同把碳原子分为三类，每一类在人类世都扮演了独特的角色。

碳的同位素就好像三胞胎兄弟，除了原子质量之外，它们的差异几乎可以忽略不计。它们既可以构成相同的分子化合物，譬如说二氧化碳、甲烷、蛋白质、基因等，也可以参与同样的化学变化。唯一的不同就是构成原子核粒子的数量。

碳 –12 就是一般所谓的正常的碳，它占自然界中所有碳原子的

99%。然而，大约每一百个碳原子当中，就会有一个在它的原子核当中多带一颗中子，这就是稍重的碳 -13。除了原子质量之外它们的差异可说是微不足道，碳 -13 就好像在一个瘦弱的中年男人的肚子上多长了一点肉。

接下来就是碳 -14，它是这个家族中最桀骜不驯的捣蛋分子，时常会有突如其来的脱序之举。它比碳 -13 还多一颗中子，数量上也非常稀少。此外，比起它的“同胞”，它是最年轻的。两种较轻的碳诞生于远古行星的内部融合反应，而且可以说是永生的。但碳 -14 仍不断地在地球大气上层形成，寿命也短得可怜。由于它的原子核中又多挤进一颗中子，过度的拥挤产生了额外的压力，导致了它的不稳定性，好像这颗中子的邻居想要把它赶出去似的。碳 -14 的放射性也就是由这种不稳定性导致的，这意味着有一天它的原子核会分裂，原子质量会突然变轻，恢复到一种更稳定的状态（准确地说是重新生成一颗氮原子）。

煤炭、石油或天然气中的 1 克碳所包含的碳 -13 或碳 -14，要比大气二氧化碳中的 1 克碳所包含的少。理由之一是，形成这些化石燃料的植物与藻类不喜欢这些较重的碳同位素，远古的它们会筛选出正常的碳 -12 来组织它们的细胞结构，今天当然也一样。植物与藻类吸进二氧化碳分子后，它们就像料理海鲜的大厨对付蛤蜊一样，一刀下去，一边是被挖下来的鲜美的肉，一边是弃之不用的硬壳。对植物来说，无用的是成双成对的氧原子，营养可口的是碳原子。

但叶子与藻类细胞就像挑剔的美食家，它们对食物也不是来者不拒的。含有碳 -13 或碳 -14 的较重的二氧化碳分子会被打入黑名单，只有正常、较轻的才会被端上餐桌。尽管如此，还是有些奇怪的碳原子会成为漏网之鱼，偷偷混进植物的口中并停留在它们体内的细胞当中。

由于植物与藻类有这样一番筛选过程，化石燃料里面含有的较重的碳同位素自然就比较少。另外，由于放射性碳 –14 具有不稳定性，原本储存在古代沉积物中的早就分解了。因为这两个因素，大气中的碳同位素比较多，化石燃料中比较少。化石燃料燃烧所产生的烟雾也是如此。结果，出现了一个意想不到的“净化”效果。因为化石燃料废气将大量较轻的碳 –12 排入大气中，原本较重的碳同位素反而因此减少了。

这种人为造成的大气中碳 –13 与碳 –14 减少的现象，被称为“苏斯效应”，为的是纪念第一个测量这个现象的奥地利裔美国科学家汉斯·苏斯（Hans Suess）—— 许多本来要寄给苏斯博士（Dr. Seuss）[①] 的电子邮件常常不小心寄给他，这让他很困扰。由于空气中的碳原子会通过食物链进入生物界，从植物的汁液到兔子的肌肉，再到狐狸的 DNA，科学家几乎可以在地表的任何生命当中侦测到苏斯效应。然而，尽管它改变了我们全身上下所有的组织结构，但一般来说我们不会感觉到。不过对许多生态学家来说，苏斯效应会破坏他们的资料的准确性。

让我们来看看伊利湖[②] 的例子。多年来，这座湖附近的城市、农田、下水道、人工草坪都把废水注入这里，造成了严重的磷污染，使湖面上的水藻滋生得特别茂盛，密密麻麻地在水面上形成了一片恶心、恼人的秽物，仿佛经过农夫刻意施肥繁殖似的。每年死

① 译者注：苏斯博士本名为 Theodor Seuss Geisel，美国知名童书作家，粉丝众多。
② 译者注：美国与加拿大边界上的五大湖之一，面积约为 2.5 万平方千米。

掉的水藻沉入水底，将它们身上蕴含的碳留在湖底的泥巴中，并形成一层层保存良好的沉积物，那腐臭的气味正记录了这座湖的污染状况。

藻类跟植物一样，从水中吸收二氧化碳进行光合作用时，会偏爱较轻的碳 -12。久而久之，这样的过程改变了因为表面布满绿色的藻类而几乎喘不过气来的伊利湖湖水成分。想象一下，如果你在书桌上的糖果盘里放满了糖果，再放几颗装饰用的小石子，一阵子之后，随着糖果越来越少，石子的比例就增加了。同理，日积月累之后，伊利湖湖水里就有越来越多藻类不要的较重的二氧化碳分子。然而，这样一来，藻类在筛选时挑错而选中碳 -13 的概率就会越来越高。于是，无论是在水中的藻类还是湖底的沉积物里，碳 -13 的含量都在逐步上升。

1980 年，严格的水质管理法规付诸实施之后，伊利湖的污染终于得到了缓解，湖水里的磷污染减少到原本的 1/4。仅仅是底特律一个城市，每年排放的磷就减少了 2/3。然而，实际效果又如何呢？

佛罗里达大学的生态学家克莱尔·谢尔斯克（Claire Schelske）与戴维·霍德尔（David Hodell）决定挖出湖底的沉积物来一探究竟。他们认为，当湖水中的藻类茂盛的时候，湖底泥巴中的碳 -13 含量也会上升。一旦污染被控制住，水藻就会减少，湖底碳 -13 的增速应该会放缓。接着他们把重型采样管伸进湖底，搜集到 20 世纪的沉积物，并分析每一层泥巴的碳 -13 含量。不出所料，在 20 世纪 60 年代末期，当湖面上藻类最猖獗的时候，湖底碳 -13 的含量也是最高的。接着上升的趋势开始反转，到了 80 年代时已经降回到污染前的水平了。

此消息一开始让大家雀跃不已，但其中有些不对劲。不同于20世纪初期伊利湖附近人烟稀少的情景，如今当地都市与工厂林立，碳-13怎么可能不留下一丁点记录呢？难道环境污染治理真的做得那么好？谢尔斯克与霍德尔很怀疑这一点，而且他们想到了一个很好的理由来解释这个数据为何会出奇地低。

答案就是苏斯效应。因为人类大量燃烧化石燃料，整个20世纪，全世界水藻的碳-13含量都在降低。一旦我们把这个因素纳入考量，就可以发现，伊利湖的治理工作不如原本评估的乐观。湖水确实干净些了，但湖底泥巴中碳-13含量的剧烈下降其实是苏斯效应产生的假象。事实上，今天的湖水比起20世纪初期，还是比较浑浊的。

最新的调查报告依然证实水质管理法规是有效的，如果没有这些措施，伊利湖现在说不定已经成了一摊绿色的死水。然而，谢尔斯克与霍德尔的研究指出，原本的治理成果是被扭曲夸大的，因此我们还有努力的空间。

伊利湖不是个案，现在全球各地的科学家都知道在研究气候变化与水质生态时考虑化石燃料污染的因素。2003年，我参加了位于坦桑尼亚基戈马的尼安萨计划，这是一个由美国国家科学基金会与亚利桑那大学赞助的大学生研究训练计划，我是其中的一位指导员。我抵达当地之后没多久，我的同事们就发表了一篇论文，指出这个计划所研究的坦噶尼喀湖正在发生暖化的现象。

坦噶尼喀湖非常大，约有670千米长，1470米深。它是世界上第二深的湖，仅次于西伯利亚的贝加尔湖。湖里大部分区域都没有动物，因为在比较深的地方就没有氧气了。只有在表层的100米之中，因为有能进行光合作用的藻类以及波浪的搅动，才有足够的氧气。尽管如此，凭着表面薄薄一层湖水，坦噶尼喀湖还是孕育出非常独特的地方生态，譬如说数百种色彩鲜艳的丽鱼。澄澈的湖水中有背着美丽外壳的螺、淡水蟹、水母，以及水栖类眼镜蛇，它们都是坦噶尼喀湖独有的。

瓦萨学院的凯瑟琳·奥莱利（Catherine O’Reilly）与安大略省滑铁卢大学的皮特·费尔堡分别带领两个团队，分头进行调查与信息搜集工作，却得出相同的结论。坦噶尼喀湖的水温在20世纪上升了大约1摄氏度，而它附近的维多利亚湖与马拉维湖也有同样的现象。

奥莱利团队更进一步挖掘出暖化的湖泊与当地坦桑尼亚居民主要蛋白质来源——鱼——之间的关系。他们发现，越是晚近的沉积物，其中蕴含的碳-13就越少。这可能类似于伊利湖在环境治理之后发生的现象，水藻的减少是其原因。但在坦噶尼喀湖，并没有人在控制磷污染，因此一定有其他的原因。

奥莱利团队的解释是，升温造成表层湖水密度降低、浮力变大，因此它们变得像是一层油一样，始终漂在湖面。许多浮游藻类无法长期生活在这种不流通又有阳光照射的水域当中，于是下沉到较暗的水域。但跟植物一样，藻类也不能没有阳光，结果反而不幸丧命于此。水藻的死亡又进一步破坏了原本的食物链，害得沙丁鱼等鱼类三餐不继、营养不良。根据奥莱利的估算，坦噶尼喀湖每年的渔获量会因此锐减，这对经济状况本来就不好、居民有1/3的蛋白质摄取量来自当地鱼类的坦桑尼亚人来说，无疑是沉重的打击。

然而，或许奥莱利团队无需担心。费尔堡在看过他们关于水藻减少的调查报告之后，把苏斯效应对碳 -13 的影响加到里面去，然后又重新计算了一次水藻的产量。费尔堡的新方法排除了化石燃料燃烧所产生的扭曲，由此得出来的数据显示，碳 -13 含量其实是增加了的（这表示水藻也增加了）。这样的结果比较合乎常理，因为附近的农业与其他人类行为所排放出的废水都含有营养成分，这必然会污染湖水。湖水确实是暖化了，但暖化究竟对水中的藻类与鱼群有什么影响，还不清楚。

类似的案例目前在全世界各地如雨后春笋般冒出，反映了化石碳污染的普遍性。通常，科学家以△碳 -13（或碳 -13 含量与碳 -12 含量的比值）来呈现苏斯效应的严重性。科学家已经发现，随着我们排放越来越多较轻的化石碳到大气中，△碳 -13 的数值也越来越低。18 世纪时，大气中二氧化碳样本的△碳 -13 应该为 -6.3ppm，但经过两个世纪以来化石燃料的大量燃烧，这个数值已经降到接近 -8ppm 了。

神不知鬼不觉地，我们这个时代全球碳 -13 含量的下降，已经逼近 5500 万年前古新世 — 始新世极热事件的超级温室了，而且几乎是在短短的 100 年内完成的。因为苏斯效应，目前全球△碳 -13 每 10 年会下降 0.2 个单位。几个世纪之后，等到我们空气中的二氧化碳浓度到达顶峰，碳 -13 的含量也会降到与古新世 — 始新世极热事件时一样低。在遥远的未来，若是有一群海洋学家挖掘出我们这个时代遗留在深海海底的沉积物，它将会是一层醒目的红色，与洛威尔·斯托特在古新世 — 始新世极热事件海底采样中的发现极为相似，这显示了这两个时代的地球表面都有大量的碳。这样的物理变化对我们的日常生活几乎没有任何影响，但对钻研它们的科学家来说，这实为划时代的一刻。在无意之中，我们以碳同位素为笔墨，为我们自己的生态史写下了永垂后世的墓志铭。

然而，对未来的科学家来说，苏斯效应还有一个很恼人的副作用。它在稀释环境中的碳 -13 的同时，也会冲淡能够用来测定古物年代的放射性碳 -14。事实上，碳 -14 并非完美的定年工具，比起某些能够测定数十亿年的岩石年龄的放射性元素，譬如铀 -238，碳 -14 的半衰期太短，因此它只会存在于历史不到五万年的东西之中。此外，它也只会出现在含碳的物体当中，譬如木头、骨头、贝壳、泥炭、水底泥层等。尽管如此，在放射性碳 -14 的帮助之下，我们对古代人类与地球历史的了解还是有了长足的进步。很遗憾，因为苏斯效应的关系，未来的科学家恐怕没有足够的碳 -14 可用。

我们不难想象未来的科学家在研究今天的地球时会提出哪些问题。最后一块冰原是什么时候融化的？海洋的酸化持续到什么时候？各国政府如何调整国家疆界来应对海平面上升？有些问题可以通过书面文件得到解答，但不见得如我们想象的那样顺利。

今天大多数的历史记录未来都会丢失，因为其中很多都是电子档案。那些电子企业随时都会为了自身的利益而改变原本创造与记录这些信息的方法与器材，于是旧的记录可能在数十年之间就作废了，更何况是千百年之后。我自己就有一个活生生的教训。我到现在都还留着一些老式软盘，因为在 20 世纪 80 年代，我就是用它们把数据输入 TRS-80 计算机[①] 里的。尽管现在我已经完全无法读

① 译者注：TRS-80 是流行于 20 世纪 70 年代末、80 年代初的旧式个人计算机，由坦迪公司（Tandy Corporation）生产。

取它们了，可是因为其中的数据都得来不易，我又不可能把它们丢弃。除此之外，还有我的八轨磁带与第一台数码相机用的存储卡，现在的新式读卡器都无法读取它们了。

幸运的是，今天地球上的冰体、珊瑚、树的年轮、石笋与沉积物还是与过去亿万年来一般，日复一日地记录、更新着地球的地质数据。即使在人迹罕至的地方，人类活动产生的影响还是会被记录下来，其中的碳同位素与大气中的铅等污染物，会留下清楚的标记。今天的科技巨头与他们风靡一时的产品，也许再过几年就会被历史淘汰，但学有专精的行家，即使在亿万年之后，依然可以从大自然中挖掘出关于古代地球最清晰、最可靠的记录。

不过，传统上科学家所仰赖的地质指标之中，可能有一项即将被舍弃。因为化石燃料废气的干扰，碳 -14 已经无法像过去一样发挥精准的作用。要了解碳 -14 定年法为何会失灵，我们得先知道它是如何运作的。首先，我要告诉各位亲爱的读者，不用惊讶，你们每一个人身上都是带有放射性的。

人体的皮肤与骨肉都是我们用含碳的食物分子建造的，其中含有碳 -14，所以我们每个人都是有放射性的。这又是因为地球生态系统中最底层的植物与微生物在进行光合作用时，会从它们吸入的二氧化碳当中意外摄取碳 -14。我们每次吸的一口气当中所含的碳 -14 都非常少，大约每一万亿个二氧化碳分子当中才会有一个含有碳 -14，但如此少量的放射性物质会通过食物链影响到所有的生物。人体内每四个细胞当中就有一个在其 DNA 或周围的组织蛋白当中含有碳 -14。而且，从人体任何一个部位提取出来的 1 克碳都

含有足够量的碳 –14，能引起盖革计数器[①] 每分钟产生十几下震动，这约略等同于每个人呼吸的频率。根据一项统计，一个正常成年人的体内每秒钟会发生三百次碳 –14 爆炸。

那么，空气中的碳 –14 又是怎么来的呢？答案是宇宙射线。在宇宙各个角落发生的行星或星系爆炸产生的亚原子粒子射向地球，在经过漫长的旅程之后，它们抵达地球大气层的外层，并与空气分子发生碰撞。高速的中子撞在大气中最多的氮原子之上，会把其原子核中的一个质子碰出来。少了一个质子的氮原子就不再是氮了，它成了有放射性的碳 –14。

然而，碳 –14 的核心并不稳定，分裂只是早晚的问题。其原子中会弹出一个微小的高能量的 $\beta$ 粒子，然后变回普通的氮。所有的放射性本质上都是这样的：过重的原子核强制排出其中多余的粒子。

某些四散的放射性物质的能量非常强，因此会对生物造成伤害。镭就是一个例子，它能够持续发射有害的次原子炮弹。我们都知道要远离这些物质，因为它们释放出来的看不见的喷出物能够穿透我们的细胞，引发灼伤、放射性病变，甚至是癌症。跟它们比起来，碳 –14 顶多是一把玩具枪，它的子弹对我们的基因与组织几乎无害。唯有在我们把它吸入或吃下后，它可以通过血液接近我们的细胞，这样它才对我们有害。当然，这的确会发生。换句话说，对我们有害的不是我们身边的碳 –14，而是我们体内的。

碳 –14 对我们的健康可能产生以下几种危害。首先，它会躲藏

---

① 译者注：盖革计数器是一种用于测量电离辐射的粒子探测器，1908 年由德国物理学家汉斯·盖革（Hans Geiger）发明。

在我们充满碳的组织内，然后突然爆炸，破坏邻近的分子或细胞结构。其次，因为碳是我们基因的重要组成元素，所以有些碳-14会渗透进阶梯状的DNA链当中，形同一颗放射性的定时炸弹。当这颗炸弹不幸被引爆时，原本井然有序的基因结构将可能无法正常运作，并危及它所构成的细胞的健康与功能。再次，如果有几个与之连接的结构支撑蛋白跑掉了，基因折叠与打开以储存或表达信息的过程也可能被干扰。如果真的那么不凑巧，这样的突变有可能导致恶性肿瘤或婴儿畸形。

虽然人体细胞的自动修复机制可以弥补碳-14可能造成的伤害，但其风险还是不容小觑，而且直到最近，碳-14都被当作是一个无法排除的健康威胁。但风水轮流转，我们从此再也不用担心了。感谢资本主义市场无可限量的创新精神，有商人已经从这个人类的古老克星身上挖掘出生财之道。现在，健康食品除了主打有机、不含农药之外，还可以强调不含碳-14。诀窍不过就是在一个绝对密闭的空间中种植蔬菜，以便严格控制其中的空气成分。具体的细节我不知道，因为那属于商业机密，但我在网络上发现一个专利申请项目中写着“你意想不到地简单”。我猜，不外乎就是将燃烧煤炭、石油或天然气之后产生的含二氧化碳的废气注入那个密室当中。化石燃料里面没有碳-14，所以吸这些废气长大的农作物就不会有这类放射性物质。它们也许是地球历史上第一批有此殊荣的生物。

在大气层的外层，碳-14的制造工作每天都在默默进行，但它们并不孤独。大气中第二多的氧原子很快就会发现落单的碳原子，并紧紧黏住它们。用不了几个小时，刚出炉的碳-14就会跟氧原子凑成对，形成二氧化碳。然后这些带有放射性的二氧化碳会缓缓落到大气层的底层，通过光合作用被吸进细菌、藻类、植物的细胞当中，并与其他正常的碳混在一起，直到某一天在一场爆炸中变回氮。

而人类又在不知不觉中吃下有放射性的动物与植物，利用它们的养分来组织我们的身体。其他生物体中的碳就这样进入我们的身体，之后再经过呼气、排泄、分泌、角质脱落被排出去。然而，我们从寿终正寝的那一刻起，与大自然之间的碳循环就中断了，那些在我们体内衰变的碳-14将得不到补充。在5730年之后，我们体内大约有一半的碳-14会消失。再过5730年，所有剩下的又会再减少一半。这个过程会一直持续下去，直到所有的碳-14都消失或是少到无法探测的地步。一般来说，这大约需要5万年。

对科学家来说，碳-14可靠稳定的衰变速度实为一大福音，因为它可以用作分子时钟，来测定某个生物残骸的年代，只要我们能算出还剩下多少完好无缺的碳-14即可。譬如说，如果某个物体之中的碳-14含量只有它该有的一半，那它应该就有5730年的历史。如果只有1/4，那它应该就是11460年。年代越久远，碳-14就越少。

不幸的是，人类世的到来把这个可靠的规则给打乱了。我们燃烧的化石燃料都有数百万年的历史，其中的碳-14早就灰飞烟灭了。因此燃烧化石燃料所产生的二氧化碳是一种“死”的气体，跟我们在家中壁炉里燃烧刚砍下来的木头所产生的不一样。当这些稳定的化石碳大量进入空气中，空气中的放射性成分含量就会越来越低。最终，空气污染展现出光明的一面，大气与人类受到的辐射居然变少了。

未来的历史学家在运用碳 –14 为人类世初期的物体测定年代时，会遇到一个不曾有过的难题。所有从 19 世纪晚期到 20 世纪中期形成的骨头、毛发、木头、水底泥层与类似物质的放射性都会比较弱，因为此时空气中稳定的碳 –12 比较多。如果历史学家依然一成不变地套用“碳 –14 越少，年代越久远”的公式，这些东西会被误认为比实际年代更古老。

根据迈阿密 BETA 实验室的达登 · 胡德的看法，早在 19 世纪 90 年代，苏斯效应就已经产生了明显的影响。他最近向我解释说：“如果你分析一棵死于 19 世纪晚期至 20 世纪 40 年代的树的年轮，你会发现，它身上蕴含的碳 –14 比你原本预期的少了 3%。”

用另一个具体的例子来说，假设我们需要用碳 –14 为一位于第一次世界大战中丧生的美国士兵测定年代。当时化石碳已经污染了大气、海洋与人体，而且足以改变它们显示出来的年代。于是这位美国士兵的骨头显示出的去世时间比实际时间早了两三百年，当时连美国都还没诞生呢。因此可以说，因为全球碳污染的关系，20 世纪初期的人们，即使在活着的时候，他们体内的化学成分已经看起来像是化石了。只是当时没人知道这回事。在 1940 年之前人类还不知道有碳 –14 这东西。

然而，实际问题没有这么简单。就在第二次世界大战即将结束时，人类发明的另一种碳污染把问题搞得愈加复杂。美国、苏联，还有其他一些国家进行了上百次核武器试爆。这些爆炸就像人工制造的宇宙射线，它们摧毁了氮原子，碰撞出带有放射性的碳 –14。在禁止核试爆的条约付诸执行之前，数百次试爆产生了

大量碳 –14，甚至在某一段时间之内掩盖了化石燃料排放造成的影响。各国竞相较量的毁灭性烟火秀在 1963 年达到高峰，此时碳 –14 的含量几乎增加了一倍。

全球核污染的结果就是，在 20 世纪 50 年代后，地球上所有植物，以及所有地上爬的、水里游的、天上飞的动物的身上，都带着更多的放射性碳 –14 迷你炸弹。它如影随形地缠着你，在你双手的皮肤里，在这本书的每一页里，在你的狗湿漉漉的鼻子里，也在你赏给它的狗饼干里。过去几十年来，究竟有多少人是因为这样而生病或死亡的，恐怕难以精确统计，但数以万计、百万计的癌症与畸形婴儿肯定与它脱不了干系。

但我们不该一竿子打翻一船人，核爆碳 –14 也有好的一面。刑事鉴定专家就发挥巧思，化危机为转机。

譬如说，你花大价钱买了一箱高级葡萄酒，推销人员告诉你这是 1910 年酿造的。但酒精中的放射性碳成分无法说谎。如果它含有过多的碳 –14，很抱歉，它应该是用 20 世纪 50 年代或之后成熟的葡萄酿造的。

或者，你看中了一块象牙雕刻品。尽管老板告诉你那根象牙是在国际象牙禁令之前取得的，但你还是不希望不小心买到违法象牙而成了大象盗猎贸易的帮凶。此时碳 –14 炸弹也可以帮上忙。你可以比对象牙与老板说的出产年份大气中的碳 –14 含量，查看两者是否相符。

野生动物学家也从碳 –14 中获益匪浅。在苏必利尔湖[①] 的皇家

① 译者注：北美洲五大湖中最大的一个，面积为 8.2 万平方千米。

岛国家公园里，生物学家利用麋鹿牙齿中的放射性碳来判断它们是什么时候出生的。

密集核试爆产生的碳－14 炸弹对碳－14 定年法有什么影响呢？因为它拉高了全球各地的放射性水平，因此根据此法算出来的年代全都需要修改。在 20 世纪初期，苏斯效应使每一样东西都看起来比实际年代早，但今天地球上所有活着的生物都含有过多的碳－14。因此，若是现在你用传统的定年法来测定一个现存物体的年代，你得出来的年代不会过早，但也不会显示出一个现存物体实际的年代。也就是说，原本准确可靠的同位素定年时钟，因为过多的碳－14 而仿佛被拨快了许多，使今天的我们看起来都像是活在未来。2011 年的你在放射性碳的时间表上，也许已经是好几个世纪之后的人了。

达登·胡德告诉我，按照他的计算，我应该是在公元 5300 年出生的。事实上，我于 1956 年来到这个世界。我还在娘胎里的时候，我妈妈就通过脐带与食物把来自太平洋某处核试爆的碳－14 传到我身上了。1956 年的食物链当中有着特别丰富的碳－14，那时我体内的放射性反应使我看起来比实际年龄年轻了 3000 多岁。

但核爆碳－14 正在迅速减少。这不是因为它们衰变得特别快，那个过程至少得上千年才能看出效果。真正的原因是，许多含碳的矿物质与海洋生物的遗体不断下沉到海底，碳－14 随着相当大比例的化石碳污染被带下去，锁在深海的墓穴当中。碳－14 的减少是以指数级速度发生的，所以许多科学家预测，只要再过一二十年，苏斯效应的影响又会重占上风。

由于这些意外增加的核爆碳 -14 正在减少，它将我们的放射性碳年龄推向未来的程度也会降低。今天新生的婴儿不会像我一样，一出生体内就含有过多的碳 -14，他们吃的食物也会比较正常。比起我们出生的那个时代，此时的同位素定年会比较准确。

我请胡德告诉我现在的我到底多少岁。在用计算器滴滴答答地算了一会儿之后，他说："现在大部分人体内都还有一定程度的核爆碳 -14。如果你每天早餐吃的麦片跟我一样，那我推测你现在的放射性碳年龄应该是 580 岁左右。但是这是以后的事了。"

这听起来太匪夷所思了，我居然像是亚瑟王身边的巫师梅林一样，越活越年轻。[①] 我出生的时间是公元 5300 年，到了中年竟然来到了 2589 年。但即使这样诡异的现象也有它独到的贡献。生物医学专家现在能够利用逐年降低的核爆碳 -14 含量来解释一些长期困扰他们的医学问题。

我们的脑细胞是否只在我们年幼的时候生长？如果是，也许人的性格、嗜好、品味在刚生出来没多久就几乎定型了。我们屁股与肚子上的脂肪细胞也是永久的吗？如果是，那所有节食的努力，恐怕都只能治标而不能治本。我们刚发现的肿瘤呢？它是最近突然膨胀的，还是只是一个慢性肿块？

碳 -14 可以为我们解答所有这些问题。由于我们体内不同的器官是在生命中的不同阶段形成的，因此它们的碳 -14 含量也不尽相同。测定每个器官内碳 -14 的年代，为我们带来了忧喜参半的消息。很遗憾，我们用在嬉闹玩乐上的视觉与记忆神经元是不会更新

---

① 译者注：作家 T. H. 怀特（T. H. White）的长篇小说《永恒之王》中，巫师梅林的一生在时间上是颠倒的。

的，但我们的脂肪细胞每八年就会全部更新一次，而且许多肿瘤细胞的重要部分能提供足够的信息，帮助我们研发癌症的治疗方法。

只有在20世纪50年代与大约2020年之间的物体会受到核爆碳-14时间扭曲作用的影响。但这种影响确实挺令人头痛的，而且未来凡是要使用碳-14定年法来测定我们这个时代遗迹的科学家，都得设法克服这个问题。当然，在碳污染产生的所有后遗症当中，这应该是最不足挂齿的一个。碳年龄的混乱不会对冰川或任何物种造成伤害。化石燃料废气对空气中碳-14的稀释，对人体健康甚至是有益的。

但还存在着另外一个问题。大多数人还是希望能留给子孙一些弥足珍贵的资产，好让后人怀念、追思我们。尽管其背后的动机可能是虚荣心或是对死亡的恐惧，但这样的渴望也是人之常情。很不幸，我们已经完全打乱了放射性碳-14留在每一件事物上的时间印迹，未来的人无论是要为我们的遗体还是我们留下来的文物测定年代，都会茫然无措。

未来的科学家将很难用碳-14定年法找到属于我们这个时代的遗产，因为本来应该是20世纪前半段的东西，从碳-14的角度看起来会非常古老，而本来应该是20世纪后半段与21世纪初的东西，看起来像是来自未来。简单地说，根据这个技术的测定，没有一样东西来自我们的时代，就算有，在年代上也会有误差。等到几年后，苏斯效应再次掩盖逐渐衰变的核爆碳-14的影响，人类世的所有事物又会显得很古老。有一天，某些事物的碳-14反应会让它看起来像是来自我们的时代，但它们实际上都是来自未来的假货。

我们的时代将成为从地质记录上消失的一个时代。未来的历史学家会发现，在一本依靠放射性碳元素做记录的地球历史中，本该属于我们的那一页竟然被撕掉了。

# 第六章
# 海水酸化

凝望这片波光粼粼的汪洋，你会忘了在宁静的表面之下正藏着一颗凶残的狼虎之心；甚至你不愿想起，那湛蓝的海浪其实就是她无情的爪牙。

——赫尔曼·梅尔维尔（Herman Melville），
《白鲸》（*Moby-Dick*）

社会大众在思考全球变暖问题的时候，通常只会把它与气候、冰原、海平面联结在一起，我也不反对这样的看法。但大家几乎都忽略了另一个比放射性碳元素对生物体威胁更大的因素：海洋的化学成分的变化。海水酸化是所有由化石燃料引发的生态破坏中最严重的一个，然而，奇怪的是，目前我们都把焦点放在那些后果其实祸福不一的现象上。譬如说，温室气体引发的气候变化虽然有时有害，但在某些情况下其实也有好处，而且，它们的影响只会随着时间慢慢淡化。但是，海水酸化会导致物种的灭绝，这些已灭绝的物种不但完全享受不到海水酸化的任何好处，也不可能有起死回生的一天。对那些自由自在地生活在蓝色海洋世界中的生物来说，人类若是继续自私地排放大量温室气体，它们只有死路一条。不像其他的暖化现象，海水酸化在道德层面上无可辩解。

海水为什么会酸化？海洋是如此广大无边，怎能被空气这种看似柔弱的东西给伤害呢？它还具有一套自保的法宝，化学家称之为“碳酸盐—碳酸氢盐缓冲系统”，它能帮海洋屏蔽许多有害的化学物质。然而，尽管这个缓冲系统具有保护作用，但它的功效也有极限。在源源不绝的污染物的侵袭之下，这个保护机制也有崩溃的一天。

问题就在于，二氧化碳会溶解在水里。这是很普通的常识，鱼就是因为这样才能通过鳃在水里呼吸。人类每年排放的二氧化碳有1/4都溶解在海洋里。仅从气候的角度来看，因为海洋会把多余的二氧化碳吸收掉，它实在是帮助人类对抗全球变暖的强大援军。无论如何，我们排放到大气中的碳最终都会进入海洋。然而二氧化碳并不会因为进入海洋就变得安分守己，它会以碳酸的形式继续困扰我们。

这一过程中牵涉的化学原理相当复杂，但在此我们只要掌握几个关键概念就够了。主角是几种物理结构与名字各不相同的含碳化合物，只不过其中几个是凶猛的猎食者，其他的是待宰的猎物。首要的猎食者是碳酸，而最令它垂涎三尺的猎物是碳酸盐这种碱性分子，尤其是矿物形式的碳酸钙。在日常生活中，我们也可以观察到它们之间的化学反应。把电池里的酸泼在水泥路上——水泥通常是从海底的碳酸盐沉积中提炼出来的，我们可以立刻看到地上嘶嘶地冒出一团泡沫，酸分子大发神威，展现残忍的腐蚀力，在地上留下一摊中性的盐。同样的化学反应也发生在灭火器喷出的泡沫当中，那是可以救命的。但当它发生在海洋生物的外壳之上时，那就是致命的了。

碳酸把微小的带正电的氢离子释放到水里。它们之所以会带正电，是因为在溶解进水里的过程中，每一个氢原子都失去了一个带负电的电子。如果这样的解释太过艰涩，那你不妨想象，一个分子在游泳的时候，突然发现它的泳衣不见了，焦急的它四处寻觅，希望能够将保护它的电子找回来。碳酸盐或碳酸氢盐这类分子，因为身上穿着有可能被盗走的电子，在经过氢离子的时候都有可能遭到劫掠。

溶液里这样活泼的氢离子越多，溶液的酸性就越强，对贝壳或石灰岩这类物质的腐蚀性也就越大。想要在强酸的液体中保护富含碳酸盐的物质，使它免于分解，就像在暴风雨当中保护稻草，使它不被吹走或打湿。

当然，除非我们排放的二氧化碳多到无法想象的程度，否则海水也不至于变得像醋一样酸。相反，它只会在酸碱值（*potentia hydrogenii*，简称 pH，是表达氢离子浓度的通用单位）上越来越趋近中性，甚至仍然会是碱性的。化学家把中性的酸碱值定为 7，比 7 高的属于碱性，比 7 低的属于酸性。在过去一个世纪当中，海水平均酸碱值的下降引起了科学家的担忧。光从数字的变化来看问题好像还不严重，但这是因为其变化是呈指数型发展的。近来海水的酸碱值下降了 0.1 个单位，但实际上这表示海水的平均酸度增加了 1/4。大部分科学家都预测，21 世纪末海水的酸碱值最终会下降 0.3 或 0.4 个单位，这意味着海水酸度会增加至少一倍。

海水酸化的直接受害者是那些会利用方解石或霰石等物质筑造外壳或其他器官的海洋生物，因为那些物质会被酸腐蚀。两者之中，霰石尤其脆弱，因此依赖它的生物确实到了危急存亡之秋。有资料指出，在 2030 年之前，南大洋的酸度就会高到足以腐蚀一切霰石，而北冰洋的浅水区域甚至更早就会达到这一程度。如果我们采取极端的碳排放路线，南北两极的海域，从深到浅，都会酸到容不下任何霰石，而且会持续千万年。

有哪些生物会因此受害呢？我随口就可以列出一大串名字，里面每一种海洋生物都是我们最熟悉或喜爱的：阿拉斯加帝王蟹，加州鲍鱼，加勒比海螺与大螯虾，切萨皮克湾[①]的牡蛎与蓝蟹，正宗缅因蛤蜊与扇贝，爱尔兰鸟蛤与贻贝，各式各样的海星、沙钱、海胆、藤壶以及美丽的珊瑚礁。

一群没有双手甚至也没有什么大脑的生物，居然可以像米开朗基罗一样用跟大理石差不多的材质雕绘出精美的外壳，真是一项让我们不得不赞叹的奇迹。虽然其中的很多奥妙，至今科学家都还不了解，但基本原理是很简单的。海水中有许多可溶性物质，譬如说盐，此外还有许多钙原子，它们与碳酸盐、碳酸氢盐一样，都是因为陆地上的风化作用从土壤与岩石中跑到水里来的。某些海洋生物具备一种特化的细胞，能够从海水中捕捉钙与碳酸盐，并将它们固定在一起，通过这种方法，一个分子一个分子地慢慢聚集起方解石或霰石的晶格。渐渐地，这些生物的外壳外层，或者是珊瑚枝上的珊瑚虫帽的边缘地带，开始筑起碳酸钙的分子化合物，并且渐次向外扩大，就好像雨滴在池塘表面激起的一圈圈涟漪。

这些海洋“钙质建筑师”把大部分吃下去的养分都用于分泌与保养它们的外壳。如果海水酸碱值持续下降到接近酸的程度，它们就会越来越难从中摄取碳酸盐。此外，由于氢离子会劫掠它们的外

---

① 译者注：切萨皮克湾位于美国东岸的马里兰州与弗吉尼亚州之间，是全美最大的出海口，长达300千米，最宽处约有50千米，最窄处也有4.5千米。共有超过150条河流注入其中。

壳或珊瑚中的碳酸盐，它们又需要花大量的能量来修补这些损伤。一旦海水酸化到某一程度，它们丧失碳酸钙的速度会超过它们合成碳酸钙的速度。随着海水中具有破坏作用的氢离子日渐增加，它们的外壳开始崩解。

我们还不清楚哪些生物能够适应海水酸化，哪些不能。事实上，大多数海洋生物的完整生活史，对我们来说都还是一个谜，因此我们完全无法预料当它们遇到这种人祸时，会有什么反应。但根据历史上的教训，我们很肯定，每当海水变酸的时候，有壳的海洋生物都会活得很辛苦，因为捕捉碳酸盐并将它留住会变得很难。在物竞天择、适者生存的达尔文式竞赛当中，这意味着它们得动用更多的生理资源来弥补长期腐蚀造成的伤害，如此一来，它们的繁殖、生长都有可能受到阻碍，最终输掉这场竞赛。在最惨的情况下，某个倒霉的家伙整个外壳都可能会被腐蚀殆尽。

英国皇家学会在2005年发布了一份影响深远的报告，指出我们预料的某些改变已经发生了，想要亡羊补牢已经太迟了。就算我们现在就停止所有的碳排放，但因为气体溶解到深海需要一段时间，要使海洋的化学成分恢复到正常状态，还需要若干个世纪的时间。戴维·阿彻已经算出来，这个过程少则2000年，多则1万年，端看我们在碳排放方面究竟是采取温和路线还是极端路线，以及风化作用所具备的酸碱中和效应究竟能以怎样的速度恢复海水的化学平衡。如果大气中的二氧化碳浓度升高到500～550ppm，两极冰冷的海水中的霰石都会分解。如果二氧化碳浓度升高两倍，那么连那里的方解石也会分解。假设我们果真排放了5万亿吨温室气体，那么就连热带海洋中的方解石与霰石贝壳都会通通消失。

为什么海水酸化会对寒冷的海域造成比较大的伤害？因为较之于温水，冷水能溶解更多的气体，因此高纬度地区的海水会比低纬度地区的蕴含更多的二氧化碳。因此，由于温度的差异，霰石的分解在两极海域会最先发作，为害也最烈，特别是在冬季。

尽管大部分媒体都忽略了这个问题，但在海洋科学家眼中，微小到肉眼只能勉强看见的浮游生物已经成为海水酸化危机首当其冲的受害者了。有一种叫翼足类的微小软体动物，外形非常可爱，有些生物学家干脆称之为“海蝴蝶”，它们奇特讨喜的模样有助于激发舆论对这个问题的关注。虽然翼足类与蜗牛、蛞蝓、蛤蜊在生物分类上属于同一门，但翼足类不像它的亲戚那样匍匐前进或躲躲藏藏，游泳才是它们的强项。它们游起泳来的样子，甚至像是在海水中凌空翱翔。它们身体中的很大一部分是薄如蝉翼、宛如降落伞的风帆，展开来就像一对翅膀。正因如此，它们的学名翻译成英文之后就成了“winged feet”（翼足）。

在显微镜之下，许多翼足类看起来就像是包裹在一开一阖的玻璃纸里的小蜗牛，而且还是透明的。事实上，蜗牛的幼虫与翼足类外观确实很相似，只是它们会长大，而且笨重得只能在地面爬，而翼足类似乎永远也不会长大。太阳能照到的表层海水是它们的大本营，它们以更小的生物为食，并吸收海水中的矿物质，利用其中的霰石成分来建构它们脆弱的外壳。目前全球各地都能打捞到外壳上有碳酸腐蚀痕迹的翼足类，科学家通过分析也找出了原因。对专家来说，这是一个明确的警讯。

翼足类的可爱可以赢得人类的关心与保护，然而它们还有更重要的生态价值。在南极，随便捞一桶冰冷的海水，里面都会有成千上万的翼足类，它们在食物链中不可或缺，可以说企鹅、海豹、鲸鱼等生物都是靠它们才能生存的。在南极的罗斯海，渺小的翼足类的总重量甚至超过亿万只群聚在一起的磷虾。幸运的是，有一种长着两只翅膀、叫作“海天使”的翼足类是没有外壳的，因此不必害怕酸化海水的腐蚀。虽然没有外壳，但它们另有自保的妙法。至少有一种南极“海天使”会分泌强烈的毒素，而其他聪明的浮游生物有时会带着它在身边当作守护天使，来吓退体型更大的猎食者。因此，尽管比起有壳的蝴蝶形翼足类，“海天使”对海水酸化比较有抵抗力，但这对整体海洋生态未必是一件好事。对以翼足类为食的生物来说，只剩下有毒的“海天使”可能意味着一场粮食危机。

同时，另一种“钙质建筑师”的性命也岌岌可危。人造卫星有时会在阿拉斯加海岸附近拍摄到绵延数百平方千米的乳白色海面。那是一种单细胞藻类，它们在生命中的某一阶段会变得像是顶着一片片乳白色轮毂罩的小型球体。它们有一个冗长的学名——*coccolithophore*（球石藻），名副其实地反映了它们细胞的球体外形（*coccus*），以及它们背负（*phoros*）在身上的矿物化（*litho*）的方解石外壳。

在阿拉斯加海岸附近，这些藻类身上的方解石外壳全部加起来超过一百万吨。与植物一样，球石藻能进行光合作用，并在类似的海域中构成食物链的底层基础。尽管它们用来组织外壳的是方解石，而非翼足类喜好的脆弱的霰石，但是，有些球石藻还是遭到了腐蚀。

英国皇家学会已经计算出，大部分两极海域的海水中，霰石很快就会处于不饱和状态，也就是说，若没有能够分泌它们的生物千辛万苦地维持它们，它们都会溶解在海水里。不饱和状态接着会从两极开始扩散到更温暖的纬度较低的地区，最后达到热带地区。然而，在牙买加与塔希提岛附近的海域也沦为奄奄一息的死亡之海之前，在更深、更黑暗的海底世界，还有其他更幽微难察的作用正在偷偷进行。

水变冷的时候就会收缩，所以冷水的密度比温水大。因此，处于漫长冬夜、异常寒冷的南极有着世界上密度最大的海水。而且，南极的表层海水结冰之后会把盐分排出，又再次提高了当地海水的密度。这些沉重、几乎结冰的液体，会因重力作用沉到南大洋的底层，然后像潜水艇一样在暗无天日的深海里缓缓潜行。它们的厚度通常有数百米，在较深的海沟则更厚。每年，这些来自南极的冷水源源不绝地流向世界各个海洋，甚至覆盖了超过一半的大西洋与太平洋海床。它们一路向北，直到撞上来自北极的底层流（bottom current）才打住。有时双方交会的地点，北至加拿大东岸或缅因州海岸外的大浅滩。

通常这是一件好事。因为在伸手不见五指的深海里，植物与藻类无法靠光合作用生存，因此若是没有这股洋流，深海里的生物都会窒息而死。长得像朵花的海葵只要一动也不动地待着，缓慢的底层流就会自动把食物送上门来。而且，除了带来食物之外，这些水流也是唯一的氧气来源。在南大洋风的吹拂下，氧气溶入水中，再随着这些水流千里迢迢地抵达海葵的触手上。

然而这些深海生物在人类世将大难临头，因为其他的气体也会在南极随着氧气一起被风吹进海水中，其中包括二氧化碳。

对许多人来说，温室气体的唯一影响就只是气候变化，因此当他们听到极地的下降流可以吸收空气中的二氧化碳时，都觉得很兴奋。然而，“眼不见为净”的心态并不管用。每多一个二氧化碳分子被吸入海水中，就意味着海里多了一个碳酸分子。而且如果它是在极地附近进入海水里的，十有八九，它的酸性会污染这条深海生物的养分输送线。那里阳光照射不到，气温极低，与地球上大多数地区的地理环境都大相径庭。由于它对我们来说实在太陌生了，我们就干脆假装它根本不存在。事实当然不是这样。

尽管深海世界温度低、压力大，一片漆黑，那里仍然孕育了许多物种。柔软的有机软泥给大多数居民提供必要的物资，它们靠着从上方坠落下来的浮游生物的尸体过活，运气好的话会漂来一只鲸鱼的尸体。相貌狰狞、诡异的深海怪兽常常是那个区域给一般人的第一印象。那里有触角吸盘会闪闪发光的章鱼，有全身血红却长着一对蓝色大眼的吸血鬼乌贼[①]。龇牙咧嘴的母鮟鱇鱼的体型是公鮟鱇鱼的四十倍，而后者会吸附在前者身上，甚至成为它身体的一部分，好像一个退化掉的器官一般，露在外面摇来晃去。南极附近冰冷的海水里，在巨大的海绵上可以看见长手长脚、如碗盘般大小的浅黄色“海蜘蛛”优雅地漫步着。

在数百米深的海底，生物的数量比较少，因为那里缺乏足够多的食物。尽管如此，生物的多样性并不因此失色。在距新泽西与特拉华州海岸几千米的地方，海面下 2 英里的柔软沉积物样本当中，小小一根垂直采样管里就有将近 800 种不同的物种。而且，在深海

---

① 译者注：吸血鬼乌贼其实并非乌贼，也非章鱼，而是介于两者之间的独特物种。它属于幽灵蛸目（*Vampyromorphida*），并且是这个目里面唯一的物种。

探测器的帮助之下，生物学家最近在白令海1000多米深的海沟的峭壁上，找到一大批色彩艳丽的海绵、螃蟹与鱼类，着实令人大开眼界。近年来仍不断有人从海里打捞出前所未见的物种，因此有科学家推测，全球深海里的生物超过1000万种。

对我们而言，最需要关注的现象有两个，一是那里的许多生物并不会游泳，二是它们的硬壳含有碳酸盐。通过远程遥控的探测器上的摄像机，我们看到了像花朵一般、长满红色羽毛的海百合，但实际上它们是海星的近亲。长刺的海参看起来像是驼背的豪猪，在海床上星罗棋布。象牙形的掘足纲海螺在淤泥里蠕动着身躯，寻觅着其他生物的残骸。深海的杓蛤为了能够追捕猎物，长得比它的滤食性同类都大。寄居蟹拖着外壳四处游荡。而最令人震惊的是，那里居然也有珊瑚，大量的珊瑚。

一般人都以为珊瑚礁只长在温暖的热带浅海水域当中，事实上，所有已知的珊瑚礁有2/3长在冰冷的深海里，在数量上远超以珊瑚闻名的印度洋、太平洋、加勒比海浅海水域。从数百米深到3000米深的海底，喜爱低温的珊瑚丰富得惊人。光是被打捞上来的以及被海底探测器拍摄到的就有黑珊瑚、女妖般的海扇珊瑚、象牙树珊瑚、红色的泡泡糖珊瑚、石珊瑚以及枝条状的竹珊瑚。由于科学家还不清楚的某种原因，大型深海珊瑚在北大西洋比在北太平洋更常见。北太平洋的大型深海珊瑚礁通常更独立，它们以多样而弥散性的聚集方式分散在辽阔的海床上。而北大西洋的珊瑚喜欢聚在一起，它们会像叠罗汉一样，一代又一代，越长越高，其高度有数百米，宽度可达数千米。至于浅海的珊瑚礁，则为其他游憩于此的动物提供了宝贵的避风港与食物来源。最近一项研究发现，在北大西洋最主要的珊瑚礁制造者——一种丛生的冷水珊瑚*Lophelia pertusa*之中，至少生活着1300种生物，种类之繁多与澳大利亚的大堡礁不分轩轾。

琳琅满目且数量庞大的深海珊瑚，反映了那里有丰富的浮游生物尸体作为食物来源，水质也非常适合它们生长。只要条件适宜，每一只珊瑚虫的薄薄的外皮上的细胞都会建构起杯子状的支撑结构，其材料正是对酸很敏感的霰石。但当食物变得稀少或海水变冷时，其生长速度就会放缓。最近在大西洋中部深海没有阳光的地方，科学家发现有些珊瑚花了数千年才长到目前的大小。既然那里的珊瑚要留住身上的碳酸盐已经非常不容易了，一旦海水酸化，后果真是不堪设想。

英国皇家学会指出，如果二氧化碳浓度在2100年之前快速上升到550ppm，每年热带浅海水域珊瑚礁的霰石钙化速度就会下降一半。在科罗拉多州的美国国家大气研究中心，由琼·克莱帕斯（Joan Kleypas）带领的团队算出来的数据比较保守，下降程度只有1/3。但不管是哪一个数字，由于低温的下沉水流会将大量二氧化碳带至海底，深海珊瑚无论如何都得面临碳酸的严重威胁。肯·卡尔德拉与迈克尔·维克特（Michael Wickett）认为，就算大气中的二氧化碳浓度停留在450ppm，世界上最深的大部分海域还是会酸到足以分解方解石与霰石。但就算我们采取温和路线，二氧化碳浓度也还是会超过450ppm。

说实话，我们还不确定，在未来的1000年里，海水酸化究竟会对大多数海洋生物造成什么影响。这个领域刚刚起步，一切都还有待于进一步的努力。然而，仅仅是我们所掌握的信息，已经足以叫人为之担忧了。英国皇家学会指出:“在我们开始了解与欣赏深海珊瑚的丰富性及其对生态系统的重要性之前，海水酸化就会对其生存形成很大的威胁。”当前的危害之一是渔船，它们的渔网在脆弱易碎的珊瑚之间粗暴地横冲直撞，捕捞着已濒临灭绝的深海鱼类，如橘棘鲷。然而，在地形更加崎岖且人类更加不易到达的海底，或是在人类终于领悟到海洋保护重要性的未来，海水酸化造成的伤害更是无法避免。

不过，依然有些研究得出了比较乐观的结果。普利茅斯海洋实验室的海伦·芬德利（Helen Findlay）与一群英国生物学家最近发现，某些生活在海底的笠贝、海螺、贻贝与藤壶，在酸化的环境中，外壳的厚度竟然增加了。研究还证明，某些浮游类的球石藻也有这种能力。北大西洋某处的海底沉积物采样显示，尽管在20世纪中海水越来越酸，它们的外壳仍有增厚的趋势。

以色列的两位生物学家毛斯·芬恩（Maoz Fine）与丹·塔契诺夫（Dan Tchernov）曾把地中海珊瑚放置在高二氧化碳浓度的环境里，结果珊瑚竟然干脆卸下所有的硬壳，挺过了越发严重的酸化环境并活了下来。在酸碱值低达7.3的环境里（这比今天的海水酸10倍，已经十分接近7这条酸与碱的分界线了）待上一年之后，赤裸裸的珊瑚虫不但没有死，还显得特别生龙活虎。此时的它们看起来更像是软绵绵的海葵，而不再有珊瑚所特有的坚硬外壳，并且体型也是正常珊瑚虫的3倍大，也许是因为它们不再需要时刻为累积石灰质做准备。这个前所未有的惊人发现也许可以说明，为什么某些珊瑚可以平安渡过自然状态下极端的酸化灾难，譬如5500万年前的古新世—始新世极热事件的超级温室。

很不幸，这一线曙光恐怕也无济于事。我们不确定海水酸化究竟会对大多数海洋生物造成什么影响，也不知道有多少珊瑚能自由地宽衣解带来渡过危机。就算有许多珊瑚都能够脱掉它们的外壳，但那些专门靠珊瑚礁过活的海洋生物又该怎么办？它们不是无家可归了吗？这样的结果对人类显然也不利。全亚洲每年有1/4的渔获量来自珊瑚礁鱼类，有10亿人是靠它们喂饱的。

此外，就算有些珊瑚真的不怕海水酸化，它们还是得在人类世的未来面对其他挑战。过去50年来，海水温度的上升已经逼近许多热带珊瑚能够承受的极限了。浅水珊瑚对海水的深度很挑剔，因此，它们除了要想办法适应越来越酸的海水之外，还得面对越来越深的海洋。它们甚至连呼吸都会变得困难。比起冷水，温水能溶解的氧气比较少。因此，在越来越暖、二氧化碳含量越来越高的海水中呼吸，会越来越像是从塑料袋里吸废气。

矛盾的是，全球变暖对某些原本栖息在边缘地带的珊瑚似乎是有利的，至少暂时如此。佛罗里达的劳德代尔堡过去几十年来都没有鹿角珊瑚的踪迹，但最近它重现江湖了。在墨西哥湾北部，另一种枝叶比较宽大的麋角珊瑚也落地生根了。有些海洋生物学家推测，这是因为暖化使得原本适合珊瑚生存的栖息地在往南北两极移动。这似乎很合逻辑。当原本的冷水变暖的时候，自然有别的地方会变得适合珊瑚生存，就如同过去温暖的间冰期的现象一样。然而，这个好消息并不适用于海水酸化。珊瑚礁可以因温度变化而迁移至更适合的海域，但海水化学成分的改变是无药可救的。

以人类短促的一生为尺度，海水酸化的过程会持续非常久。但就像二氧化碳浓度上升与全球变暖一样，海水的酸度也会在某一个时刻达到高峰，然后逐渐下降。陆地上的风化作用不仅能够把碳酸盐冲刷进海里，中和海水的酸性，还能够清除空气中的二氧化碳。大多数专家都相信，如果我们能够及时采取温和路线，海水酸化的过程就能够被控制在数百年之内。若是我们冥顽不灵地采取极端路线，海水酸化的过程会持续数千年之久。

另一方面，因为海水酸化而灭绝的生物却不可能起死回生了。自然的演化作用也许可以孕育出新的物种来弥补失去的不足，生生灭灭、旧去新来之后，物种从数量上看还是平衡的。然而，曾经出现在地球上的独特物种与生态环境却是一去不复返了。我们应该知道，今天地球的生态样貌，是累积了亿万年的造化之功在各种神奇的机缘巧合之下才有的成果，我们根本无法承受其损失。就算未来有一天，地球上的生物多样性又恢复到今天已然乏善可陈的水平，那也是在遥远的未来，相比之下，人类世的时间跨度就相形见绌了。二氧化碳的浓度需要数千年才能回归正常水平，但动植物生态的循环起伏是以百万年为计算单位的。

过去的暖化现象在此可以作为一盏明灯。伊缅间冰期虽然暖和，但没有能引发海水酸化的二氧化碳浓度的大幅度增加。但古新世 — 始新世极热事件的深海沉积物上，留下了深深的化学腐蚀的烙印。当时大约有一半栖息在海底的有孔虫死于海水酸化，光是这一点就足以证明，物种灭绝的危机不是子虚乌有的。那时热带地区的珊瑚礁迅速消失，但中纬度地区的还能够生存下来，直到后来体型较大、长有厚壳的牡蛎、苔藓虫与红藻取代它们，成为主要的礁石制造者。海水温度的升高与化学成分的变化是促成这些改变的部分因素。大多数生存下来的珊瑚礁都聚集在低温的高纬度海域，尽管那里的海水可能更酸。然而，无论如何，直到数百万年后，二氧化碳浓度很高的始新世气候适宜期结束，世界进入长期的冷却模式，大型珊瑚礁才重新出现在海洋里。

然而，从古新世—始新世极热事件的例子里，我们也可以看到乐观的一面，因为并非所有的物种都会受到冲击。深海里确实有一些物种灭绝了，但许多软体动物、珊瑚，还有其他“钙质建筑师”都活了下来，特别是在浅水里。在酸化可能比较早发生的南大洋里，沉积物采样显示，含钙的浮游生物的数量没有重大的变化，有的因此消失，但有的也安然无恙。此外，虽然有明显的碳酸盐不饱和的地质证据，但只有少部分化石显示它们的外壳变薄或体重下降。

目前，我们只能猜测，哪些物种将因为未来海水酸度增加而消失；我们也只能揣度，它们的消失将如何影响周围的其他物种。但是我们确信，一定会发生重大的生态变化，并且至少有一些变化是我们不愿见到的。复杂的海洋生命之网失去了高级的“钙质建筑师”，正如同一只冰球队在决赛前因为流感少了几名队员。即使有替补队员，他们在场上的表现也远不及那些身经百战的老队员。这只临时凑足人数的球队很可能远远达不到他们自己和粉丝的期待。

我们来看一下海星与海胆的例子。它们会利用方解石来建造自己具有保护作用的脊椎与外壳，而且它们的幼虫会分泌一种特殊的可溶性高镁方解石。海星以藤壶与贻贝为食，海胆则吃海草与其他藻类。它们携手合作，可以把聚在海底石头上的生物吃光，清出空间来给新的移民。如果我们用一个笼子把海床上的某一个区域框住，不让海胆进来，这块区域很快就会长满藻类。实验证明，当海水中的二氧化碳浓度升高一倍，某些海星与海胆的幼虫就会停止生长，或是外壳变得脆弱不堪。如果酸化造成关键物种的伤亡，包含海草、藤壶与其他有壳动物在内的整个生态圈都会天下大乱。

2008年，英国海洋生物学家贾森·霍尔－斯潘塞（Jason Hall-Spencer）带领的团队在《自然》上发表了一篇论文，描述了自然状态下的海水酸化会对生物造成什么影响。他们在意大利东边的地中海海床里找了一块火山活动很频繁的区域，那里有大量二氧化碳从火山口涌出，附近的海水因此而酸化，酸碱值下降幅度高达0.5个单位。事实上，科学家们预测，在不久的将来，高纬度地区的海水都会发生类似程度的酸化。他们在挑选火山口时十分谨慎，避免挑到会喷发硫等有毒物质的火山口。因此，他们观测到的结果很可靠，可以作为我们预测未来的依据。

那些火山口所在的区域有不少珊瑚，但它们都不会靠近火山口。长壳的珊瑚藻原本可以把珊瑚礁连在一起，但在那里也不见踪迹。海胆与海螺不是死了就是四处逃亡。但另一方面，绝大多数没有怕酸外壳的生物都繁衍得很兴旺。在那些火山口旁，我们可以看到摇曳生姿的海葵如花丛般聚集在一起，热爱二氧化碳的海草也很茂盛，一方面是因为充足的二氧化碳，另一方面应该是因为海胆等栖息在海底的动物的减少。显然，即使是自然的碳酸所造成的海水酸化，也会对海床上的区域性生态产生明显影响。

另一个问题是底层冰冷、酸化的海水向上层蹿升时，对更大范围的鱼群栖息地的伤害，以及连带着对人类经济的威胁。那些有上升流的区域都是世界上水产最丰富的地方，因为上升流会把养分带到有阳光照射的浅水区，这对那里的海藻来说简直是营养丰富的大补丸。接着，海藻喂饱微小的浮游生物，浮游生物又养肥了沙丁鱼、鳀鱼等浅水鱼群。然后，它们通通成为海狮、章鱼、海豚等猎食者口中的大餐，而人类的渔船最终也能满载而归。在南美洲、加州、西班牙、非洲南部、新西兰等地的西海岸，近海的上升流带来了全球 1/4 的渔获量。

海洋学家已经发现加州上升流海域的酸碱值有所下降，其成因是几十年前就沉入深海的二氧化碳，而且加州的酸化现象很快就会蔓延到热带海域，接着是其他低纬度浅海水域。我们现在无法准确预测酸化究竟会对牵一发而动全身的食物链造成什么冲击，顶多也只是猜测。然而，偶然发生在秘鲁与南非的自然灾害可以让我们大致了解到，就算只有一个环节被破坏，整个食物链也可能会断裂。

在正常情况下，当沿岸的寒流上升时，海藻都长得特别旺盛，使得海浪打出来的泡沫都是绿色的。但有时上升的寒流会减速甚至停止。在秘鲁，这是由厄尔尼诺现象造成的。在非洲西南岸，与沿岸的本格拉寒流密不可分的天气乱象则是主因。但两者的后果是很类似的，先是海藻减少，然后是鱼群与以鱼群为食的生物。1983年，一场特别猛烈的厄尔尼诺现象短暂地摧毁了秘鲁的鳀鱼渔业，而本格拉变暖事件也造成了不小的损失。通常栖息在那些地方的海藻没有碳酸盐外壳，海水酸化对它们也许不会造成影响，但稍早发生的酸化还是可能会伤害生活在沿岸的螃蟹与其他有壳生物。实际情况我们无法得知。

当然，生态系统复杂得超乎想象，因此无法用 A–B→C 这样简单的化学方程式进行理解。幸运的是，我们很快就会知道海水酸化对海洋生态的更多影响。自从英国皇家学会公布报告以来，从美国国家科学基金会到国际岩石圈 — 生物圈计划（International Geosphere-Biosphere Program），许多科学组织都开始研究海水酸化的问题。

然而，我们不见得能够赢得这场与时间的赛跑。有一项浩大的地球工程，是要在高海拔地区用反光镜把阳光反射回去，但即使这样可以为地球降温，残留在大气中的二氧化碳仍然无法解决。更糟糕的是，竟然还有计划打算把空气中的大量二氧化碳注入深海。对那些只想要避免气温上升的人来说，这个办法看起来好像合情合理。海洋能够吸收我们排放的大部分气体，所以为什么不好好利用这个“存储器”来解决问题呢？

但对于真正全面了解全球环境的专家来说，这种行为无疑是饮鸩止渴。肯·卡尔德拉与迈克尔·维克特最近在《地球物理研究期刊》（*Journal of Geophysical Research*）上的一篇文章中表示，把二氧化碳注入海洋“实在是得不偿失。其初衷是想减轻二氧化碳对海洋表层和气候的冲击，最终却对深海化学成分造成更严重的影响”。

到目前为止，我们还不知道，如果众人普遍反对“用海洋吸收碳”这一提议，是否能阻止这一提议的实施。其实在科学界以外，很少有人会讨论到这个提议实施之后的副作用，大多数人甚至都还没有意识到碳排放对海洋生态的危害。在大众传媒领域，探讨海水酸化问题最具影响力的一篇文章是伊丽莎白·科尔伯特所写的《变色的海洋》，刊载于2006年的《纽约客》上。我们急需更多这样的大众读物。然而，为了在产生更大的破坏之前扭转目前的局势，首先我们得唤醒大家对这些黏糊糊、软趴趴的海洋生物的同情。问题是，这些生物中的大部分我们根本不认识，就算看了名字也不见得念得出来。如果有人把印有“拯救球石藻”字样的T恤穿在身上，或是在汽车上贴着“我爱*Lophelia*”的标语，能够吸引多少非科学专业的人的兴趣呢？

为了阻止海水酸化，我们应当立即限制碳排放。不只是为人类自己，也是为了千万种与我们共享这个大部分表面都被水覆盖的星球的生物。碳排放会造成气温与海平面的变化，但在遥远的未来，它们都会复原。可是一旦某个物种灭绝了，那就真的是一去不复返了。比起全球变暖，物种的灭绝才是真正无法挽救的。

# 第七章
# 海平面上升

水势在地上极其浩大，普天下所有的高山都被淹没了。

——《创世记》7:19

到了第七天，洪水从被它屠戮的大地上消退，仿佛发际线在一张惊慌失措的脸上渐渐上移。

——《吉尔伽美什史诗》(*Epic of Gilgamesh*)

在大气与海洋中存在着许多肉眼看不见、但影响甚巨的化学失调，它们不仅证实了全球碳污染确实已经发生了，也预示着更多的改变将会来临。这些改变中最迫切的一项，即便是不关心碳污染或不熟悉海洋生物的人也会感到害怕。恼人的是，这项改变也是肉眼难以觉察的，但这只是因为它发生的速度太慢，以至于我们无法观察到它每天的进展。随着全球变暖，海洋的物理外观也正在改变。

用心理学的术语来说，全球海平面上升是海水酸化的镜像。关于后者的报道不多，在一般大众之间也鲜少引起激烈的讨论。海平面上升却是万众瞩目的大事件。人们可以轻易地想象它对沿海居民与城市的影响，而且许多人从小就听过诺亚时期的大洪水或亚特兰蒂斯城的传说，海平面上升的原始恐惧深植心中。结果，大家都很担心海水入侵的问题，其细节却常被误解。确切地说，何谓海平面？海平面会上升多高，速度多快？这个问题有多危险？当二氧化碳排放过了高峰期且开始缓慢下降的时候，海洋又会经历什么样的变化?

海平面听起来像是一个非常简单明了的概念，不是吗?它不过就是海洋的表面停留的高度。我们只要在全球各地测量它的高度，然后取其平均值就行了。但各位再仔细想一下，如果你真的走到海边并着手进行测量，你或许就能体会到其中的复杂性。我从十年级开始就在不断想办法厘清相关问题了。

20 世纪 70 年代，我在康涅狄格州的曼彻斯特念高中，我的物理老师阿里布里欧先生（Mr. Alibrio）是第一个把这个超级复杂的问题抛给我的人。有一天，顶着军人般的小平头、发色已经斑白的他突然从教室前叫我的名字:“史塔格！什么是海平面?你去查清楚，下周告诉大家。”

一周后，我站起来说，海平面是许多不同的海水表面高度测量后求得的平均值。“不够详细！”阿里布里欧先生大吼，“我还要知道你究竟如何测量它。”

又一周后，我说海平面不是用尺子量出来的，而是用气压计。有一个之前当过测量员的人告诉我，山的高度是根据其与海平面气压的关系计算出来的。“还是不够详细！”我的心凉了一截。“你想，气压会随着天气变化而忽高忽低。你用这样一个千变万化的工具，怎么能测量出固定的海平面高度?”

诸如此类的问题还有很多。海平面根本不是平的，除了有波浪之外，还有涨潮与退潮，那我们究竟应该用哪里作为测量的基准?要何时去测量?我们要以哪里作为参照?如果你以陆地上的某一点为参照，那么在你计算海洋的波动起伏时，同时还得考虑到，虽然陆地看起来是静止的，但实际上还是会缓慢移动。有些区域的地壳其实变化得很快，在充满岩浆的地幔之上，像巨大的竹筏一般载浮载沉。地壳的主要运动大部分都很慢，它们导致地壳板块的碰撞与区域性地下水的移动，但这类运动的结果是不能忽视的。如果我们以这些地方作为海平面的参照标准，很可能会不小心夸大或低估它的变化。

因为陆地与海洋表面的不稳定关系，英国标准的海平面高度是以纽林（Newlyn）[①] 一地的测量结果为基准的。从 1915 年到 1921 年，连续六年间，科学家不分昼夜地每隔十五分钟就记录一次当地海水显示在水位尺上的高度，以获得这个标准数据，而英格兰、苏格兰、威尔士其他各地的高度都以此为基准。每个国家有不同的基准点，甚至在同一个国家里，有时会因为不同的使用需求而设置不同的基准点。譬如说，航海地图通常都会特别在意水底暗藏的礁石与沙洲，因此它的水深会以一个特别低的海图基准面为基准，潮汐一般不会降到这个高度以下，而且比一般海平面高度更高的桥梁与缆绳的位置也会被标在这种地图之上。

我从来没有给阿里布里欧先生一个满意的答案，但这也许正是这个问题的用意所在。这么多年过去了，现在我也有了自己的学生，我开始意识到，原来老师不是想要我难堪，而是要让我与同学们体会到，这个表面看起来非常简单的问题，实际上有着巨大的难度与复杂性。

时至今日，我们已经有人造卫星系统来助我们一臂之力。通过雷达与其他能量的发射，人造卫星系统能够监测并计算全世界海

① 译者注：纽林是一个位于英格兰西南角的海岸城镇。

平面的升降。拜这种高科技所赐，甚至连潮汐、洋流或海底山脉的万有引力等因素造成的不过几十厘米的海水升降，都能被我们侦测到。

然而，人造卫星的测量得面对一个问题：它们的运行轨道会慢慢地“萎缩”而逐渐靠近地球。它们要如何计算这个因素造成的误差呢？它们是不是从卫星上垂一根绳子到地球来确定实际的长度呢？我也曾测量过很深的湖泊的深度，根据我的经验，就算是极精密的电子仪器测量出来的结果，也有可能与一根绑着铅锤的绳子测量出来的不一样。

另外，一个飞行在高空的航天器究竟以什么为基准来测量海平面高度呢？它是不是将一个雷达信号射出，然后根据它传输到海面并反射回来的时间来计算卫星在海平面上多高呢？如果该卫星下一次经过同一个地点，发现雷达信号行经的距离变短了，这是否就表示海平面上升了呢？还是因为卫星的轨道由于动力不足而降低了？或者两者兼而有之？

今天，为数众多的人造卫星与全球定位系统让我们在测量海平面时有多种选择。利用架设在外层空间的三维网络系统、交互印证的基准点与角度，我们可以绘制地图，为某地理位置精确定位，也可以测量海平面。然而，由于人造卫星的出现也不过是最近几十年的事，即使是最先进的技术也不可能观察到长期的变化。想要知道过去海平面升降的轨迹，我们得求助于地质学家。

根据来自塔希提岛、巴巴多斯岛、澳大利亚西部以及红海等地的化石沉积物，我们可以绘制出上一次冰期高峰以来的海平面变化图。从这些图来看，海平面高度其实经常变动。大约2万年前，大量的水被冰封在陆地上的冰原之中，你可以从北卡罗来纳州恐怖角的沙滩一路往东走 80 千米，直达大陆架的边缘。今天经常刮起狂风暴雨的白令海峡，在当时有一座横跨两个大陆的陆桥，成了北美洲原住民的祖先从西伯利亚迁徙到阿拉斯加的通道。那时的欧洲人可以不沾湿双脚就轻松横渡今天的英吉利海峡。简而言之，上一次冰期中，在数万年的时间里，海平面下降了 120 米，而且同样等级的冰期在过去两三百万年之中反复出现。假设人造卫星可以把那一段时间之内卡罗来纳海岸线的连续变化拍摄下来然后快放，你可以看到起起落落的海水周而复始地吞噬沿岸陆地，接着又把它吐出来，正如今天潮汐的涨落一般。

地球从上一次冰期中苏醒过来之后，在几千年时间里，冰川融化成水，海水淹没了无数海岸，才到达今天的高度。人类世的我们无论再如何胡来，也不可能导致那种规模的海平面上升，因为现今留存在陆地上的冰就算全部融化，也只能使海平面的上升幅度达到冰后期的一半多一点。但一点点的海平面上升就足以使我们的后人比我们石器时代的游牧祖先惊慌多了。前者的房屋与财产可不像后者的猛犸象皮帐篷那样容易移动。

过去的海平面上升比起今天如何呢？从 1993 年到 2003 年，海平面平均每年上升 3 片指甲的高度（约 3.1 毫米），这个速度比整个 20 世纪的平均值快了一倍。一个由地球物理学家阿尼·卡泽纳夫带领的法国团队指出，也许是因为全球变暖增温过程中短暂的不稳定性，在 2003 年到 2008 年，这个速度放慢了（每年只有 2.5 毫米）。然而，假设今天海平面上升的速度就是一年 3 片指甲的高度，那么冰后期的平均速度也是今天的 4 倍。另外，由于许多次突如其来的冰原崩裂，海平面可能在很短的时间之内急速上升许多。譬如说，14500年前的一次主要融冰事件以比今天快10倍的速度将海平面抬升了15～20米。这样的速度当然还是无法用肉眼观察出来，但累积起来足以在数百年内使地球的海岸线彻底改头换面。

今天与过去一样，海平面上升的主要原因有两个，一是陆地上的冰融化，二是升温造成海水膨胀。后者也正是温度计的原理——高温使液体膨胀，导致它在一根细小的管子里不断地往上爬。随着地球温度的持续上升，冰的融化与海水的膨胀也不会停止。然而，它们变化的程度却主要取决于目前尚未融化的冰的命运。

地球上只有三个冰体的体积大到足以严重影响海平面高度，它们分别位于格陵兰、西南极与东南极。人造卫星已经侦测出，2002年以来，前两者已经有些萎缩，但东南极冰原因为降雪与南极极端的严寒反而扩大了一点。

地球上约有10%的冰在格陵兰，目前全球海平面的上升有10%是来自其季节性融冰。如果有朝一日该地的冰全部融化了，海平面会上升7米。

西南极的冰原不太稳定，因此也最不安全。其面积广达200万平方千米，包含的可融冰足以使海平面升高5米左右。西南极西部狭窄的半岛在冬天是整个地球上暖化最迅速的地方，1950年以来足足上升了6摄氏度。我们还不清楚它究竟有多不稳定，但目前它造成的海平面升高只比格陵兰多一点点。

广阔的东南极冰原藏有地球上剩下的冰中的80%。幸运的是，由于其地势高耸、气候寒冷，目前只有相对很少的融冰发生，因此这里的冰原还很安全。有些计算机模型试着模拟地球在未来几百年中变得更湿、更热的景象，然而，虽然这会导致东南极地势较低、气候较温暖的近岸海域的冰消失，但广大内陆地区的冰原反而会变得更厚。全球海平面的上升会因此而减缓，至少一开始是如此。

另一方面，我们很难想象有大量的冰能够在漫长的温室效应中保存下来。有些专家预测，如果气温上升幅度超过1～4摄氏度，格陵兰的冰盖就会变得不稳定，而这正是温和的碳排放路线可能达到的温度。如果气温上升幅度达到5摄氏度，亦即极端的碳排放路线可能导致的温度，就连南极最顽强的冰盖也会消失。然而，若以对南极的冰的威胁而论，全球变暖在时间上的长度要比增温的幅度更恐怖。在至少5万～10万年之内，地球的气温不是跟今天一样，就是更高。

一个没有冰的世界会是什么样子？想要知道未来可能的情形，我们可以利用计算机模拟出一个海水全面升高70米的地球。在这个世界的地图上，美国的东南部像是被鲨鱼咬了一口，原本如手指般突出的佛罗里达不见了。墨西哥的尤卡坦半岛同样惨遭啃食，中国从东部海岸一直到青藏高原以东都遍体鳞伤。一般人一想到海平面上升竟然能淹没这么大片的地表，通常都会大为惊慌。然而，海平面升高的幅度只是有待我们关注的一个环节。我们同时还应该思考这个上升的过程究竟有多快。不把这个问题弄清楚，我们很容易因为短视而无法全面掌握事实真相。

请问各位是否还记得上一次你为自己计算银行的复利，或是看到某些出人意表然而很可能真实有据的统计数据，例如“普通人平均每年吃下将近500克土”等。诸如此类的数字之所以令人吃惊，是因为它们背后隐含的时间尺度被掩盖住了。我们一心只想着如何成为百万富翁，却忽略了每一笔钱都是在漫长的岁月中储蓄起来的。而所谓“每年吃下一桶泥巴”，换个角度想，不过就是说我们每次吃生菜沙拉的时候都会不小心吞进几粒细沙。如果我们一次喝下好几十升的水，可能会因为体液被稀释而死亡，但如果我们好几个月才喝这么多水，可能又会因为脱水而死。时间在这里是关键因素。

很多人听到科学家警告西南极冰原的“崩裂”可能会导致海平面急遽上升的时候，他们会以为冰原的瓦解就像地震发生时房子倒塌一样剧烈。每当大家看到媒体上播放着消退中的冰川或冰棚从海岸边缘松动断裂的画面，这种印象就更加深入人心了。然而，地球科学家与一般民众在使用“崩裂”一词时所想的可能是完全不同的事。对专门研究冰川的学者来说很快的现象，对一般人来说可能只是“没那么慢”而已。那么，冰原的崩裂究竟要花多长时间？

最近我在一场研讨会上遇见了一位著名的冰川学家，他告诉我，一场“灾难性”的冰川断裂很快将在西南极发生。我紧接着追问他，究竟什么时候会发生，他稍稍迟疑一下，然后说至少要几十年，也可能超过一个世纪。如此看待时间的观点并非偶然，最近《科学》上的一篇文章也采用相同的角度。地球物理学家查尔斯·本特利（Charles Bentley）在该文中指出，由于全球变暖、海平面上升、支撑性冰棚丧失等多重因素，西部冰原“即将因为陆地线的后退而崩裂[①]，这会在短短一个世纪之内发生”。

尽管这些现象需要花上数十年至数百年才会完成，但这并不表示它们不重要。这只是反映出这些移动缓慢的冰体究竟有多大而

① 译者注：冰川从陆地向海上延伸，超过陆地线的冰川即不再受陆地支撑。

已。正因为它们的体积太过庞大，要等它们全部横跨好几千米、从内陆移动到海边，得好几年的时间。根据最近的调查，西南极内陆某些区域的冰层实际上不减反增，而且任何冰川断裂都只是局部性的，更庞大的部分会留在西南极半岛上崎岖的丘陵里。即使如此，海平面的上升应该还会有3米左右。

海平面上升这么多，对沿海各地会有什么影响呢？其实，如果你只是想坐在海边静静欣赏这一切的发生，那真的没什么好看的。在缅因州如诗如画的马斯康格斯湾，类似规模的海水升降每分每秒都在发生，只不过那是循环不已的潮汐运动。我曾好整以暇地坐在布满鹅卵石与海草的海边，听着藤壶在海水来临前发出嘶嘶的声响，观察整个潮汐起落的过程。然而，我可没有足够的时间待在那里观察全球变暖造成的海平面上升，即使有碧海蓝天的美景也不可能。就算是最明察秋毫的双眼，也无法看出过去冰川融化造成的最急速的海平面上升。就像潮汐一样，这类变化若非借助延时摄影或是特别丰富的想象力，就难以一窥全豹。

根据政府间气候变化专门委员会上一次的评估报告，海平面将会在2100年之前上升0.3～0.6米，具体数字视我们排放多少碳而定。这几乎是今天的上升速度的两倍，而最新的报告甚至又将这个速度提高了一倍或两倍。不过，即使是科学家们算出的最快的速度，也比不上大众心里想象的那种戏剧性的场面。有一个例子最适宜说明速度问题的本质。在20世纪，海平面平均高度已经上升了18厘米。大多数人根本没有注意到这个事实，因为它实在太慢了。很不幸，不少人也因此怀疑它是否真的发生了。

这是一个我们应该正视的问题。人为的碳污染引发了严重且可悲的海平面上升，然而，事实与大家心中的想象有一定差距。在我们的有生之年，海平面上升绝不会像《圣经》中的大洪水一样吞没我们。唯一可能的少数例外是，局部性的暴风雨将海水挟带至内陆，造成猝不及防的沿海地区淹水。理论上说，沿海居民都可以观察到海水缓慢的入侵，我们也能够及时地对危险区域的居民发出警报。当然，他们是否能落实这套防灾体系又是另一回事了。

不过，在某些特殊的情形下，原本缓慢的海平面上升却可能在朝夕之间造成区域性的大规模毁灭。在过去的小亚细亚，内陆的下陷地区与海洋之间只有一段不高的地势阻隔。如今的黑海在当时是一个低于海平面的淡水湖，它与地中海之间只靠狭窄的陆地隔开，这块陆地今天则被土耳其的博斯普鲁斯海峡贯穿，伊斯坦布尔耸立在侧。大约8000年前，海平面高度几乎达到了冰后期的最高峰。有一天，海水发现了一处低地，从那里钻了进去。

紧接着是一幅波澜壮阔的景象。在数月之内，一股比尼亚加拉瀑布强大好几百倍的巨流冲进了黑海盆地，当地的水面于是每天上升15厘米，两三年后，它总共上升了152米，变得与地中海海面齐平了。这个数字来自最早的研究，更进一步的研究则主张，水面只上升了35米而已。尽管如此，这样的高度还是足以淹没一栋高楼。

不管水面究竟上升了多少，数千平方千米的土地在第一年里就沦为水底世界。无数房屋、壁炉与陶器都沉入数十米深的水底，并保存至今。许多农耕部落可能因此逃难到欧洲与亚洲的其他地方，促进了农业的传播。有历史学家认为，3000年后巴比伦人的《吉尔伽美什史诗》[1] 中的大洪水神话，以及后来诺亚方舟与洪水的传说，可能都反映了黑海的这场大灾难。

今天某些低于海平面的沿海城市同样受到洪水的威胁，保护它们的堤坝不是万无一失的。冰川融化造成的海水暴涨仍然会是我们与我们子孙的噩梦。然而，幸运的是，今天地球上的沿海地理环境不可能发生类似古代黑海的超级洪水。尽管如此，长期来看，各大陆的海岸线还是会因为缓慢的海平面上升而持续处于变化之中。

通过计算机描绘出来的地图，我们很容易看到这种变化的后果。这类地图中有很多能在网络上免费看到，它们通常会画出在未来几个世纪之内可能出现的海平面上升 1 米之后的画面。我第一次看到的作品来自亚利桑那大学地球科学系的杰里米·韦斯（Jeremy Weiss）与约翰·奥弗派克（John Overpeck）。他们的用色技巧很高明，海是亲切的湛蓝色，陆地是浓郁的绿色，而被海水淹没的区域用血红色来标记。整张地图看起来像是一只血流不止的宠物，触目惊心。

对大部分地区来说，就算海平面上升好几米，冲击也不是很大。俯瞰整张世界地图，红色的区域只是大陆边缘窄窄的一圈。然而，若是我们放大地图，仔细看看那些地势较低的区域，真正的问题就浮现了。北美洲受创最严重的地方从得州与墨西哥的边境一路延伸到弗吉尼亚东部低矮的沿海平原。海水只要上升 1 米，佛罗

① 译者注：《吉尔伽美什史诗》来自两河流域文明，很可能是目前所有遗留下来的文学作品当中最早的。它述说着公元前 2500 年左右的一段故事，主角是乌鲁克国王吉尔伽美什。在故事后半段中，吉尔伽美什为了寻求长生不老而求助于乌特纳比西丁（Utnapishtim），后者以作为大洪水的唯一幸存者而闻名。

里达南端的礁岛群[①]与大沼泽地国家公园[②]就会被这条红色浪潮淹没，密西西比河三角洲看起来像是在滴血，而新奥尔良则漂浮在巨大血滴的正中央。

朝着整张地图一眼望去，受灾的地区如野火般四散开来，其中包括旧金山湾、中国东部大部分地区、越南南端、喀麦隆的港口城市杜阿拉、荷兰内陆、丹麦的西南边缘以及宽广的尼罗河、尼日尔河、奥里诺科河[③]、亚马逊河三角洲。这还只是海平面上升 1 米的场景。因为地理环境上的某些巧合，即便往后海平面上升 6 米，被淹没的红色区域也不会扩张太多，大多数最剧烈的变化在初期就会发生。

然而，以这种方式来看待未来的海平面上升问题有其限制。就好像浮潜一样，你憋一口气沉到水里观察美丽的珊瑚礁，但请别忘了浮出水面换气。这类世界地图的确很吓人，特别是它可能意味着你熟悉的地方将被彻底毁灭。然而，恐慌不该是我们应有的反应。

当我用“恐慌”二字时，我一点也没有夸张。很多人真的被海平面上升吓着了。我猜有人利用它来敦促社会大众重视气候变化，然而这些人可能不知道，它引发的焦虑完全没有任何益处。网络上有一张叫“火树”的地图，张贴者是英国的程序设计师亚力克斯·廷格尔（Alex Tingle）。在看过这张地图的世界各地网友的留言当中，我挑了以下三则：

---

① 译者注：礁岛群是位于佛罗里达州南部海中的一串珊瑚礁群岛，从佛罗里达半岛东南部一路向南，并渐渐向西弯曲，直到最底端的基韦斯特岛。

② 译者注：大沼泽地国家公园也位于佛罗里达州南端，以亚热带地区的湿地地形与生态闻名，是全美第三大国家公园。

③ 译者注：位于委内瑞拉。

“如果你想要知道你家的房子会不会被海水淹没，这个网页很有用。最好再加上时间限制，譬如说2015年。”

“我在为自己盖一栋理想的房子之前，要确认在50年之内它不会沉入海平面之下……我参考了你的网页。很高兴我可以放心盖房子了。”

“所有住在海边的人都应该在20年内搬走……2050年前海平面会上升3米。”

第一位网友显然以为在未来10年之内地球上就会发生可怕的大洪水。第二位则担心这样的大洪水会淹死她。第三位对海平面上升速度的认知与事实差距达一个数量级。这些留言显示出，很多人根本不清楚海平面上升究竟需要多长时间。有时候，一张经过加速处理的影像画面就能轻易在大众心中留下难以磨灭的印象，使得科学家再多的说明与解释都无济于事。

上述两张地图，“火树”以及那张体无完肤的“宠物”，或者用更恰当的名称——“海水淹没图”或“海平面图”，也许只是为了激发大家的危机意识，但很可能弄巧成拙。大众盲目的恐惧害得他们听不进更细腻、更理性的讨论与预测。“洪水”这个词本身就是带有误导性的，它隐含的强大破坏力与突如其来的速度感根本与事实不符。很遗憾的是，大家都习惯这么说了，即使在科学界也一样。

举例来说，《科学》期刊最近就有一篇论文告诉大家，格陵兰的融冰会使海平面大幅升高，因此“‘洪水’将袭击佛罗里达的南部”。然而，海平面在数世纪内上升7米，其实跟今天缓慢的速度相去不远，也绝非一般人口中所说的洪水。这样的遣词用字不但误导了社会大众，更在环保团体与关注点不同的反对者之间造成了激烈的矛盾。不，海平面的上升不会为南佛罗里达带来“洪水”，只有暴风雨、海啸或河流的泛滥才有那样的威力。但科学家也没有说谎。海水的的确确会淹没南佛罗里达，只是过程非常漫长。

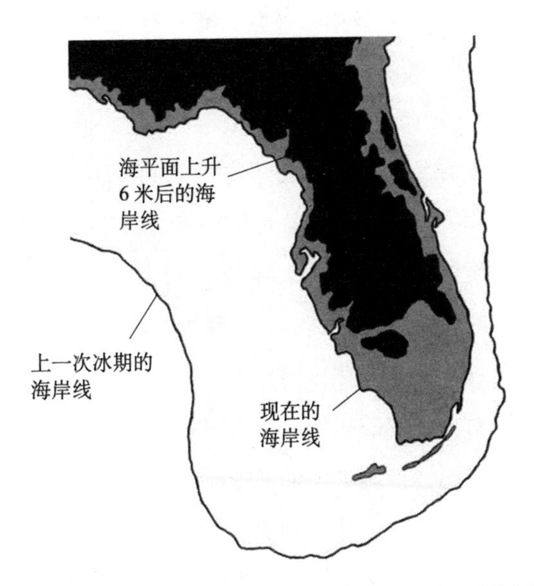


这幅图展现了佛罗里达的海岸线在上一次冰期、现在，以及（温和的碳排放路线下）经历海平面长期上升后的样子。（来源：亚利桑那大学地球科学系网站）

换言之，虽然恐慌是不必要的，但苟且偷安或鸵鸟心态也不可取。大多数时候，海平面上升的确是一个慢到难以察觉的现象，但这绝不表示它的后果不严重。它对人类一定会造成伤害，而且我们排放的温室气体越多，被吞没的土地就会越多。只要它一刻不解决，沿海的国家为了应对海平面上升，就必须不断地耗费人力物力来改建沿海城镇与港口。某些低矮的岛屿与沿海平原甚至会就此消失数千年。这可不是我们可以装聋作哑的小事，但我反对为了吸引大家的注意就刻意夸大其词。

当然，不是所有人都同意我的立场。美国国家航空航天局的詹姆斯·汉森是炒热气候变化话题的一名健将，其文章的引用率是最高的。他总是对未来做最坏的打算，并呼吁我们一定要立刻行动。前一阵子，政府间气候变化专门委员会评估，在21世纪里海平面可能会上升30～60厘米，汉森对此提出质疑。他认为，“爆炸性”的冰原崩裂可能导致两极融冰的速度每10年就翻一倍，并在2100年之前使海平面升高5米。也就是说，平均每年要升高5厘米，这几乎是当今速度的20倍。他呼吁科学界对大众发出更迫切的警讯，还怀疑那些对此保持缄默的科学家受到了政治压力。

一些科学家与汉森持相同的观点，但另一些不是这样。一方面，他们认为对不确定的事情保持审慎的态度是科学家的美德，而非怯懦；另一方面，他们也怀疑当今陆地上是否有足够的冰，能引发这么大规模的海平面上升。位于科罗拉多州博尔德市的北极与高山研究所有一位冰川学家塔德·普费弗（Tad Pfeffer），他根据最新的研究很肯定地说，海平面会在21世纪上升2米以上的说法“在事实上站不住脚”，最可能发生的情况是上升80厘米左右。然而，由于现阶段我们对冰原的研究还不够深入，全球变暖究竟会使格陵兰与南极的冰融化多少、多快，甚至这一切究竟是否会发生，都不是我们能完全掌握的。

在这个时候，长远的历史视角就可以派上用场了。极地的融冰是否真的会在当代导致海平面大幅上升呢？“当然会。”墨西哥国立自治大学专门研究古代礁岩与海平面的保罗·布兰乔很肯定地回答。他最近告诉我:“海底的珊瑚礁记录了宝贵的讯息，但许多科学家都忘了这一点。”保罗与他的同事利用珊瑚礁化石重建了伊缅间冰期末期与上一次冰期结束后一段时期内的海平面记录。“在过去的历史中，区域性的冰原崩裂会使海平面每年升高数厘米，彼此间的差异不是很大。”他这么解释。在伊缅间冰期末期，有一次海水突然每年上升 5 厘米，这速度比今天快得多，而且持续了大约 100 年。“8000 年前海水也暴涨了一次，加勒比海很多珊瑚礁都被淹没了。那些珊瑚又花了好几百年的时间才又长到更高的坡上。”

今天，最有可能导致类似规模的海平面上升的主角是西南极的冰原。为了方便讨论，也为了说明海洋与冰原之间复杂的关系，让我们假设，就在明天，西南极有略微超过半数的冰原都断裂了。结果，因为大量的冰坠入水中之后会立刻排挤走附近的水，从现在到 2100 年，海平面会因此上升 3 米。然而，大量冰体坠入海中对海平面造成的影响其实远没有这么简单。

首先，由于西南极冰原的体积极其巨大，它产生的万有引力会使南极沿岸 2000 千米之内的海水隆起一点点。如果这些冰全都消失了，当地的海水会朝北半球流动，某些地方的海平面因此会上升，某些地方却会下降。此外，原本被压住的基岩在融冰之后会缓慢地反弹，这也会使海平面继续波动。

整体来看，在全球变暖的作用之下，海平面突然上升的风险确实存在。但发生的概率究竟有多高，具体经过如何，都还是未知数。我们唯一知道的是，在未来漫长的岁月中，海平面会以某种形式上升，并且一定会对人类社会与自然环境产生重大影响。

堪萨斯大学的一支科学团队最近将地球目前的人口分布与即

将被淹没的地区交叉比对，计算出海平面上升会对人类造成多少损失。根据这项研究，最初上升的 1 米，总共会在全球沿海地区夺去 100 万平方千米的土地，摧毁超过 1 亿人的家园，其中几乎半数是在东南亚。西北欧会失去大约 34700 平方千米的土地，可能有 1200 万人被迫搬家。美国东南部受波及的约为 6.2 万平方千米的土地与 260 万人。

这项研究的基本假设是合理的，但某些细节仍然有待商榷。海平面上升后沿海的居民肯定要被迫迁移，但究竟有多少人口会受影响仍然不能确定，因为人口分布在未来的几十年、几百年之内还会变动。撇开受灾人数的问题，海平面上升究竟会如何改变他们的日常生活？

在此，上升的速度与上升的幅度一样至关重要。假设海平面以比今天快一倍的速度上升 1 米，这个过程将要花掉几乎 200 年的时间。即使我们把时间压缩为 100 年，那也是好几个世代的事。就算这个速度再翻 5 倍，伊缅间冰期的那种海平面暴涨的情形再次出现，你也不用担心滔天巨浪会在你去买小吃的同时把你的孩子卷走。一个比较恰当的比喻是渗水的曼哈顿地铁系统，半岛外的海水日复一日、年复一年地渗透进去，直到地铁内的抽水系统最终无能为力，整个地铁系统只好被废弃，并改建为潜水艇基地。

对我们的后代来说，海平面上升不会是要人命的剧痛，而是漫长的折磨。早在 1975 年，一群最杰出的地球科学家聚集在北卡罗来纳的三角研究园讨论温室气体污染的后果时，他们就意识到了这一点。这也是针对温室效应问题所举办的第一批重要会议中的一个。根据会议记录，主席做了这样的总结陈词：“大家都同意，海平面上升不会是惊天动地的世界末日，而是绵绵不绝的拖棚歹戏。”当时的人之所以能保持从容的态度，不是因为他们误以为海平面上升的规模有限。事实上，他们高估了上升的速度。当时他们相信，长期来看，海平面平均每年会上升好几厘米，而今天连最忧心的汉森也只不过认为那样的速度仅会短暂地出现在最恶劣的形势下。在媒体唯恐天下不乱的今天，过去同一批学者中的某些人也习惯讲些危言耸听的话。然而，许多专家还是比较相信当初根据理性冷静地得出来的结论。我的一个同事苦笑着告诉我：“你不会因为海平面上升而死掉。但当你知道某些你最热爱的地方会被海水淹没，你也许真的会‘生不如死’。”

以欧洲为例，若海平面每个世纪上升 1 米，每年就会有 12 万人被迫往内陆迁徙。这牵涉到庞大的住宅与就业问题，但是，住宅市场与雇主自然也会跟着移动，而且许多欧洲人基于其他现实的考虑已经开始往内陆迁徙了，也没有造成大规模的恐慌或骚动。在美国，每年已经有一到两成的人口在搬家。把这个比例套到西欧的 4 亿人口之上，那就是说，每年有 4000 万～8000 万人在搬家，而这意味着，因为海平面快速上升的关系，迁徙人口总数有所增加。

除了人口迁徙之外，海平面上升还会衍生出其他的社会问题。比起一般的内陆居民，沿海居民的生计、文化与情感可能都与海洋紧密相连。搬迁到本来人口就很稠密的内陆地区，除了得支付一笔搬家费之外，还可能面临就业的问题。

由于海平面上升的速度很慢，因此人类社会不必仓皇、气急败坏地去高地避乱，而是可以按部就班、从容不迫地处理人口迁徙的问题。在发达国家，房价和保险费与房屋的地理位置息息相关，而在沿海国家，它们的价格会参考它们在“海水淹没图”上的位置。有些人因此干脆立刻搬离沿海地区，但也有人反其道而行，购买有利可图的不动产或从事短期商业投资。

我们来看看阿姆斯特丹的例子。在中世纪早期，它还是一个深处内陆、交通不便、默默无闻的小村落。如今堤防高筑的艾瑟尔湖[①]港口坐落之处，过去有一片宽广的低地，挡住通往北海的去路。之后，海水日复一日地升高，一方面吞噬了荷兰的海岸，另一方面却也为她开启了通往世界的贸易航线。无论有没有全球变暖，沿海低地的生活都危机四伏。自古以来，来自北海的风暴经常为该地区带来重大的灾难，譬如1287年的圣卢西亚洪水与1362年造成上万人死亡的淹水惨案。然而，若非长期的海平面上升以及与大西洋的联结，阿姆斯特丹也不会在后来几个世纪中成为欧洲的一颗璀璨的经济与文化明星。

类似阿姆斯特丹的现象可能会在未来数百年海平面上升的过程中不断上演。在海水缓慢上涨淹没沿海区域的同时，下一波即将被淹没的城镇因为预料到自己的命运，会提早做出准备，将自己改造成一个能够适应海洋的环境。在最初海水只涨到脚边与最终海水淹没整个城镇之间，会有一段欢乐的蜜月期，该地会受到贸易与旅游业的刺激而欣欣向荣。该地的地势如果比较陡峭，那它能享受的蜜月期会比地势较平坦的地方来得长久，因为后者很快就会被完全淹没。港口城市里那些可以拆卸移动的硬件设备如果能够低价出售，然后用来组建新的港口城市，整体成本其实是相当低的。

---

① 译者注：艾瑟尔湖位于荷兰中部，是一个人造淡水湖，而且是西欧最大的湖，水源来自艾瑟尔河（莱茵河的支流之一）。

当然也有坏的一面。这些地区必须持续投入大量人力物力来建造堤防，但等到堤防再也拦不住升高的海水的那一天，所有这些设施与它们要保护的财产顷刻之间都将付诸流水。另外，意外随时都有可能发生。低于海平面的荷兰城市饱受偶发的溃堤之害。1421年，几个堤坝不巧在暴风雨来袭之时出现了裂缝，70个村落因此被摧毁，死亡人数高达1万。因此，上述的欢乐蜜月期毕竟只是短暂的现象，沉没于海平面之下才是这些地区的最终命运。

越贫穷的国家遭受的损失也越惨重。地势平坦的孟加拉国，其地层已经出现了下陷，主因是恒河与雅鲁藏布江泛滥平原上的沉积地层被压缩。对当地居民来说，季节性的洪水与沿海暴雨的肆虐已经是难以摆脱的梦魇。雪上加霜的是，海水很可能将淹没孟加拉国大部分领土。而由于国与国之间壁垒分明，难民很可能无路可逃。幸运的是，该国除了沿海泛滥平原之外，大部分领土都朝着喜马拉雅山逐渐向上抬升，因此海水侵入的过程会很慢，也许要拖上好几百年。根据亚利桑那大学绘制的那张地图，海平面上升2米会淹没孟加拉国大约1/5的领土，若是上升6米，那孟加拉国就会只剩下原来的一半了。

在地球经过暖化的最高峰并开始冷却的时候，海平面还会继续上升。两个因素能够决定它究竟会上涨到什么程度，一是暖化最高峰的温度与时间长度，二是有多少陆地上的冰会融化入海。如果我们采取温和的碳排放路线，极地的冰体应该会剩下不少。但若采取5万亿吨的极端路线，地球上所有的冰可能都会融化，海平面将上升数十米，这个状态会持续上千年。如果海平面以普费弗预测的速度每100年上升80厘米，总体上升70米，那这个过程将要历时近

9000 年，然后海水才会停下来。

但这一切还只是开头。在遥远的未来，当冰不再融化，另一种海洋变化将再次冲击所有沿海的居民。届时，大气与海洋开始冷却，高山与两极逐渐出现积雪，一种与过去截然相反的现象出现了：海水开始消退。

地球的冷却所产生的影响将比暖化产生的影响更缓慢，因为海水不会突然离开海洋。一开始，海水消退的主因是冷却带来的些微收缩。但随着冬天的积雪逐年增加，储存在大陆上的冰体将日渐扩大。在格陵兰，3 千米厚的冰原需要 10 万年的时间来形成，而在东南极的某些地区，可能需要费时 100 万年。没有上万年的漫长累积，这些冰体无法长成如此的庞然大物。尽管这个变化非常缓慢，但海水消退所带来的社会与生态冲击是深刻而长远的。在接下来的数万年里，原本沉在海底的岩石与珊瑚礁将会是船只的心腹大患，昔日的海港城市与设施将突兀地出现在内陆的荒地中，过去的岛屿将再次与陆地相连，而原本海底的山丘或珊瑚礁将冒出头来，变成明日的岛屿。

最后，让我们来谈谈别的物种。尽管对大多数人来说，海平面上升顶多只会造成经济上的损失，不至于危及性命，但对移动性与适应性不如人类的生物来说，这确实是一个致命的危机。

对许多鱼的幼苗、螃蟹、虾、贝类来说，盐沼是孕育生命的天堂。它们每天都必须要有一段时间被海水滋润，但也需要保持干燥的时候。在过去冰川融化的时期，海平面上升不会对盐沼生物构成威胁，因为它们只要往内陆方向移到潮水线之上就好。但如今这招已经不适用了，因为人类几乎占据了所有的高地。钢筋水泥建筑在大肆蔓延，海平面在上升，越来越多的潮间带栖息地消失在两者的夹击之下。

在澳大利亚南部的海岸城市阿德莱德，未雨绸缪的民众正设法抢救当地的盐沼。地层压缩与地下水流失造成的地层下陷，再加上海水的侵袭，已使那边的盐沼危在旦夕。他们想清除或移走阻挡湿地往内陆移动的障碍，譬如海堤与马路。然而，如果海平面在未来不断上涨，这样的努力恐怕终究无力回天。澳大利亚的海洋科学家彼得·考埃尔（Peter Cowell）最近投稿给《阿德莱德星期日报》（*Adelaide Sunday Mail*），表达了他的失望。他反问道：从什么时候开始，“我们以为搬家就可以解决问题，而不再努力保护我们的海岸线？”

在热带地区，红树林同样岌岌可危。不但海洋生物赖之以为生，许多陆地野生动物在被人类夺去栖息地之后也逃难来到这里。举例来说，在低矮的孟加拉国海岸上，浓密的红树林虽然也在萎缩当中，但还是给那些濒危的老虎提供了挡风遮雨的地方。对这些老虎来说，人类养虾场的扩张比海平面上升还可怕。同样危险的还有潮间带泥滩。此处是贝类繁殖的天堂，兼具经济价值与生态价值。贝类的生存条件是，海水得保持在一定的高度上，因此海平面的任何变动，不管是上升还是下降，对它们来说都是一场浩劫。

在全球变暖危机之后，如果上述的盐沼、红树林、泥滩可以大难不死，那么接下来它们还得面对全球变冷造成的海水消退。不幸中的万幸是，比起暖化造成的快速上升，海平面的缓慢下降对大多数海岸生态系统都不会造成太大的伤害。

在热带地区，由于海平面下降，浅水珊瑚的顶端可能会因为长时间暴露在空气中而死亡，然而，只要海水酸化不是太严重，新珊瑚群又会在较深的海底长出来。然而，珊瑚礁专家保罗·布兰乔无法从巴巴多斯岛与新几内亚的珊瑚化石当中找到相关证据。“海平面在古代下降的时候，珊瑚并没有通通死亡。不过，新珊瑚礁也没有像过去一样成长，”他这样告诉我，“我猜想这是因为珊瑚被迫往低处移动，在更广大的海底区域扩张，而不是如过去海平面上升时一般往高处迁移。”

全球变暖与融冰现象会在未来数世纪中达到高峰，届时地球的生态环境也会变幻莫测。我们该如何应对这些变化？某些沿海城市也许可以为我们提供借鉴，这些城市因为人为导致的地层变动而下沉。其实，这类案例还不少，只是大多数人甚少接触到它们与地层下陷相抗争的故事，或是认为这与海平面上升是两码事。但是，不管是陆地因下沉而低于海平面，还是海水在上升中淹没陆地，结果都是相同的。

威尼斯的境遇是一个众所瞩目的案例。该城某些部分已经沉入水下了，而且因为它的地底是湿泥，地下水又在流失，因此目前是在以海平面上升速度的两倍下沉。当地居民苦不堪言，许多建筑因此被迫废弃，各式各样的补救措施都试过了，成效各不相同，钱也没少花。还好，在这场漫长的斗争当中，不会有人因此而死伤。不过，祸兮福所倚，威尼斯也因此成为全球闻名的观光景点。

新奥尔良的例子也值得参考。三个因素造成它在密西西比河三角洲下沉，其一是沉积物被压缩以及地下水因为自身与其上之建筑的重量而被挤压出去，其二是堤防破坏了河底泥沙的沉淀过程，其三是漫长的冰期扭曲地壳之后引发的基岩反弹。事实上，因为石油与地下水抽取的关系，墨西哥湾沿海大部分地区都在下沉，有些地方在过去100年里已经下沉了3米。新奥尔良多数地区每年下沉6毫米，但也有地区在以4倍的速度下沉。地势低于海平面这么多的城市在强烈暴风雨来袭时特别危险，然而，直到2005年的卡特里娜与丽塔飓风重创新奥尔良之前，当地居民还没有想到要离开那里。尽管明知未来还会有飓风，仍然有不少灾民正在那里重建家园。

在东京，同样是因为抽取地下水的缘故，许多低地在20世纪内下沉了2～4米，港口附近的下沉速度更是高达每年10厘米。同样的因素使泰国曼谷地下的软土层每年下沉12厘米。即使是汉森算出来的最快的海平面上升速度，也只有这个速度的一半，而当前海平面上升的速度更是只有它的1/40。中国的大都市上海，现在每年沉入长江三角洲中1厘米。在20世纪中，它总共下沉了3米，连带的建筑与洪水损失难以计数。

从这些案例中，我们可以看到未来的海平面上升究竟会带来什么影响。海平面的上升虽然缓慢，却势不可挡，它会消耗庞大的财政预算，但不会真的置人于死地。它不会掀起惊涛巨浪，但上海等已经在下陷的城市居民肯定得想办法尽量延缓它。从全人类的角度来看，如今困扰区区十几个个别城市的现象，经过海水上涨的推波助澜之后，将扩大为全球性的灾难。

我猜想，未来人类在面对上述变化的时候，也会采取与我们相同的模式，也就是说：看着办。有些地方可以在海岸线筑一圈堤坝，或是在城市周围多盖几座防水闸。有些人为了一劳永逸，会选择搬到内陆地区。还有些人面对越来越恐怖的洪水威胁却无力改变什么，他们只好听天由命，祈祷下一次暴风雨不会冲垮他们的家园。而且，就跟今天一样，负责灾害防治的政府机关也免不了做出错误的决策，人祸让原本有限的天灾为害更烈。然后，等到全球变冷取代全球变暖，海水开始消退，未来好几个世代的人们会一波一波地迁回陆续浮出水面的地方。

还不能确定的是，在未来的人类世里，这些变化会对海岸栖息地与当地物种产生什么影响。过去，当地球在冰期与间冰期之间来回转换的时候，海平面时升时降，高度的变化其实更大，但这些生物靠着在内陆与海洋之间来回迁徙活了下来。然而，如今地球已经全面被人类占据，各处海岸地带都有人类的踪迹。我们只能寄希望于一种渺茫的可能：当海平面上升的时候，仍然有足够的空间允许它们进行这样的迁徙。

# 第八章
# 没有冰的北极

冬季里，最终能决定天地万物命运的是水的结晶作用。

——贝恩德·海因里希，

《冬日的世界》（*Winter World*），2003

“两极冰盖正在融化！”这句话三天两头在我们耳边响起，听得大家几乎都麻木了，然而，它是一个千真万确的事实。全球变暖最显著的迹象就是北极的冰正在减少，在遥远的未来，它必定会对自然环境与人类社会产生巨大的影响。但这个问题可没有表面看起来这么简单。我们说的“两极冰盖”到底所指为何？它们为什么会融化？北极熊必然会无家可归吗？如果北极的冰全都融化了，我们的世界会变成什么样子？这样的变化是好是坏，还是好坏参半？

如今，南北两极上各有一个冰盖，有立即融化之虞的只是北极的那一个。因为，北极与南极两个冰盖在本质上是不同的，前者只是浮在垂直深度仅有四五千米的北冰洋[①]上的一层薄薄的浮冰盖子，而后者底下是结实的陆地。北极冰盖至少有一半是随季节变化而增减的，但即使在冬天，它最多不过增厚 2 米，而终年不化的部分大

① 译者注：北冰洋是世界上最浅的大洋，平均深度仅有 1200 米左右；南森海盆最深处达 5527 米，是北冰洋最深点。

约是 3 米。即使是在最近几十年的全球变暖让它开始急遽融化、缩小之前，俄罗斯与美国的潜水艇若想浮出水面一探究竟，甚至可以直接从水下冲破它。

相比之下，南极洲是一片坚实的大陆，该大陆上的冰层足足有 4.8 千米厚。世界上最大的单一冰体 —— 东南极冰原，是如此寒冷又如此巨大，以至于冬天在它的最南端平均气温可能低到零下 60 摄氏度，这里的冰根本不可能融化。尤有甚者，在南极点附近，当夏天的气温升高到零下 25 摄氏度的时候，南极内陆地区的降雪量反而会增加，弥补了温暖的南极边缘低地的损失。

另一方面，尽管常有人警告我们南极冰原正在一片片剥落，但那几乎都来自面积只有东南极冰原 1/10 的西南极冰原。因为它大部分都坐落于一个半岛之上，受海水变暖的影响比较大。而且，它有些部分处于海平面附近或以下，根基本来就不稳。我们在下一章会仔细讨论格陵兰危险的处境，但因为它并非位于两极附近，因此不能说是严格意义上的两极冰盖。它的南端早已超出了北极圈之外。

我们真正即将失去的是漂浮在北极的冰盖，从面积与厚度来看都是如此。从 20 世纪 70 年代到 2006 年，9 月的冰面面积几乎缩小了一半。2007 年它更剧烈地缩小，自从 1979 年有人造卫星进行观测以来，它还从来没有这么小过。我们还无法确切知道，按照这个趋势走下去，北极的冰何时会完全消失，但大多数专家都预测，应该会在 21 世纪结束之前，甚至很可能是 2020 年之前。

北极暖化的速度远远超过全球的平均速度，而且北极圈内大部分区域在 20 世纪的后 50 年里气温升高了两三摄氏度。这不是因为温室气体倾向于聚集在北极，而是其他区域性因素综合作用的结果，其中影响最大的就是原本具有反射作用的白色冰雪渐渐消失，而深色、吸热的海水、土壤与植被与日俱增。大量的冰雪本身就可以保持北极的寒冷，因为那里的阳光本来就很微弱，而大部分的能量都耗费在将冰融化成水上，很多甚至直接被反射掉而没有机会发挥加热的效果。换个角度来看，今天的北极其实正在与地球上的其他地区进行一场增温竞赛，只是它在起步时就输了好几度。

然而，除了全球变暖与冰雪的反射作用之外，导致融冰的因素还有一个：北极震荡。它会使北极附近的气温毫无征兆地忽冷忽热。有些科学家把近年来的融冰归因于北极震荡，因为它在 1989 年开始进入温暖的正周期，而北极的冰也是从那时候开始消退的。这个周期的特点是，强大的西风把温暖的洋流吹进冰冻区中，然后从冰的底部将其融化掉。在强风的吹拂之下，破碎的浮冰之间的距离会被拉大，接着在它们之间的海面上会形成较薄的新冰。夏天一来临，它们便很容易融化。然后它们会将更古老的海冰冲刷进北大西洋里，并形成更多易在夏季融化的薄冰。

另一方面，北极震荡的负周期理论上应该能够扭转融冰的趋势，然而，尽管它在最近几年曾短暂出现过几次，却都没有发挥作用。此外，这样的反复变化已经持续了至少一个世纪，但从来没有像现在这样吞噬掉北方的海冰。看来应该是有别的因素在作祟，而且虽然原因可能有很多个，人为的温室效应应该是罪魁祸首。就算在未来的几十年里融冰有减缓的趋势，全面融化恐怕仍然只是迟早的事。

地球过去的历史记录也预示着悲观的结果。地球公转轨道在

11700 年前有了变化，使整个北极在夏天比今天要热上好几度，上一次冰期因此终结。全新世早期有两三千年的温暖期，当时夏天的气温通常比今天高出 2～3 摄氏度，而北方海洋的表层温度还要高出一两倍。我曾询问过乌得勒支大学的气象学教授约翰内斯·欧乐门这样的温度是否足以融化北冰洋的大部分冰，他回答说："当时夏天的气温比今天高好几度，不可能不对海冰产生重大影响。我的很多同事都持同样的看法，这已经不是新鲜事了。"

最近，北亚利桑那大学的达雷尔·考夫曼（Darrell Kaufman）领头的一项研究发现，蓝贻贝、白樱蛤与北极弓头鲸在海底沉积物里的遗骸显示，它们曾经在温暖的全新世早期向北迁移到加拿大北极群岛与波弗特海沿岸，这是因为当时那里的海域已不再冰封。在距离那里很远的东方的斯瓦尔巴群岛搜集到的证据也显示出类似的变化。然而，过去的北极环境与今天并不完全一致。其一，当时的暖化是由日照引起的，而且主要局限在夏季的北方高纬度地区，而今天的暖化主要由温室气体引发，是遍及全球的。其二，在当时加拿大东部的北极区域里，无论是风、洋流还是气温都深深受到残余的劳伦泰大冰原[①]的影响。基于这两点不同，尽管今天的气温比当时还低一点，我们还是可以预测，北极的海冰会融化得更快。

另外，媒体在讨论北极融冰的时候还常常忽略另一点。当专家学者们说北极的冰即将全部融化的时候，他们并不是说北极一年四季都没有冰。南北两极在冬天会经历漫长的黑夜，那时候气温能降到零下好几十度。即使在今天，北极冰盖在 12 月与 1 月之间最

① 译者注：劳伦泰大冰原是冰期时盘踞北美洲北方的巨大冰原，整个加拿大与美国北方许多地区都被其覆盖，其南端甚至可以达到今天的纽约市与芝加哥市。

冷的时候也会扩大一倍。除了最极端的暖化之外，其他较温和的暖化大概都无力阻止北极在漫长的冬夜里结冰。只是，当太阳开始二十四小时不停地照耀北极，这些冰的寿命就会在晚春或夏天结束。

一谈到北极融冰，大多数人都会直接想到北极熊的安危。另一方面，有时候我们也会听到加拿大北冰洋沿岸的新西北航路的开通，或是航运业、矿业、渔业打算利用北极丰富的资源大发其财。类似的信息往往非常笼统，然而，它们共同指向一个事实：一个没有冰的北极既可以是福，也可以是祸。而且，风水轮流转，等到万众瞩目的全球变暖走到尽头，人们习惯的完全无冰的北极再次结冰，那时候又会有新的赢家与输家。在这一章里，我希望通过对当地生态详细的介绍，帮助读者更清楚地了解全球变暖的具体影响与未来的前景。

让我们先从北极熊开始。尽管大家都把北极熊当作全球变暖的首要受害者，但我们若在网络上简单搜寻，竟然可以找到许多大相径庭的信息。有人支持阿尔·戈尔在纪录片《难以忽视的真相》（*An Inconvenient Truth*）中的看法：北极熊会因为找不到可以落脚的冰而溺死。但反对者认为这种说法不足为信。《冷静：全球变暖的真相》（*Cool It: The Skeptical Environmentalist's Guide to Global Warming*）的作者、丹麦统计学家比约恩·龙柏格（Bjørn Lomborg）非常不以为然地表示，大多数报道“严重地夸大其词、感情用事，完全没有事实依据”。

事情开始于 2004 年。当时一群飞离阿拉斯加的科学家在飞机上看到海中漂浮着几只北极熊的尸体，它们距离最近的浮冰还有好几千米远。这个消息立刻不胫而走。事实上，那里刚发生了一场猛烈的风暴，北极熊很可能是死于风暴带来的巨浪。那年北极的冰延伸得比过去都远，那些熊在那之前已经游离陆地超过 80 千米了。一般来讲，这样的距离难不倒北极熊，因为成年北极熊泳技绝佳，一点也不输给两栖动物。然而，最近的融冰导致长距离游泳的频率提高，因此在水中遭到风暴袭击的概率也增加了。此外，因为幼熊体型较小，比较容易在低温的海水中失温，因此它们的处境比父母更危险。到目前为止，确切的结论还没有得出来。是的，的确有北极熊淹死，但有多少真的是气候变化造成的呢?

由于这是一个极具政治争议性的话题，我在搜集与更新信息时都格外审慎。我主要的征询对象是安德鲁·德罗什，他在阿尔伯塔大学担任教职，是数一数二的北极熊专家，而且欣然与我通了电话。

这对我来说是莫大的荣幸。因为德罗什是世界上少数真正熟悉北极熊的专家，因此他总是被一群记者或气候末日论者包围，他们希望从他口中套出耸人听闻的言论，来作为报刊文章的标题。在我打电话给他的时候，他刚刚向校警举报了一封具有恐吓意味的信。

对大多数人来说，北极冰盖不过是一片渺无人烟、空无一物的荒漠，拿来当作停车场再适合不过。但德罗什看到的景色别具一番风味，他说:“在正常情况下，由热胀冷缩造成的巨大冰脊可以延伸好几千米长，形成一道银白色的栅栏，把粉状的雪花堆在背风的那一侧。环纹海豹会从冰脊的缝隙中钻上来，并在柔软的雪堆中挖掘出产子用的巢穴。”

正是这些海豹把北极熊吸引过来。与南方的熊类不同，北极熊即使在冬天也通常是醒着的，因此需要觅食。唯一的例外是怀孕的母北极熊，它们会躲在冰雪覆盖的窝里把小熊生下来。没有怀孕的母熊与公熊则在雪花与冰脊之间四处游走，找寻倒霉的海豹。但在冬天它们成功的概率不高，必须等到太阳出来了或是海豹的生育期，它们才能大快朵颐。

海豹养活了北极熊，而冰养活了海豹。暖化导致北冰洋的冰缩小，其影响会通过食物链逐渐扩散。德罗什说："环纹海豹会在深秋结冰时为过冬预先建立起地盘。然而，因为北极结冰越来越晚，海豹就越来越不容易及时建立地盘，这使它们难以筑巢，进而无法在春天孕育下一代。"环纹海豹的作息似乎是由日照长短决定的，因此会随着北极当地的季节变化，然而现在冬天的冰总是迟到早退。母海豹还是会在生育季节到来时产下小海豹，但德罗什担心，它们此时不得不在更加活跃的、不断移动的离岸冰上筑巢，从而增加了分娩与养育幼仔的风险。

春天乍现的暖阳预示着一批嗷嗷待哺的小海豹的诞生。这是北极熊最开心的日子，在此后两三个月的时间里它们要吃下一年中的大部分食物。它们靠灵敏的嗅觉找出海豹藏在地下的窝，站直身子，双掌奋力拍击海豹窝的屋顶，小海豹如果来不及从逃生孔溜进水底，就会丧生在巨爪之下。北极熊成功的概率大约只有1/20，但这足够了。小海豹的营养成分极高，全身有一半的重量来自皮下脂肪。但北极熊吃的不只是小海豹。"母海豹是更丰盛的大餐，"德罗什补充说，"有时候北极熊会放弃一只小海豹，然后埋伏在海豹窝旁等待母海豹归来。"

几周之后，北极冰原的最南端开始一天一天地往北收缩，大部分北极熊这时开始回到岸上。在德罗什进行主要研究的西哈德逊湾，夏天是一个特别难熬的季节，即便理论上还有些来自陆地上的食物。从5月到8月，这里的北极熊通常得饿肚子，苦等沿岸的水结冰。怀孕的母熊在寻找冬天的庇护所之前，很可能长达八个月没东西吃。当春天重返大地，它们会带着刚产下的孩子离开用于分娩的洞穴，回到重新出现的冰层边缘。

但不是每只北极熊的习性都一样，不同群体也有不同的行为模式。有些地区的北极熊偏好待在陆地上，其他地区的则不一定如此。有些吃腻了海豹的会到海中猎杀海象与独角鲸，或是伏击岸上的麋鹿与鹅。在挪威北方的斯瓦尔巴群岛，有人看到它们会吃搁浅在岸上的抹香鲸的尸体。在西哈德逊湾，有些北极熊会猎杀松鸡，吃莓子。在少数情况下，饥饿的北极熊甚至也会吃人。

有人相信，如此随机应变的北极熊应该可以平安渡过全球变暖的危机。然而，德罗什提醒大家："北极熊虽然聪明，但不是无所不能的。"主要的问题在于，它们得吃高热量的食物。为了在四到八个月没有食物来源的苦日子中保持体力，它们一定得摄取脂肪，其他食物都无法提供足够的养分。也许正是为了适应北极这个极为特殊的生态环境，为了在浮冰上猎杀海豹，原本栖息在陆上的棕熊渐渐演化成泳技高超的毛色雪白的北极熊。

大约20万年前，北极熊与它们的棕熊、灰熊亲戚在演化的道路上分道扬镳，很可能是因为冰期将一群熊困在被冰川包围的地形里。这支族群的历史与伊缅间冰期相互重叠，因此它们至少经历过一次长期的全球变暖。最近一位冰岛学者在斯瓦尔巴群岛发现了一块伊缅间冰期遗留下来的北极熊下颌骨，"世界气候报告"网站上的一篇文章引用了这位学者的说法:“北极熊已经通过一次间冰期的考验了。因此，也许我们根本不必那么担心。”

德罗什无法认同这种论调。“我认为，它能证明的不过就是伊缅间冰期有足够的海冰来维持北极熊的生计。”虽然现在有一些证据显示，那时候的北极在夏天是完全没有冰的，但至于是否一年四季都没有冰，我们至今还没有足够的来自北冰洋的沉积物来判断。德罗什的假设有可能是正确的。他继续说:“在上一次冰期，它们的足迹向南延伸到德国与北欧南端。后来气候变暖了，它们只好往北迁徙。但事实上，波罗的海到今天都还有环纹海豹出没。北极熊的狩猎技巧全系乎稳定、宽广的海冰，因此一旦海冰消失，它们大概也无法留在那里太久。”

如果北极的春天与夏天因为人类世的暖化而没有了冰，北极熊最后的栖息地就没了。届时，这种海上霸主如果不学习在陆上猎食，就只有被淘汰。然而，这对北极熊来说是非常不利的，因为在黄土绿叶的陆地世界，白色的皮毛会使它们特别容易被猎物发现。而且，唯一能够在热量上与它们过去吃的海豹相提并论的食物，就只有人类的垃圾食品了。

与此同时，由于暖化使北方森林向北移动，棕熊也会随之而来。当北极熊与棕熊这两个近亲再次相遇，会发生什么事呢？其实，在加拿大的西北地区，已经有人见到（并射杀）过一只北极熊与灰熊的杂交后代，它有北极熊的白色皮毛，但其上覆有棕熊的褐色斑纹，两肩之间的隆起则与灰熊相似。在未来，也许这样的杂交会越来越普遍。但更有可能发生的是，北极熊无法与杂食且熟悉陆地环境的近亲竞争，因而日益减少。

对德罗什来说，这一切已经迫在眉睫了。当西哈德逊湾的冰在春天提早消融，北极熊一年一度的海豹大餐就被迫缩水。同时，环纹海豹也遭受到暖化的压力。“海冰变薄、变少后，冰面上的冰脊也减少了。现在它只是一堆碎冰，无法存住雪。于是海豹开始住在碎冰的空隙里，但它的保温效果不如由蓬松的雪构成的巢穴。它们的逃生孔有时候会结冰，母海豹于是得费力打破它救出小海豹，但有时候它们可能根本找不到入口在哪里。”温度对巢穴建筑结构的影响也困扰着北极熊。德罗什最近目睹有些北极熊在坚硬的冰上盲目地寻找洞穴里的海豹。“过去北极熊只需抡起双掌打穿柔软的雪堆就好，但现在它们得变换招数了。然而，这不是因为它们有了新发明，”德罗什解释说，“而实在是迫不得已。”

北极熊吃得越少，体重就越轻，能够供给生育所需之养分就越不足。“这一切最终会导致它们体能不足。”德罗什说，“体重低于190千克的母熊很少能够顺利生产。体重超过190千克但低于标准值的，能够产子但生得不多，而且幼仔体型都较小。”在一个体脂肪不仅能提供养分，还能保护你不因寒风与冰水而失温的世界里，越来越孱弱的母亲与娇小的幼仔怎能叫人不担心！

北极熊最主要的困境不是溺毙或饿死，而是它们生得不够多。真正危险的不只是个别的北极熊，而是它们整个群体，尤其是在暖化作用最明显的北极南缘。

然而，要取得数据来佐证这种说法并不容易。北极熊族群总共有十几个，科学家得在极恶劣的环境中调查它们的数量，目前估计有2万～2.5万只，其中约有2/3在加拿大，可能有3000只在巴伦支海[①]。同时，随着冰盖日渐缩小，北极熊的数量究竟是正在减少还是增加，学界还争论不休。

在某些地区，北极熊的数量很可能确实正在增加，但其他类似的结果很可能是因为调查技术的进步，所以更多的北极熊被发现了。此外，有些团体刻意夸大这个数字，以便否定全球变暖的存在，或为猎熊提供借口。事实上，我们还没有完整的区域性数据可以用来支持任何一种针对北极熊全体数量的假说。我们掌握的只有西哈德逊湾的资料，那里北极熊的数量从1987年的1200只下降到2004年的935只。按照德罗什的看法，营养不良导致的生育率下降是最主要的因素，其背后的根本原因则是海冰的减少。

在北极的另一端，斯瓦尔巴群岛的北极熊却没有减少的趋势。这也没什么好奇怪的，因为巴伦支海的冰本来就比温度高、纬度低的海域的要多，因此那里的北极熊还可以继续享用在海冰上追捕到的大量海豹。至于其他的族群，学界还没有足够的研究来断定它们的近况。

它们的未来究竟会怎样？由于环纹海豹越来越难在岸边捉到，现在已经有些北极熊会以髯海豹与斑海豹为食了。在环纹海豹最爱的栖息地向北移动的同时，这些替代品可能会变得更充裕。在哈德逊湾，我们已经可以看到越来越多的斑海豹了。也许在更北的地方，北极熊也可以靠它们活下去。

但德罗什对未来感到很悲观。“我原本以为我在有生之年不会看到这些变化，”他说，“现在我快50岁了，而且看来在我退休前

① 译者注：巴伦支海位于挪威与俄罗斯北方，是北冰洋的陆缘海之一。

这一切都会发生。我很希望自己可以乐观一点，但我一点也不想在研究生涯的最后几年当中，乘着直升机到处拍摄北极熊往生的画面。”

只有各种天时地利碰巧聚在一起，德罗什的预言才不会成真。如果环纹海豹能成功改变习以为常的生育模式；如果新的北极生态能给它们提供足够的食物；如果髯海豹与斑海豹能取代营养又美味的环纹海豹；如果北极熊能迁徙到格陵兰北方与斯瓦尔巴群岛，以避免与陆地上的棕熊厮杀争斗或混种；如果北方的人口与工业能对它们手下留情，那么，也许在遥远的未来，当北冰洋再次冰封的那一日，地球上还会有北极熊的踪迹。在温和的碳排放路线下，地球会在数万年后回到今天的气温，但在极端路线下，恢复的时间得拖上十倍。在遥遥无期的岁月里，北极熊与环纹海豹被迫放弃它们原本的生活形态与栖息地，生死悬于一线。我们人类有什么权力将它们逼到如此绝境?

更可悲的是，北极熊不是唯一的受害者。因为海象需要的育婴地也在融化当中，因此它们也岌岌可危。母海象为了帮小海象觅食，会把它们暂时留在海冰上，然后潜到水里，用它们长满硬毛的口鼻寻找海床上的贝类与螃蟹。然而，海冰离海岸越来越远，海水越来越深，海象潜水就越来越累。海象力气不小，但因为没有鳃，所以需要浮出水面换气。当水深超过 200 米时，它们就无法继续寻找猎物。这时，它们若不想饿肚子，就得换个地方。不幸的是，有时候它们不得不放弃自己的孩子。

目前学界还不确定这个问题有多普遍。然而，最近有人捕捉到一幅令人痛心的画面，它很快占据了媒体的头版。2004 年，美国海岸警卫队的破冰船在加拿大无冰的海域里发现了九只独自游泳的海象宝宝。船上的生物学家卡林·亚西珍（Carin Ashjian）告诉《每日科学》（*Science Daily*）报的记者："我们二十四小时都在站里，而小海象就在我们身边游来游去，不停地哭泣。我们无法救它们。"对海象与其他靠海洋过活的北方哺乳动物来说，夏天海冰的减少迫使它们调整原本的生活模式，以便在捕捉猎物与养育子女之间取得平衡。"小海象无法自己觅食，"亚西珍继续说，"它们不知道要怎么吃。"两岁以前，它们都是靠母亲的乳汁过活。没有母亲的照料，它们根本活不了多久。

对大部分只是通过媒体间接认识北极的人来说，哺乳动物是唯一的焦点。然而，北冰洋中的生命比起冰层上的更加丰富，而且它们处境之艰辛也不逊于北极熊。

海冰上的坑坑洞洞彼此相连，里面的盐水成了许多藻类与其他微生物的天堂。而在海冰的底下，在春天与夏天的阳光穿过冰层照射下来的时候，一圈圈藻类会爬上这个海洋世界的透明屋顶，拼贴出绿色、白色、蓝色的绮丽画布。当地长得像虾子、体型微小的桡足类动物优游在这片丰美的牧园之中，好不快乐。在食物链更高层，还有穿梭在冰层之间的北极鳕鱼。北极本地的鲸鱼——象牙白的北极白鲸以及头顶尖角的独角鲸的生活与浮冰密不可分。由于没有凸出的背鳍，它们特别适合在有浮冰的北冰洋里活动。它们要换气或是追逐鱼群的时候，可以轻易地用背顶开破碎的浮冰。

北冰洋宽广的大陆架也是一个生机勃勃的地方，这里有世界上密集度最高的底栖生物群，它们都是靠上方沉降下来的生物遗骸为生。以滑溜的海蛇尾为例，大约 1 平方码[①]的海床上可以群聚数百只。此外，浑身是刺的海胆、耐寒的贝类、肥大的海参、蠕动的多毛虫等共同养活了高层的猎食者，譬如鱼类、鸟类，还有会在泥巴中寻找食物的海象。

这个特殊的生态完全依附于海冰，当海冰逐渐消融，它们也面临着灭绝的危险。原本生活在纬度稍低的地区的生物，如斑海豹、竖琴海豹、大西洋鳕鱼等，近来大量入侵变得温暖而少冰的北极，生物学家把这个过程称之为“大西洋化”。更糟糕的是，融冰之后，原本因为有着高耸的背鳍而不方便进入结冰海域的虎鲸闯进这里，猎杀白鲸与独角鲸。弓头鲸的日子也不好过，它们的幼仔得担心虎鲸，成年的弓头鲸也得面对新来的小须鲸的竞争压力。

除了上述显而易见的威胁之外，还有潜伏在暗处的入侵者。随着融冰而从南方北上的动物把微生物也带了过来。譬如说，领航鲸与它的体型较小的近亲身上就带有犬瘟、布鲁氏杆菌等，而北极白鲸与独角鲸对它们是毫无抵抗力的。虽然这些疾病也不至于摧毁整个物种，但对已经岌岌可危的生物来说，一场大规模的传染病总不是好事。加拿大的水生哺乳动物专家奥托·格拉尔－尼尔森（Otto Grahl-Nielsen）最近预测，光是外来的犬瘟就足以杀死北极一半的白鲸与独角鲸。

对那些生理构造与习性完全适应北冰洋海冰生态的生物来说，想要在未来的人类世繁衍下去，就必须强迫自己适应一个没有冰的海洋世界。就算是微小的桡足类动物也在调整自己。新来的入侵者

① 译者注：平方码是一个英制的面积单位。1 平方码≈0.836 平方米。

把名字中冠有“极北”（*hyperboreus*）或“冰川”（*glacialis*）等词的本地物种打得灰头土脸，因为前者不需要悬浮于海水中的冰藻。生长在无冰海域的鳕鱼与鲑鱼正在淘汰非有海冰不可的种类，而且凶悍的大西洋鳕鱼不但压迫得北极较小的同类喘不过气，甚至会把它们吃掉。在加拿大的北极圈里，有一种长得像企鹅但体型较小且会飞的厚嘴海鸦，在20世纪90年代中期以前，都是以较肥大的北极鳕鱼为主食，但现在它们都用浮游生物以及不太需要海冰的柳叶鱼来喂饱它们的孩子。研究海鸟的专家也认为，北大西洋的海鹦与海鸠会为了它们最爱吃的柳叶鱼往北方迁徙。另外，长得有点像海鸠的刀嘴海雀也开始占据哈德逊湾附近的小岛。

综合种种已经发生的迹象来看，北冰洋在将来变得无冰之后，它的居民将分别为融冰之后存活下来的原住民，以及从大西洋与太平洋北上的新移民。此外，在一个不受海冰遮蔽的海洋上，人类世的暖阳就像是温室里的灯光，能刺激这里的生物繁盛地生长。尼尔·奥普代克是佛罗里达大学海洋与气候方面的权威，也是预言海洋浮游生物大爆发的专家之一。“海洋生态将会有重大的变化，而且会变得非常旺盛。”最近他与我在该校所在的盖恩斯维尔共进午餐时这么猜想。“问题不只是北极的冰会消失而已，永冻层融化后，大量的水会把陆地河流里的养分都冲刷进海洋里。”

温暖的气候、充足的阳光、丰富的养分，这些因素将为漂浮的微型藻类或者说浮游植物创造一个有利的环境，让它们大量繁殖。其实，在过去十年里，由于生长季的延长以及冰层的减少，北极浮游植物的数量已经增长了不少。世界上许多最富饶的渔场都处于阳光与养分最丰沛的海域，因为那里的微生物最充足，譬如说秘鲁与纳米比亚沿岸的上升流海域，以及经常受暴风翻搅的南大洋。浮游植物能喂饱磷虾与桡足类动物，后者又可以招来以浮游生物为食的大量鱼群。尾随而至的是更凶猛的鱼类、海鸥、海鹦、虎鲸、斑海豹等。

尽管北极鳕鱼与白鲸日渐稀少，但是，一个无冰的北冰洋的出现，恰好能为过度拥挤与深受污染之害的南方海域提供舒缓的出口。这里丰富的海产肯定会吸引想要发财与垂涎来自海洋的蛋白质的人类。“欧洲北极”网站（Euroarctic.com）于2006年发布了一则消息，报道俄罗斯企业已开始设计专门用来打捞北极圈鱼群的拖网渔船。

然而，这样想未免太一厢情愿，因为我们忘了北极还会受到其他的威胁。全球碳污染不只造成海水的暖化，它更使海水变酸，而北极的海洋生物会首当其冲。即使是在1万亿吨碳排放的温和路线之下，诸如球石藻与贝类等许多海洋生物的霰石外壳都有溶解在酸化海水里的危险。暖化加上海水化学成分的改变，将会把海洋塑造成一种自伊缅间冰期与全新世早期以来前所未见的新环境，就算是第一流的生物学家也无法准确预测它对现有生物会产生什么影响。

在一个没有海冰、水质又特别酸的北冰洋里，生物究竟要怎么生存呢？藻类应该不会受到太大的影响，大部分浮游植物本来就不会用碳酸盐来制造脆弱的外壳。那时最能如鱼得水的微型藻类应该是金褐硅藻，它闪闪发光的透明外壳是由抗酸的硅而非碳酸盐组成的。硅藻本来就在北大西洋与北太平洋长得很茂盛，想必也能轻易适应无冰的北冰洋。

但有壳的翼足类、有孔虫、软体动物、藤壶、海胆、螃蟹、冷水珊瑚等无脊椎动物就要遭殃了。至于柔软无壳的翼足类、水母、海葵、海参与蠕虫类，可能会是幸存者。身体柔软的动物击败外壳脆弱动物，成为海洋的霸主，这究竟是好是坏，完全是个人喜好问题，没有标准答案。许多游客跑到太平洋上的岛国帕劳就是为了一睹成群结队的水母的风采，但如果我们在北极看到这么多的水母，就会觉得十分诡异了。

事实上，在那样奇特的海洋环境当中，谁也说不准究竟哪些物种能够胜出。海洋生物种类繁杂，基因多样性极高，端看何者可以从自然选择的淘汰过程中脱颖而出。事实上，就算是在新生代早期古新世 — 始新世极热事件的超级温室里，很多海洋生物还是在极酸的海水中活下来了。然而，这一次的生态变化可能更剧烈，除了气候变暖之外，污染、商业活动、自然资源的开发会接踵而至，届时受波及的绝对不只是北极熊。

陆地上的变化也会非常惊人。北方森林会向北移动，覆盖原本的冻原，而冻原也被迫往北推移，出现在原本寸草不生的北极荒野。有人乐观地估计，北方新长出来的大片植被能够吸收一部分碳，由此降低温室气体的浓度。但在其他地方，原本的森林会受到海平面上升与沼泽扩张的威胁。在冰岛，长满青苔的冻原即将消失，取而代之的是当地的桦树林。松树正在为大举入侵瑞典与挪威北部而摩拳擦掌。整体来说，暖化对冻原植物弊大于利，因为除了少数可以躲进更冷的北极高地之外，地球上已经没有更北的地方可供它们栖身了。

北方一旦长满了植物，动物自然会被吸引过去。麋鹿、貂、红狐狸、天牛、蝴蝶等生物很快能够迁移到暖化后的高纬度地区。在加拿大的湖泊与河流里，原本生活在南方的美洲红点鲑，以及外来的褐鳟与虹鳟都有可能是新一波的移民，甚至取代北极当地的红点鲑。具有讽刺意味的是，随着南方移民的到来，北极的生物多样性反而会有所增长。这其实是意料之中的事，因为温暖的纬度较低的地区的物种一向比较多。生物多样性的增加本是美事一桩，然而，追本溯源，这种变化的起因是人类造成的污染，而且许多北极特有的物种还会因此濒临灭绝。另外，这种增加并不会提高地球整体的生物多样性，因为它们原本就存在于南方，对地球来说并非新诞生的物种。只是，那些无法适应北极的暖化环境而灭绝的物种，会真正地一去不复返。

麋鹿、驯鹿、短耳野兔、旅鼠等北极陆地哺乳动物的处境特别危险。新入侵的物种会带来寄生虫与传染病，动物数量增加会导致食物短缺，此外，还有别的问题。暖化本身就是一种威胁。冬天里越来越多的降雨与融冰破坏了啮齿动物辛苦挖掘出来的地下穴道的保温与空气流通效果，这对于在冬天活动的它们是致命的。原本可以轻易取食的青苔与地衣，现在外头被一层坚硬的冰包覆住。过去松软的雪堆现在在表层与里面都出现了硬块，不但不利于穿行，也令它们从雪底下挖掘食物更加困难。2003 年 10 月的加拿大北部，光是一场下在班克斯岛雪地上的雨，就害死了两万只麝香牛。另一方面，只要能熬过寒冷的冬天，更加温暖与漫长的春夏对当地生物来说无疑是宝贵的喜讯。

暖化还可能重塑当地的地貌。在某些季节性冻结的湖泊或河流中，底下的基岩是平坦的；当夏天不结冰的时间变长时，这类湖泊可能会消失。我的好朋友约翰·斯莫尔是安大略省女王大学的湖泊历史与生态专家，由于某种他称之为人类造成的“无法挽回的生态临界点”，他研究过的不少湖泊已经不复存在了。

在埃尔斯米尔岛的赫舍尔角，有一片被冰川磨平的花岗岩低地，过去数千年来，这里都有一个终年冰封的池塘，只有在夏天才会短暂融化一阵子。斯莫尔与他的同事曾经通过这里的沉积物发现，自19世纪以来，这里没有冰的时间越来越长了。过去喜光的藻类很少出现在这里的泥层中，但近来已经颇为普遍。当初，他们的警告被别人当作是危言耸听、杞人忧天，但如今这种趋势已经是不争的事实。斯莫尔解释说：“夏天湖泊里没有冰的时间越长，会被阳光蒸发掉的水就越多。现在有些湖泊已经完全干涸了，其他湖泊迟早也会落得同样的下场。”

我问他是否发现过气候变化造成的其他影响，他的回答是肯定的。“非有冰不可的本地生物一日少过一日，大批新物种却从南方迁移过来。我们现在竟然可以在巴芬岛看到知更鸟，冻原的鲜花上有蜜蜂出没。因纽特人不知道如何称呼这些生物，他们的语言里根本没有对应的词汇。而且，由于植物生长季节被打乱，他们搞不清楚究竟要在什么时候采集莓子。”更令人讨厌的是，那里开始出现会咬人的虫子。“这里属于极北之地，气候苦寒，以前根本不必担心有蚊子。但最近我们在野外遇到了会咬人的蚊子。”这是一场属于虫子的胜利，科学家们可有苦头吃了。

我很好奇斯莫尔是怎么看待这些变化的。他会因此而难过吗？还是能保持一个科学家该有的冷静与中立呢？“我很难过，”他毫不迟疑地回答，“但我并没有绝望。我对人类的所作所为感到很愤怒，但这是因为我认为我们其实可以做得更多、更好。”

在别的地方，坚硬的永冻土正在融化，辽阔的冻原因为过多的水分而泥泞不堪。这里的景致与光秃秃的赫舍尔角大异其趣，有不少融冰形成的池塘。由于大部分北方海岸地势都不高，上升后的海水侵入了松软的、原本受到保护的海岸。大多数预测未来海平面上升后全球沿海地形变化的地图，都没有仔细把北极圈里的情况描绘出来，因此我们不容易想象未来的北极会变成什么样子。不过可以肯定，变化会很大，尤其是在地质不稳定、坡度平缓的沿海地区。

在这里，比起海平面的上升，永冻土的融化与沿海具有保护作用的冰的消失能造成更严重的伤害。在加拿大与阿拉斯加北部沿海，许多原住民定居点都建在海边冰冻的沉积层上，但过去坚如磐石的永冻土如今开始因夹杂水分而松动。这一现象后果很严重。有些居民现在得等到晚上气温下降路面冻结之后，才能在村落之间行走。海平面上升之后，暴风雨威力大增，松动的土壤更容易被冲刷侵蚀。从 2002 年到 2007 年，波弗特海海岸线每年后退 13～14 米，原先岸边的永冻土接连崩塌，位于其上的村落与考古遗迹也一同葬身大海。

扭曲的路面、下沉的地层、坍塌的海岸，种种残破的景象凸显了今天北极世界承受的巨大压力。北冰洋海平面持续上升，尽管在遥远的未来还会降回来，但千百年内会使沿岸居民一日不得安宁。然而，那些渗透进泥炭层内的水分迟早有一天会被晒干或流尽，城市、马路、工厂、森林会重新出现在变得干爽宜人、坚硬稳固的大地上。昔日荒凉的极北边地，将因为海岸上的船坞、炼油厂和储藏设施而成为繁忙的交通枢纽和停泊港口。人们已经在地图上标出了穿越北极往返于冰岛与阿拉斯加、摩尔曼斯克[1]与哈德逊湾的丘吉尔[2]的航路，而从丘吉尔出发，经由航空或铁路，可以到达北美洲的任何一个角落。

除此之外，新的北极会变得更适合人类居住，当就业机会增加之后，这里能吸引大量的新移民。气候与冰层的变化使原住民猎食驯鹿与鲸鱼的传统难以为继，但他们会找到新的出路。《自然》的记者奎林·席尔迈尔（Quirin Schiermeier）最近转述了弗兰克·波洽克（Frank Pokiak）的一段话，弗兰克是图克托亚图克的因纽维阿勒伊特[3]狩猎委员会的主席。他说："其他人应该知道，我们一辈子都在想办法适应新的事物，气候变化只是其中之一而已。我们也许得猎捕其他动物，譬如灰熊或是驯鹿，但我们绝对不会被击倒。"另一方面，暖化会让他们的生活更容易一些，花在取暖上的开支会减少，海上的交通会更顺畅，工作机会会增加，而且能够用来工作的时间也变长了。

等到北冰洋的夏季航路更加畅通无阻，越来越多的船只会汇集到此处。然而，国际间对于北冰洋的主权问题仍然争论不休，其激烈程度更甚于各国的领空问题。

让我们来看看汉斯岛的例子。这是一个位于格陵兰与埃尔斯米尔岛之间的狭窄海峡内的楔形岩岛，面积大约只有 1 平方千米。丹麦与加拿大都声称拥有这片海域，而且都极力扩张自己的领土范

---

① 译者注：俄罗斯西北部海港城市，靠近芬兰，面向巴伦支海。

② 译者注：加拿大海港城市，素以有大量的野生北极熊出没而闻名。

③ 译者注：因纽维阿勒伊特人是因纽特人的一支，生活在加拿大西部，接近阿拉斯加与波弗特海。

围。过去，类似的冲突不过是民族主义情绪在作祟，但如今潜在的危机更大了。

这个弹丸之地引发的事端肇始于20世纪80年代，当时加拿大的一家石油公司开始勘察这个地区。丹麦把这个行为视为一种挑衅，于是丹麦负责格陵兰事务的大臣乘直升机来到汉斯岛，在上面插上丹麦国旗，留下一瓶酒与一张字条，字条上写着“欢迎来到丹麦国土”。第二年，加拿大与丹麦接连派军队巡视该岛，拔掉对方的国旗，换上自己的。幼稚可笑的举动背后不无冲突升级的可能。2005年，加拿大保守党把最近一次丹麦人骚扰汉斯岛的行为称为“对加拿大的入侵”，还有政治人物呼吁派海军到北方“保护我们的领土完整”。最后，幸好精准的人造卫星画面确定两国的国界其实没有重叠，而是平分了这个小岛，两国官员才握手言和，结束了这场插旗大战。

对北极周遭的国家来说，海冰日益减少的北极是一个令人觊觎的资源宝库。等到那里夏天真的完全没有冰了，而冬天也只有薄薄的冰层，新航路将彻底改变俄罗斯、加拿大、北欧、阿拉斯加等地的地理环境。北极新近开通了“西北航路”，如今彼此独立的“海”——包括拉普捷夫海[①]、波弗特海、巴伦支海、楚科奇海[②]，以及东西伯利亚海——将会连成一个连续的水体，过去为冰雪阻隔的北冰洋，将摇身一变，成为海上康庄大道。往来于欧洲与太平洋国家之间的商船与邮轮，在一年的全部时间或部分时间是否要绕道巴拿马运河，将完全取决于它们能否在冰区航行。从鹿特丹到西雅图，走西

① 译者注：拉普捷夫海位于俄罗斯北方，东邻东西伯利亚海。
② 译者注：楚科奇海位于俄罗斯与加拿大之间，其最南端即白令海峡。

北航路会比取道巴拿马运河缩短2000海里[1]。如果是从鹿特丹到日本横滨，沿着俄罗斯沿岸的“北海航路”要比取道苏伊士运河缩短4700海里。

有些加拿大人援引1982年的《联合国海洋法公约》，宣称西北航路属于本国海域。根据该公约，各国的国界延伸到海上200英里处[2]，这样一来商机无限的西北航路也大多算是加拿大经济海域的一部分。另一方面，俄罗斯与挪威无法在巴伦支海的主权问题上达成协议，且俄罗斯、加拿大、丹麦、挪威都毫不客气地向北方海域扩展自己的势力范围。至于北极中央的公海，北方列强倒是有志一同维持其中立与国际航路的开放性，但大家真正在意的其实是水下的资源。

2007年6月，俄罗斯地质学家完成了对罗蒙诺索夫海岭的勘探，它就像海床上一道狭长的隔墙，刚好将西伯利亚与格陵兰之间的北冰洋中央盆地一分为二。通常这类调查根本不会引起社会大众的注意，这一次却几乎擦枪走火。

导火索在于，这些地质学家主张：从地质学的角度来看，这道海岭是俄罗斯领土的自然延伸。长久以来，没人认为北极是有土地的，大家都只把它当作一大片漂浮的冰。但那里确实是有土地的，只不过是在冰冷的海水下好几千米深的地方。

两个月后，俄罗斯的一艘小型潜水艇干了一件更令人恼火的事——在北极的海床上插了一面防锈的钛制国旗。俄罗斯此举只

① 译者注：1海里=1852米。

② 译者注：此处作者引用有误。据1982年《联合国海洋法公约》，各国的专属经济区从领海基线算起，向外不超过200海里（约370千米）。

是闹着玩儿吗？还是他们果真对地球的顶点与北冰洋下一半的土地图谋不轨呢？加拿大与丹麦一点也不觉得好玩儿，更无法坐视不管。就算罗蒙诺索夫海岭一头连着俄罗斯，另一头可是连着丹麦的格陵兰岛与加拿大的埃尔斯米尔岛。在笔者写作的这一刻，联合国还未能对俄罗斯的要求做出判决，类似的领土纠纷实在叫联合国穷于应付。

各国争相加入瓜分北极的角力，说明了气候变化对北极影响的严重性与真实性。有人至今还不相信全球变暖的存在，但很多人已经迫不及待地想要从中大捞一笔。然而，如今的局势完全不公正。大多数能从这场竞赛中分一杯羹的国家本来就是世界上最富裕的，而且也是最需要为气候变暖负责的。

加拿大西北地区大奴隶湖北方的基岩是世界上矿藏最丰富的地区之一，光是艾卡提（Ekati）与戴维克（Diavik）[①]两地就出产了全世界10%的宝石等级的天然钻石。如今当地架设在永冻土与结冰的湖泊上的道路，在暖化之后就无法使用了，然而，工程师与企业家正在规划一个建立在干燥土地上的网状交通系统，将矿场与海港连为一体。一旦必要的交通设施顺利到位，自然会有大量人群为了钻石而涌入这个冰天雪地的世界，加拿大相当看好这一点。据说巴芬岛铁矿公司为了支持这个计划，正在兴建自己的北极铁路与港口，而努纳武特[②]的铀矿肯定可以对当地经济产生不小的推动作用。

另外，尽管各家统计数据略有差异，但大体来说世界上有

---

① 译者注：两地都位于加拿大西北地区。

② 译者注：加拿大最北方、面积最大的地区，原本属于西北地区，于1999年分离出来。

1/10～1/3 尚未被开采的石油藏在北极，尤其是在宽广的浅海大陆架上。石油之外，天然气的藏量恐怕更为可观。北美洲最大的油田位于阿拉斯加北边的普拉德霍湾，其所属的北坡地区的地底藏有大量天然气与煤矿，加拿大的马更些河三角洲与极北之地（high Arctic）①的其他地方也蕴藏了不少。俄罗斯宣称其西伯利亚海岸地带亦藏有石油与天然气，几乎占它目前从北极得来的 3/4。只要水路交通够可靠，这些矿藏就是唾手可得的摇钱树。然而，在这些地方开采石油对环境的威胁会更大，假设原油不幸泄漏并流至浮冰之下，要进行清理是极其困难的。

从温室气体排放量的角度来看，这些新化石燃料的出现也是祸不是福，它们只会使大气中的二氧化碳浓度越来越高。然而，由于背后庞大的利益，要说服人们为了阻止气候变化而停止开发它们是不太可能的。就算在那些积极参与节能减碳的国家，由于北极的矿产与交通资源能立即带来的财政收入实在诱人，全球变暖的问题只得暂时搁置。

具有讽刺意味的是，一手将北极打造成新面貌的我们，也得为它迟早会降临的毁灭负责。千万年后，当大气中的二氧化碳浓度降回今天的水平，北冰洋又会再度冰封。这会在什么时候发生？由挪威科学家凯瑟琳·斯蒂克利（Catherine Stickley）带领的一个跨国研究团队从罗蒙诺索夫海岭的沉积岩芯中发现，第一次有喜爱冰的藻类在此出现是在 4700 万年前。科学家都相信，在那之前二氧化碳的浓度已经从始新世早期的高峰掉到 1100～1400ppm，所以，也

① 译者注：极北之地，即高纬度的北极地区，一般指北极圈内的加拿大地区，特别指其北部岛屿。

许只要二氧化碳浓度低于这个数值，北极在没有阳光的情况下就能够结冰。也就是说，如果未来人类走上了5万亿吨的碳排放路线，那么从今天起，我们得等上2000～5000年，才能再次看到北极在冬天结冰。至于温和的碳排放路线，则根本不影响北极在冬天结冰。

然而，北极夏天的冰就没那么幸运了。几个不同的研究都指出，北极大约是在1400万～1000万年前开始出现终年不化的冰，那时二氧化碳的浓度与今天相差无几。假设我们把今天的二氧化碳浓度——387ppm——当作北极在夏天是无冰还是冰封的分水岭，那么，温和的碳排放路线会使夏天的北极在未来5万～10万年之内都没有冰。如果是极端的碳排放路线，这个时间会拖到将近50万年。

由于我们早已习惯一个万里冰封、白雪皑皑的北极，因此我们会对碳污染造成的融冰现象感到惊恐、惋惜。然而，对很久很久以后将生活在无冰环境中的我们的子孙来说，他们的感受可能与我们截然不同。眼见北极的海上航路逐渐被冰封锁，他们熟悉的物种接二连三地灭绝，甚至整个海洋生态系统都遭到破坏，他们会像今天的我们一样慌张。那时的海洋生态是在漫长的无冰状态与极地特有的极昼极夜交替之下演化出来的，对那时的人们来说是独一无二的。北极居民在冰上生活的传统求生技巧届时应该已经全部失传，就算是曾经靠狩猎海豹与鲸鱼而兴旺的北极居民的后代，恐怕也不会想生活在那里。

又经过了好多年，也许是在公元10000年——如果我们采取的是温和的碳排放路线，也许又过了数倍之久的时间——如果我们采取的是极端的碳排放路线，那时，北冰洋会如同白雪公主一般，再次被封在晶莹剔透的水晶棺里。曾经盛极一时的北极渔业，曾经船舶交织如梭的西北航路，都将幻化为过往云烟，徒留后人追忆。北极熊——如果它们还能活到那时候的话——或许可以再次漫步于它们最爱的浮冰、冰脊与松软的雪堆之间，寻觅美味的海豹大餐。当然，希望那时候还有环纹海豹能陪伴北极熊，与它们共享北极的海冰。

## 第九章

# 绿色世界：格陵兰

他将他发现的大地命名为“绿色世界”，因为他相信，一个吉利的名字能够吸引更多的人来到这里。

——红发艾瑞克传奇

公元986年，红发艾瑞克率领24艘载满北欧移民的船只，从冰岛出发，前往他们的目的地格龙兰（Grønland），也就是今天的格陵兰。在它崎岖的岩岸上有着硗薄的土壤，上面长有青草与矮小的灌木，勉强可以养活一小群牛羊以及它们的主人。不久前艾瑞克因为财产纠纷杀了他的几个同胞，因此这趟旅程对他来说不只是一次冒险而已。他已经被他的家乡驱逐，这次远航是他翻身的唯一机会。冰岛的土壤向来贫瘠，当时又适逢饥荒，当地居民的日子很难熬。所以当艾瑞克说他能够带领大家找到一个牧草丰美的新家园时，几百名冰岛人愿意跟随他。艾瑞克很幸运地生活在一个许多史学家称之为中世纪暖期[①]的年代。因为自然的因素，地球在数百年间比过去温暖一些，海冰变少，因此航行在北大西洋上不像过去那

① 译者注：大约在公元10～13世纪，欧洲大陆的平均气温比20世纪末高出1摄氏度，格陵兰则高出2～4摄氏度。有研究指出，中世纪暖期也影响到中国等其他北半球国家，并非只限于欧洲。这段温暖期之后就是小冰期。

样惊险。

尽管如此，要在中世纪完成这样的旅程仍非易事。从冰岛出发的船只只有 14 艘平安抵达格陵兰，他们在这座世界最大的岛的南端建立了两个定居点。他们竭尽所能地辛勤耕种以求温饱，并咬牙忍耐每个漫无尽头的冬天。他们居住在石砾与土块搭建的茅屋里，除了柴火，就只有牲口与自己的体温可以为寒冷入骨的屋子带来一点温暖。在那个世界里，他们几乎是唯一的人类，因为当时大部分格陵兰原住民都生活在北部沿海，凭更可靠的浮冰以及更多的海豹与海象过活。这些猎人大约在艾瑞克之前 200 年从加拿大北极圈来到这里，而且几乎不与南部的农夫往来。

公元 1408 年之后，历史记录里就再也找不到北欧与格陵兰之间的任何联系了，到 15 世纪末，格陵兰的殖民地就完全消失了。没有人知道确切的理由。有人怀疑是由于北方猎人的入侵，有人根据考古证据主张，这是由于土壤侵蚀与过度砍伐导致的地力衰竭。然而，更合理的解释是气候变化产生的副作用。

其实，早在 14 世纪，浮冰就再度出现于南方海域了。当俗称小冰期的全球变冷趋势越来越强烈，欧洲的农业因为夏天不够暖和而受创；冰川从阿尔卑斯山上蜿蜒而下，摧毁了瑞士的农业与村庄；第一届冬季“冰上游园会”在冰封的泰晤士河上举办。由于格陵兰得从挪威与冰岛获得铁、工具、额外的食物以及水利建设所必需的长木板，因此一旦海上交通被南下的海冰阻断，格陵兰居民的生活就难以为继。同时，生长季缩短对本来产量就有限的农业的伤害更不在话下。气温的骤降残酷地唤醒了北欧居民的古老信仰，似乎地球经过一段漫长的“寒冬中的寒冬”，世界末日（北欧神话称之为“诸神的黄昏”）就会降临。

姑且不论早期格陵兰殖民者是否真的因中世纪暖期而出现，并因随后的小冰期而消失，这些气候变化确实对格陵兰的生态产生了根本的影响，并主宰了这里人类的兴衰福祸。到了今天，当地球一步一步地走向暖化，格陵兰再次成为环境舞台上最受瞩目的焦点，它的一切变化都牵动着全球观众的喜怒哀乐。

与过去一样，今天的格陵兰还是被北极原住民与北欧人平分：北方是因纽特人，南方是丹麦人。根据 1814 年签订的《基尔条约》（*Treaty of Kiel*），格陵兰原本的主人挪威把这块土地让给了原本只控制着波罗的海出口的蕞尔小国丹麦。在这之后，挪威与美国又纷纷与丹麦争夺格陵兰，但国际法庭在 1933 年的判决中确认了丹麦的权利。格陵兰现在是丹麦的一个自治区，不算是殖民地，但也不是独立国家。

对世界上其他人来说，格陵兰沿海窄窄的一圈适于居住的土地几乎没有任何重要的经济、政治或新闻价值。然而，人类世的全球变暖使一切都改变了。

今天，全球关心气候变暖的人都把焦点放在格陵兰的融冰之上，这不是没有道理的。西南极的冰原同样值得关心，但格陵兰又不太一样。首先，这里的居民超过 5 万人，但南极没有人。其次，由于南极的冰棚越来越支撑不住从陆地延伸到海上的冰体而相继断裂，南极冰的稳定性也降低了；格陵兰的冰也许不会像西南极冰原那样整块坠入海中，但由于它离北极较远，夏天的融冰量也相当可观。格陵兰冰原的最南端已经远远超出北极圈，纬度与安克雷奇、奥斯陆、赫尔辛基差不多。格陵兰本身是一个冰川大怪物，从上一次冰期延续到今天，并靠自身的力量维持低温。一望无际的冰雪可以反射掉大量太阳能，使这里低于它原本该有的气温。海拔高达3.4千米的中央高丘也能靠着高海拔来维持其低温。在格陵兰北部海拔最高的地方，年平均气温可低达零下30摄氏度。

但在低海拔地区以及气候较暖和的沿海地带，冰正在急速流失。游客、记者、科学家与当地居民会告诉你，融化后的冰雪先是注满了湖泊，接着又逐渐干涸。此外，由于冰流（ice stream）[①]的消退，雪崩发生得更频繁。峡湾里的海冰不如以往厚实，猎人再也不敢行走于其上。

这些都是全球变暖时代里大家耳熟能详的常识。然而，在这些表象之后还有些问题值得进一步探索。这里的冰还能够维持多久？当冰都融化得差不多之后，这里的景象又会是怎样的？

要预测格陵兰的冰还能在全球变暖的形势下撑多久，首先我们得知道它的总量以及流失的速度。根据最新科技的侦测，格陵兰的冰应该有260万～290万立方千米，几乎可以建造一个棱长为90英里的正方体。以美国与德国合作制造的人造卫星“优雅号”〔GRACE，全称是重力场恢复与气候实验卫星（Gravity Recovery and Climate Experiment）〕为代表的太空科技，也证明格陵兰沿海地带流失的冰要比我们过去以为的多，而且侦测到的速度越来越快。科罗拉多大学的冰川学家康拉德·斯特芬最近与我分享了他最新的科学发现：“‘优雅号’发现，现在每年损失的冰大约有2000亿吨，其中40%～50%来自表面融冰，剩下的来自与日俱增的冰山崩裂。格陵

① 译者注：冰流是冰川的一种，它移动的速度比周遭的冰快。在南极有许多冰流，最大可达50千米宽，2千米厚。

兰的总冰量自从1995年开始就增加少，流失多，而且流失得越来越快。”美国国家航空航天局的戈达德太空飞行中心有一个由斯科特·路斯克（Scott Luthcke）带领的研究团队，他们认为格陵兰每年的融冰量相当于六条科罗拉多河的流量。另一群科学家估计，近来有增无减的融冰已足以灌满一座伊利湖了。根据这些说法，格陵兰冰原的末日指日可待。但果真如此吗？

为了弄清楚格陵兰的融冰问题，首先我们得搞清楚那里的冰的规模才行。如果我们不知道格陵兰究竟有多少冰，只知道每年流失多少冰是没有意义的。一年损失六条科罗拉多河听起来确实很吓人，仿佛梅尔维尔小说里垂死的鲸鱼。然而，若是我们知道格陵兰冰原的实际体积，六条河的流量不过是九牛一毛。以2003年到2008年之间每年流失200立方千米的速度来算，整个冰原最快也要14500年才会融化殆尽。

当然，随着全球变暖日益加剧，格陵兰冰原的末日也会加速降临。计算机模型已经多次模拟气温再升高会对格陵兰产生什么影响，但由于冰原变化的复杂性超出这些模型的能力所及，所以每次模拟出来的结果都不尽相同。如果北极的气温上升6～6.5摄氏度，然后保持不变，有些模型预测格陵兰将在2万年之后一块冰也不剩，但也有模型预测3000年即可。如果气温上升8摄氏度，然后同样保持不变，各个模型预测出来的结果中，长的有5000年，短的只有1000年。这些条件在全球变暖之下都是可能出现的，但即使在最极端的情况下，格陵兰的冰也不会像很多人想象的那样瞬间消失。

我们如果关注格陵兰的冰的净流失，就能发现今天它对海平面上升的贡献不如原本的预期。到目前为止，大部分融冰都发生在沿海地区，那里海拔较低，气温较高，还有海水的侵蚀作用。最近，每年因为融冰而流失的水大约为1000亿～3000亿吨，各家的统计结果不太一样。而有1/10～1/3的全球海平面上升是这里的融冰导致的。

格陵兰会损失这么多冰，固然可以归咎于全球变暖，但它本身广大的面积也是主因之一。虽然我们都说它是一个岛，但它南北长达2500多千米，东西宽约1100千米。它的面积与沙特阿拉伯相当，是安大略省的两倍，得州的3倍，约为法国的4倍。如前所述，其上的冰将近290万立方千米。想象一下，如果我们能够把它放在一盏加热灯之下，看着它从表面开始一层层地融化，那么需要成千上万年它才会全部化成水。

不过，在现实世界里，冰原的融化没有这么简单。它的融化过程会有一发不可收拾的加乘效果。具体来说，巨大的冰体会成块地崩裂，而不只是涓涓滴滴地悄悄流走。除此之外，还有许多其他因素掺杂在融冰的过程中，因此我们至今无法准确预测极地冰原的未来。

首先是冰川移动的问题。陆地上缓慢爬行的冰川顺着河谷蜿蜒而下，从海岸滑入海中。它们的速度时快时慢，但没有人知道变化的规则或原因。譬如说，格陵兰东海岸的黑尔黑姆冰川的流泄速度最近突然增加了一倍，然后又慢了下来；而西海岸的雅各布港冰川从1992年开始就以以往两倍的速度流泄，而且至2009年为止毫无减速的迹象，西部中央冰原于是日渐减损。有人说，冰川快速流失是因为沿海冰棚消失，以至于前者完全不受阻拦就能冲到海上。也有人说，冰川融化后，水流到冰层底下，与湿泥共同形成了润滑剂，上头的冰川就好像踩着香蕉皮一样，滑动当然快。

另一个干扰因素是底层冰物理性质的改变。冰雪在经年累月的沉积之后，底层的冰承受着来自上方巨大的压力，这导致它的分子结构产生变化，它不再像鸡尾酒里叮叮作响的冰块那样清脆，而是像柔软有弹性的黏土。这种变化赋予冰原移动的可能。当它越来越庞大时，它会被自己的重量挤压着朝旁边滑动。这也就是为什么冰期的冰川会在地表留下那么多刮痕与沟槽——冰层底部挟带的大小石砾发挥了斧头与凿子一般的功用，对大地进行了雕琢。冰期过去后，北半球的冰原不再具备横向移动的能力，因为它不够厚了。留在南方的冰川没有缩回北方，而是逐渐融化，它们手上的雕刻工具散落一地，好像春天的残雪一样。

当上升的气温逐渐融化冰原的表面，冰原下层承受的压力就小了，它会恢复原本较大的晶体结构。当科学家从年深日久的冰原中挖出长长的冰柱，往往需要把它们放在冷冻库中等待其膨胀并恢复稳定。否则，离开原址后它们很可能会碎裂。在大自然里，从重压中释放出来的冰层的膨胀与破裂足以引起冰震（icequake），导致剩余的冰上出现裂缝。不过，这并非冰原上最壮观的景象。当冰川战栗着向前冲，末端的冰山会因为重量太大而从冰川临海的一面断裂，其场面如天崩地裂般骇人。

冰原的裂缝除了直接弱化冰体的结构强度之外，还有其他不良影响。冰原融化后的积水原本可以从边缘低处排走，或是等到冬天再次冻结，但如今它们会顺着裂缝向下钻，它们的重量就好像劈开木柴的凿子，会扩大裂缝的宽度。如果这些水顺势一直流到地面，它们还会融化底层的冰体，或是产生润滑作用，加速冰原朝海边滑动。

雷达成像显示，格陵兰冰原底下藏有大量积水，它们不是从表面流下去的，就是被较温暖的底层岩石融化的。如果这些湖泊般大小的积水区变得更大，或是海水从边缘渗透，进入底层基岩的深深沟谷之中，其上冰原的稳定性就堪忧了。我在缅因大学气候变化研究所的一场研讨会上请教过冰川学家戈登·汉密尔顿一个问题：这厚重的冰原最后有没有可能浮起来呢?

“当然有可能，水不会收缩，所以当它渗透到下方的时候确实可以从底部把冰举起来。”他这样回答。我想起当天早上一场报告中展示的画面，某海边一条像蛇般弯曲的冰川，竟然会随着潮水高低起伏，仿佛它正在呼吸。“而且，如果冰不再盖住盆地的边缘，海水就会趁隙流进来。然后冰会被潮汐带着上下波动，最后被折断。”

另一个加速冰原消退的途径是降低原本海拔高、气温低的冰层表面。在格陵兰中央高原上，高度与低温使那里的冰几乎不会融化。由于那里的积雪还会增加，因此还能弥补沿海地区的融冰。然而，这仍不足以抵销整体的净流失。而且，只要北方大气与海洋的温度继续增加，这个差距只会越来越大。

汉密尔顿补充说：“如果沿海的冰继续融化或崩裂，中央高原就会下沉，海拔越低，气温越高。于是，冰会在夏天融化。融化又导致再次下沉。如此循环下去。”这个过程会一直持续，直到冰原越来越薄，最后由于压力不足而不再横向移动。剩下的一点冰只会从表面融化，直到通通消失为止。

此外，地壳的反弹作用也必须考虑进来。巨大的冰原坐落在地壳之上，使之有如我们屁股下的椅垫一般弯曲。当冰原消失或减少时，地壳会反弹回来。即使上一次冰期已经在一万多年前结束了，今天美国东北部仍然有反弹型地震发生。在格陵兰，科学家也经常勘测到新的反弹作用。从 2001 年到 2006 年，光是黑尔黑姆冰川在东南部损失的冰，就使下方的基岩至少上升了 8 厘米。如果当地的冰继续减少，越来越严重的反弹作用就会在剩下的冰层里制造更多的裂缝。

综上所述，我们过去对格陵兰融冰速度的估计可能太过保守了。许多冰川学家现在担心，冰原表面迅速融化、底层滑动或海平面上升等因素都很有可能会引发大规模的崩裂。但也有人提出比较审慎的看法，认为一旦冰原的主体部分退缩到离海岸很远的地方，融化的速度就会减缓很多，因为它将不再受海水的影响，冰山也不会再一股脑儿地崩裂。当然，科学家对此尚未达成共识。这是一个全新的科学领域，而我们对所有现象都还只是一知半解。总而言之，我们知道全球变暖一定会导致冰体的融化，但除此之外，我们连融化的速度都无法肯定，其他的也都只是推测。

更加遗憾的是，我们甚至无法从古代的地质记录里找到相关的蛛丝马迹。然而，我们能掌握的长期历史趋势告诉我们，格陵兰的冰拥有非常顽强的生命力，我们或许不必如此惶惶不可终日。从纯科学角度来看，其实我们应该很惊讶，时至今日该地居然还有冰原存在。冰期时，北极附近有更大的冰体，但因为抵抗不了随后的暖化而消失了。何以目前处在气温更高、纬度更低的地区的冰体却留了下来？

在遥远的过去，那时的冰显然也有强大的韧性。即使经过伊缅间冰期 1.3 万年左右的暖化，格陵兰的冰仍有 1/3～1/2 保留了下来。这几乎是一个奇迹，因为根据我们从巴芬岛挖掘出的一个古代昆虫遗骸，那时夏天比今天足足高出 5～10 摄氏度。更早之前，一段长达 3 万年的间冰期同样未能彻底消灭格陵兰的冰。

另一方面，历史上确实发生过超级融冰事件，特别是当地球上可移动的冰比现在多的时候。大约在 14500 年前，大约两倍或 3 倍于格陵兰冰原水量的融水，在 500 年之内注入海洋。因为冰芯表明当时格陵兰还有很多冰，因此那次超级融冰应该主要发生在别处，或许是两极。

在冰期结束后，盘踞着加拿大东部与美国东北部的劳伦泰大冰原，不但边缘逐渐往后退，其中央高丘也愈发不稳定。在今天哈德逊湾的地方就发生过一次惊人的大崩裂，其成因应该是冰原底下的低地里渗进了海水。大崩裂之后，大量冰山漂进北大西洋里，劳伦泰大冰原从此四分五裂，只在巴芬岛、拉布拉多与北魁北克留下七零八落的“残骸”。

从劳伦泰大冰原这里我们了解到了三件事。第一，一个比格陵兰还大的冰原可以在短短几个世纪之内就被毁灭。第二，格陵兰的大部分冰经过了数千年的暖化居然没有消失。第三，海水冲蚀对冰的杀伤力也许更胜于气温上升造成的融化。换句话说，格陵兰的巨大冰原的特异之处，不在于它还在顽强地负隅抵抗。事实上，正是它的孤立隔绝，使它免于遭受与劳伦泰大冰原相同的命运。它真正的特异之处在于，它是唯一的。如果当初不是因为冰后期海水上涨，哈德逊湾地势太低，第二大冰原现在说不定还矗立在加拿大的东北部呢！

然而，这么说的目的不是要我们高枕无忧。首先，尽管格陵兰的冰撑过了伊缅间冰期，但地球在未来会变得更热，而且，一部分冰——虽然只是一部分，但其实也不少——已经在早期的暖化中崩裂了。更重要的是，决定未来极地冰原之生死的，与其说是气温上升的幅度，不如说是暖化时间的长短。即使只有1万亿吨的碳排放，地球也会比今天温暖上万年，而且如今格陵兰夏天损耗的冰就已经超过冬天增加的了。从人类造成的暖化规模来看，绝大多数甚至所有现存的古老冰川、冰原，应该都是凶多吉少了。

2005年，冰川学家理查德·艾力（Richard Alley）与来自美国和欧洲各国的同行共同发布了一份研究报告，报告中用计算机详细地描绘了冰川消退的路径。他们的计算机假定二氧化碳浓度会稳定地保持在550ppm，而格陵兰上方的空气温度会因此上升3.5摄氏度。到了公元3000年，格陵兰冰原的西南部会被啃噬出一个深陷的裂口，冰原的四周也有所萎缩。到了公元5000年，冰原只剩下1/3。只要二氧化碳浓度保持在550ppm，冰原的消失只是时间问题。

艾力的团队还模拟了一个更残酷的未来，届时二氧化碳浓度高达1000ppm，气温上升7摄氏度。这数字虽然吓人，但还远不及5万亿吨的碳排放可能产生的后果。但即使如此，到了公元3000年，格陵兰有一半的冰会融化。到了公元5000年，只剩下东海岸某些高山上会残余些许冰川。

然而，这项研究并没有充分考虑缓慢的表面融冰之外的其他加乘因素，因此，实际上所有的冰可能在1000年之内就融化光了。不过，这项研究指出的冰川融化的影响还是值得我们参考的。

数百年后，譬如说公元 2500 年，格陵兰会变成什么模样？艾力的研究显示，在温和碳排放路线下，除了沿海的冰会变薄一点之外，不会有其他显著的变化。如果是极端路线，那么单凭表面融冰的威力，就足以使西南部大部分地区——其面积大约占格陵兰的 1/3——失去所有的冰。

假设 2500 年时丹麦还存在，而且还控制着格陵兰，那么格陵兰的融冰会使丹麦从这里获得不少新土地，但海平面上升会淹没丹麦本土的低地。也就是说，如果碳污染甚为严重（如果碳排放温和一点，这会晚数百年发生），公元 2500 年时丹麦能获得格陵兰 1/3 的新土地，面积大约为 72.5 万千平方千米。相比之下，丹麦本土面积只有大约 4.3 万平方千米。

解冻后的新格陵兰无疑可以增加一些植被，变得绿意盎然，更符合其“绿色世界”（Greenland）的美名。但这里能长出什么植物呢？此地仍在北极圈当中，在极夜的冬天里气温仍会低得吓人。如果气温能够上升几度，同时岩石密布的沿海地带能累积足够的沃土，或许适合冻原与北方森林生长。此外，我们还有前人遗留下来的记录可以参考。

根据古代北欧人保留下来的记录，在中世纪暖期，格陵兰曾出现过 6 米高的桦树，山坡上还有干草与柳树。参差错落的桦树与柳树仍然生长在今天格陵兰的沿海地带，而且大多数碎石嶙峋的海岸在夏天也会有一丝丝绿意，虽然只有地衣、一簇一簇的羊胡子草[①]、

① 译者注：北半球温带湿地常见的植物，在北极冻原尤多。

耐寒的高山花卉，以及稀疏的灌木。

地底下的历史陈迹也能告诉我们，在长期的暖化中这里曾出现过哪些植物。格陵兰南部海底中的沉积物中含有花粉与孢子，它们都是在过去100万年里被吹入海中的。在40万年前的一次间冰期中，这里几乎被针叶林占满了。此外，科学家曾在一条长达1.6千米的冰芯的底部，找到了来自紫杉、赤杨、松树、冷杉，以及蝴蝶、蛾、甲虫等生物的基因物质。

有些专家认为，树木在格陵兰生长的主要障碍是从高耸的冰原上俯冲而下的凛冽寒风。因此，每当暖化使冰原的前端退回内陆，树木就有办法在海边长出来。所以，我们有理由在2500年的格陵兰看到桦树、柳树、冷杉、松树、紫杉与赤杨。到时候当地的居民应该会很高兴，再也不用付出高额代价从海外进口柴火与建材了。

北欧国家常见的农作物，如马铃薯、芜菁、甜菜、卷心菜、胡萝卜与黑麦，都可能被引进格陵兰，给居民提供便宜实惠的新鲜蔬菜。在青贮饲料[②]可以大量生产之后，饲养牲口的成本也会降低。格陵兰南部已经成功饲养绵羊与麋鹿了，根据最近《明镜周刊·国际版》（*Spiegel International*）上的一篇文章，丹麦政府正着手利用日渐温暖的气候在当地发展畜牧业。

北冰洋融冰之后，其开放水域的渔业将欣欣向荣。与此同时，格陵兰这一新世界将苏醒过来。格陵兰港口地理位置甚佳，十分适合发展渔业，以及与北极周边的国家发展贸易，并顺势带动当地的造船业与海产品加工业。在那暖化兼酸化的海水里，格陵兰的渔夫

② 译者注：青贮饲料由含水量大的植物性饲料经密封、发酵而成，主要用于喂养反刍动物。

可以一如既往地捕捞鳕鱼、比目鱼、虾和鲑鱼，而且产量会提升，此外，还会捕获以前只有南方才有的鲭鱼。据估计，只要格陵兰西海岸的鳕鱼种群稳定，光是这一项收入就可以抵过如今丹麦每年对格陵兰的投资。无论如何，夏季无冰的北极渔场是大有潜力的。

此外，格陵兰内陆也可以发展渔业。英国冰川学家乔纳森·班伯（Jonathan Bamber）在2001年公布了一项针对冰原底下的地形的调查，发现格陵兰中部已经因为堆在上头的冰的重量而变形了。如果南方的冰融化了1/3，中央凹地的尖端就会露出来，并被融水填满。这片辽阔的湖可以养育不少鲑鱼与鳟鱼，极具休闲娱乐与商业价值。

冰原底下的岩层自然也有其妙用。丹麦地质学家试着分析没有被冰覆盖的海岸地带，以了解内陆地区的岩层。从地质学的角度来看，格陵兰是加拿大大陆向东边的延伸，它最为人所知的是大量的花岗岩与片麻岩，而不是宝石和金属之类的抢眼之物。然而，在这个看似不起眼的贫瘠之地，也有一些值得一提的闪光亮点。

今天，在没有冰封的地区，至少已出现了十个蕴藏金矿的地点，还有好几个正被开采的钼矿与铅锌矿。红宝石矿所在多有，西南海岸更是分布着含有钻石的金伯利岩[①]。在首府努克附近，一种暂时被称为格陵兰宝石的绿色矿物刚被人类发现，潜在的商机值得期待。除此之外，冰原之下还埋藏了铜、白金、铀、钛、镍与铁等矿产，有待于进一步开采。石油业者则垂涎于格陵兰附近海域的丰富储藏。根据美国地质勘探局的评估，光是格陵兰东部的裂谷盆地就

① 译者注：金伯利岩是一种含钾量高的火山岩，因时常含有钻石而闻名。金伯利本是南非的一个城市，金伯利岩的名字由此而来。

有 90 亿桶的石油储量，还有 2435 立方千米的天然气。

辽阔的土地，新兴的农业、畜牧业，丰富的水产、矿产以及化石燃料，凡此种种，将为新格陵兰带来强大的经济实力。当然，前提是不发生任何严重的漏油事件。然而，发生这么大规模的生态变化，不可能没有受害者。过去，活动于坚实的冰面上并靠它猎捕海豹的因纽特人，恐怕难以在暖化的北极圈里传承他们的文化。同时，抽取原油的过程中难保不会漏油。不过，总体来看，格陵兰会是全球变暖的受益者之一。

然而，格陵兰的未来也不一定一帆风顺。有两个不确定因素是值得我们担忧的：其一是融冰的实际速度，其二是谁会在未来控制格陵兰。文化与政治因素恐怕比自然因素更能决定格陵兰的未来。超级强国是否有可能随便找个理由就入侵格陵兰呢？在格陵兰西北的图勒（又称卡安纳克）就有美军基地，美国大可近水楼台先得月。某一次世界大战是否会让我们回到石器时代的状态呢？或者格陵兰的原住民会揭竿而起，赶走来自丹麦的统治者？凡此种种，都充满了变数。

现在，让我们回到全球变暖这个话题上来，并思考一个更遥远的问题。如果有一天格陵兰的冰全部融化了，那会是什么模样？

我们可以暂且不管融化的根本原因与什么时候才会全部融化，只想象一下它会经历哪些过程。英国气象局的科学家杰夫·里德利（Jeff Ridley）曾详细地描绘出格陵兰大融化的每一个步骤，在此我们可以借重他的研究成果。

里德利假设未来的地球被笼罩在中等强度碳排放的大气当中，二氧化碳的浓度始终是 1160ppm。在这种情况下，到了公元 3000

年，格陵兰沿海的冰会全部融化，占全岛面积 1/3 的低地也都暴露出来。但此后融化的速度开始放缓。一是因为冰原的边缘变得很陡峭，因此受到的日光直射较少。二是因为此时的冰山都退缩至内陆地区了，不会再整块崩塌入海。这对航行在海上的船只来说无疑是一大好消息。这时浮现的融冰湖直径最大可达 160 千米，上头刮着北极吹来的寒风，下头从支离破碎的古老冰原那里接收潺潺细流。夏天，农场与森林里会有一点绿意，而这些深色的地景又会引发新一轮的气候变化。

失去大部分具有反射作用的冰原后，格陵兰的气温会明显上升。冰原消融之后，裸露的地表颜色变深，高度降低，使得沿海地区的气温在夏天能够上升 13 摄氏度，即使在冬天也可以上升 7.5 摄氏度。若是再加上温室效应，三者合力，可以将格陵兰的年平均气温抬高 10.5 摄氏度或更多。以图勒 / 卡安纳克为例，7 月的平均气温会高达 15 摄氏度，隆冬时节会是零下 25 摄氏度。

盛夏时节，烟柱状的热空气飘浮在融冰区上空，随后将包围中央冰原。在那里，热空气会被冰原冷却，然后顺着山坡下沉，在当地形成一种封闭循环的新形态天气系统。这些从冰原边缘倾泻而下的冷空气能降低沿海地区的气温，夏天的融冰可能因此再次冻结，于是延长了这些冰的寿命。

另一方面，有一股旗鼓相当的环流圈吹向大海，并将北大西洋上潮湿的空气吹向格陵兰。结果，格陵兰各地夏季的天气有很大的差异。来自冰原上方的冷风对住在四周的居民来说实在是一种折磨，但海边的人就可以享受令人心旷神怡的海风。处在两者之间的隆起带的特色则是大量的雨水与暴风雪。

到了公元 4000 年，只剩下 1/3 的冰残留在东部山区里。当冰原因长期融化而高度降低，原本从格陵兰南端绕过的西风现在能够轻易地长驱直入，直逼欧洲。这改变了侵袭欧洲的风暴的路径，并降低了位于格陵兰东方与下风处的巴伦支海的气温，海面上的浮冰也会因此而增加。如果北极熊与环纹海豹还能活到这时候，斯瓦尔巴群岛与新地群岛[①]的区域性低温也许能把它们吸引过来。

最后，到了公元 5000 年，格陵兰无论寒暑几乎都没有任何冰能留下来。在东海岸，高达 3700 米的高山庇护着最后一点所剩不多的冰川。如果在遥远的人类世里还有圣诞老人，这些山很有可能正是他的秘密基地。事实上，大多数北欧小朋友一直以来都认为他们的精灵 Nisse 或 Tomte 住在那里[②]，只有美国小孩才认为圣诞老人住在北极。

到这个时候，格陵兰已经全然不同了。经过巨大的冰原千万年来的重压，底下的岩层已经低于海平面。冰原融化后，上升的海水顺着北部狭窄的谷地钻进来，灌满中部的低地。从高空俯瞰，一个长 800 千米，最宽可达 500 千米，深约 450 米，岛屿星罗棋布，外形像是花瓶的峡湾在格陵兰中部形成了。它可能被许多城镇、农田、公路环绕，在渺无人烟的地方，则是郁郁葱葱的云杉与桦树林。由于处在陆地当中，水面风平浪静、波澜不兴，适合各式各样的船只航行。通过北部两个出海口，既可前往新兴的北方渔场，也

① 译者注：俄罗斯在北冰洋内的群岛，位于巴伦支海和喀拉海之间，全年冰封。

② 译者注：Nisse 是挪威与丹麦文，Tomte 是瑞典文，两者原本都是指保护农田与小孩的精灵。从 19 世纪开始，其形象逐渐演化为圣诞老人。在北欧传统中，他不住在北极。丹麦人相信他住在格陵兰，而芬兰人认为他来自北方的拉普兰地区。

可由内陆水道抵达岛上的大部分地区。

当我第一次知道格陵兰会出现一条新的内陆水道，我知道它总会需要一个新名字，也许我应该抢个头香。未来可能会有一位地理学家找到一本斑驳、泛黄的《十万年后的地球》，并用我的创意来为该处命名。我原本想开个小玩笑，取个丹麦人无法发音的名字。我曾在丹麦住过一段时间，有个令我忍俊不禁的发现，丹麦人无法念出“refrigerator”（冰箱）这个词，就好像大多数以英语为母语的人在念“røged ørred”时舌头都会打结。那就叫“冰湾”（Fridge-fjord）好了。说正经的，“新峡湾”（Ny Fjord）是个不错的选择，当然最终还是要尊重格陵兰本地人的意见。

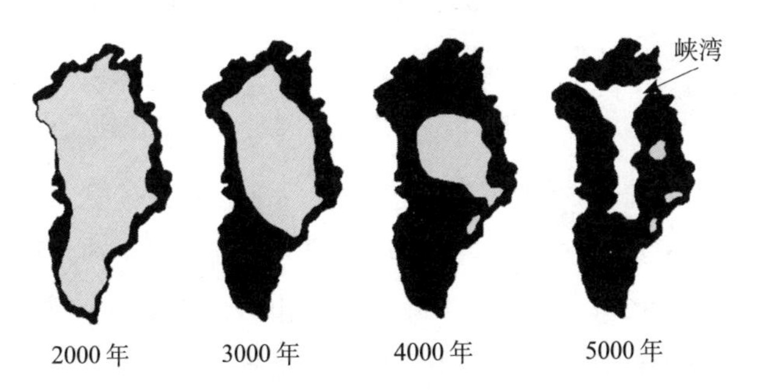


这幅图展现了中等强度的碳排放路线下格陵兰冰盖的融化进程。
（来源：Alley et al., 2005）

然而，无论如何，这幅画面不是永恒的。新峡湾迟早有一天会从地图上消失，而摧毁它的正是造就它的融冰过程的延迟反作用。

在上一次冰期侵袭环北极地区的时候，被冰覆盖的基岩下沉了数十米，陷入黏稠的地幔之中。一旦冰川消退，地壳就会慢慢反弹回来，这一过程今天也仍在进行。在一幅以北欧为中心的反弹速度图上，我们可以看到沉重的冰川留下的深远影响。反弹最快的地区是波罗的海的西北角，以这里为中心，一圈圈同心圆向外扩散出去。在瑞典的吕勒奥，陆地每年上升 8 毫米。沿着波罗的海海岸往南，上升的速度递减。斯德哥尔摩的速度就只剩下一半，马尔默只剩下 1/4。等到格陵兰的冰开始大量融化，同样的现象也会发生。

公元 5000 年时，不再受冰原压迫的土地开始向上反弹。新峡湾里水体的重量会产生一点阻力，但阻挡不了大趋势。被压得最深的中央盆地的底部，到那时已经反弹 1/3 了，其速度毫不亚于融冰速度，但剩下的过程需要更多的时间来完成。公元 5000 年，新峡湾的底部每年会上升 6～7 厘米，地震会经常发生，格陵兰中部所有的城镇与农庄将有如惊弓之鸟。

到了公元 8000 年，新峡湾只剩下最初的一半深了。连通新峡湾与海洋的峡谷还没有消失，因为海岸地带上升的幅度不如中央低地，此外，大量的极地融冰导致此时的海平面又升高了许多。然而，上万年之后，不仅二氧化碳的浓度会越来越低，海平面也会再次下降，地壳的反弹会使原本新峡湾的出海口高于海平面，切断新峡湾与大洋的联系。注入其中的淡水会渐渐降低它的盐度，新峡湾最后变成了一座湖。

类似的现象在上一次冰期过后不久发生在北美洲东部。刚解冻没多久的圣劳伦斯河谷地低于海平面太多，以至于滔滔海水从东面涌入，填满了没有冰的尚普兰谷地。[①] 在数百年中，人们站在

① 译者注：圣劳伦斯河连通北美五大湖与大西洋，往南与尚普兰湖连通。该湖介于加拿大魁北克省、美国佛蒙特州与纽约州之间，伯灵顿与普拉茨堡分别在其东西两岸。

今天佛蒙特州伯灵顿的湖畔，就可以看到海豹与鲸鱼在水里游泳。而且现在纽约州的普拉茨堡还可以挖出新奇的蓝贻贝与白樱蛤的外壳。但尚普兰海的寿命很短。没过多久，陆地反弹，它的生命就到了尽头，连带拉着许多无辜的海豹、鲸鱼、贝类陪葬。不久之后，尚普兰海就被河流与降雨稀释了，于是变成了今日的尚普兰湖。

等到公元10000年，新峡湾也许比佛罗里达州还大一点，但它的基岩已经比今天高出许多了，水深只剩下100米。再过数千年，湖岸地带的上升使得湖面越来越小，在某些地方我们还可以看到过去的码头与港口城市的遗迹搁浅在内陆之中。

漫长的气候鞭尾效应至此已告一段落，地球已慢慢回复到今天的气温。但这个转变很慢，也许100年的改变还不足1华氏度，因此一般格陵兰居民可能感觉不到。然而，一群靠海为生的人应该会注意到海水的却退。他们也许会如同20世纪与21世纪的我们一样，只得顺其自然地接受这一切。即使如此，因为气温不断下降，格陵兰人得花越来越多的资源与预算来维持冬天里的温暖。生长季节的气温越来越低，时间也越来越短。即使在春天，海边还是很容易看到冬天留下来的浮冰。

熟习地球气候变化史的人应该可以从这些小迹象看出，山雨欲来风满楼。但有些人会相当雀跃。如果公元10000年的媒体还是像今天一样唯恐天下不乱，他们的标题会是耸人听闻的“全球变冷袭击格陵兰，末日冰封即将降临”。为了刺激收视率，播报员将绘声绘色地报道严寒又夺走了多少人的性命。而且，此刻人们讨论碳危机的时候，担心的不是温室气体太多，而是太少。有些人开始怀念他们祖父母时代的地球，那时的气候更暖和，植物更多，大地充满了生机。这时，他们可能会与数千年前的历史悲剧主角产生共鸣。随着红发艾瑞克来到格陵兰的北欧移民，同样在中世纪暖期结束后被海冰包围，从此音讯全无，生死未卜。

然后，又过了许多年，反弹作用已经使新峡湾下的地壳超过了地面高度，所有的水又流回了大洋。确切的日期我们不得而知，也许是公元 50000 年。格陵兰的地形始终在变化，原本是高耸的冰原，然后是凹陷的盆地，继而又反弹成山丘。由西到东，森林、农田、村落蜿蜒而上。滚滚流水充满了原本冰封的峡谷，从东部陡峭的山巅奔向大海。等到大气里的碳含量下降到不足以暖化地球时，新一波的冰川将从这些山地开始，夺回曾经属于它们的地盘。

整体来看，就算格陵兰最后不能保住新峡湾，这一系列的变化对它来说还是利大于弊。然而，几家欢乐几家愁，狭小的丹麦却会因为海平面上升而面积缩水。在极端的碳排放路线下，格陵兰的冰有一天会全部融化，再加上南极的融冰，海平面的上升幅度可能会超过 12 米，宽广但平坦的洛兰岛[①]会被淹没，日德兰半岛[②]也会被海水一分为二，与欧洲大陆断开。如果我们对未来的预测没有错，那么最近丹麦放松对格陵兰的控制，其实并不是很明智。它也许失去了一个重要的保障，毕竟格陵兰是少数能在全球变暖中获益的地区。

1979 年，格陵兰从丹麦手中取得了一定的自治权，根据自治

---

① 译者注：位于丹麦东南角，是丹麦第四大岛。

② 译者注：欧洲大陆向北深入北海与波罗的海之间的半岛，南部属于德国，中部与北部构成丹麦的主体。

议会的决议，除了外交、国防、货币与司法之外，其他权力都交由格陵兰人自主行使。2008 年，格陵兰的 5 万名因纽特人与 6000 名丹麦人对丹麦统治的反感日益加深，呼吁更充分的自治权。11 月，当地居民通过一次无拘束力的公投，主张完全独立。从他们的角度来看，人类世未来的暖化对全面独立是有利的。当北冰洋全面解冻，大地从寒冬中苏醒，原本被深埋在冰原下的矿藏不再难以开采，格陵兰将焕然一新，成为一块富饶繁荣的乐土。

反之，丹麦人很清楚他们的处境日益窘迫，因此他们势必会铆足全力说服他们的老朋友不要独立，或者至少在独立后与丹麦保持友好关系。很快，丹麦人会发现，他们需要格陵兰远甚于格陵兰需要他们。

# 第十章

# 那热带呢？

所有的统计模型从根本上说都是错的，但有些是有用的。

——统计学家乔治·博克斯（George Box）

在肯尼亚北部一片荒凉、人迹罕至的沙漠中，有一座长约290千米、闪耀着祖母绿光泽的咸水湖，叫图尔卡纳湖。在它的西边，曾经有一个水不深但很开阔的浅湾，叫弗格森湾。如今其上铺着坚硬的柏油路面，一阵热风吹来，白色的石英砂宛如灵蛇般卷曲滚动、嘶嘶作响。被太阳烤得火烫的沙子与荆棘般的灌木丛好像两只手，环抱着这个已然干涸的浅湾。这里一度游鱼遍布，生机盎然。

1988年，弗格森湾不过是骆驼与图尔卡纳牧民的集散地。曾有一条绵延数百米的防波堤，从不是很陡的湖边通往水深足以让船只停泊的湖心，上面的木板早已被附近的村民拆了当柴烧，如今只剩下锈烂了的钢铁骨架。再往西走一点，一座偌大的建筑空在那里，看着好像是飞机棚，当风穿过它七疮八孔的金属外壳时，仿佛发出呜呜咽咽的哭声。在20世纪70年代末，挪威人投资了数百万美元，在这里建设渔获冷藏与加工处理设备，满心期望能够说服当地固执的牧民放弃他们的牛羊，转而以捕捞这片碧绿的湖水中的尼罗河鲈鱼与其他鱼类为业。他们以为这样就可以帮助图尔卡纳人融入更有保障的现代经济体系，摆脱贫穷与干旱的梦魇。

他们很快就发现这根本行不通。在烈日当头的沙漠里，光是冷却这座巨大厂房所需的花费就超过了所有收获所能创造的利润。图尔卡纳人对这项计划也不热衷，传统上他们只在饥荒时才吃鱼，也没有可以在深水区捕鱼的船。他们把弗格森湾当作一个大鱼塘，人们直接走进水深仅仅没过脖子的湖里，手拉着网与串成线的诱饵，在浑浊的水中捞鱼。在同一片水域中追赶同一种鱼的鳄鱼时常出现在这些捕鱼人的身边，让人心惊胆战。有时候，一时疏忽的孩子就这样命丧黄泉。与此同时，牲口将已经很稀少、多刺的植被啃食殆尽，逼迫图尔卡纳人非得更加依赖捕鱼不可。

谁都没想到，湖水突然开始变少。弗格森湾日渐干涸，最后一滴水也不剩，图尔卡纳人的主要渔场就这样没了。许多人带着剩下的牲口逃到山上，远离植物被吃得精光的村落。显然，原本筹划这一切的人忘了，或是根本没想到，湖水是会变化的，而且图尔卡纳湖长期以来就是如此。后来，挪威派了一个专家来评估这座“沙漠渔场”之所以失败的原因，他痛心疾首地说了一句话：“我们怎么会这么笨？”

从事后之明来看，这的确是一个自以为能够为传统部落带来繁荣幸福的外地人常犯的愚蠢错误。我在1988年重游弗格森湾时，回想起7年前在这里乘船游湖，当时那短命的渔获工厂仍在运作，更为这荒唐的决策感到惋惜。然而，这样的错误其实很容易发生。就算是心存善意，但若对当地居民的物质与文化环境缺乏充分、深入的了解，类似的悲剧很可能会重演。现在，许多人考虑到迫在眉睫的气候变化对热带国家可能造成的伤害，热心地伸出援手。但在出钱出力之前，必须认清一个事实。在地球上的各种气候环境当中，我们对热带气候的了解是最不充分的。如果我们连正在发生的事都还不清楚，又怎么可能正确面对尚未发生的事？

从政府间气候变化专门委员会最新的评估报告中，我们可以看出，人们在分析与预测 21 世纪气候概况的时候，热带地区受到的关注远不如高纬度地区与地球的整体环境。热带并非不重要，它占了地球表面 2/5 的面积，供养了几乎一半的全球人口。有人认为，这是因为大部分从事气候变化研究的国家都不在热带，他们关心的是北半球夏天和冬天的气候状况，而不是春天和秋天这样的降水淡季——即便在那些地区的降水淡季，绝大多数赤道地区仍然豪雨如注。此外，对热带来说，降雨模式对当地生态的影响比气温的影响更大，但计算机很难针对降雨模式做出准确的模拟与预测。大部分专家都承认，比起北美洲与欧洲，我们对热带地区气候的了解真的不多，因此无从着手。譬如说，美国有一个高质量的在线气象数据库，叫美国历史气候网（U. S. Historical Climatology Network，简称 USHCN），资料齐全，更新及时，使得美国的气象资料十分容易取得。类似的网站在气象研究不发达的热带国家根本就不存在。

有些人也许会怀疑，炎热如热带者，是否还会受温室效应的影响。然而，如果我们想要完全掌握气候变化在全球各地的作用，只了解温带是不够的，因为那只会是盲人摸象。盲人摸象是我小时候很着迷的一个印度民间传说，它幽默而生动地呈现了一知半解的知识所造成的误会。故事里好几位盲人分别抚摸一只大象的不同部位，然后告诉别人他心目中的大象是什么样子。每个答案都似有所本，却都大谬不然。摸到大象鼻子的盲人认为它像条蛇，摸到腿的认为它像棵树，靠在它平坦的肚子上的认为它像一面墙，诸如此类。为了避免犯类似这群盲人的错误，我会以我曾长期研究的非洲与秘鲁两处作为案例，来探讨全球变暖对热带地区的影响。同时，我们得记得，热带气候与其未来这一研究领域仍是一片荒芜，有待学界更多的耕耘。

让我们先来看看热带非洲，这里是典型的低纬度气候带。2001年，政府间气候变化专门委员会的评估报告指出，“现阶段想要预测区域性的气候变化是不可能的”，而且，“气候变化对非洲未来的干旱有什么影响也不得而知”。2007年，他们的报告警告人们：“不要根据有限的结果做过多的推论，因为相关的研究方法与模型都不是完美的。”同时他们还指出，尽管非洲北部与东部长期受干旱之苦，但“这些干旱的模式还无法用海洋与大气耦合模型来模拟。”最近，《自然》引用了非洲气候学家理查德·华盛顿（Richard Washington）的一句话：从一个非洲气候模型当中，“你可以得到任何你想要的结果”。荷兰皇家气象研究所曾针对区域性的气候模型进行过一项全面调查，并公布在网络上，他们发现这些模型对非洲各地区未来的水文所做的预测简直是天差地别。

正因为其中的复杂性与不确定性，你听到或读到的科学家对未来热带气候的判断，大部分都有待商榷。譬如说，2006年《独立报》（*The Independent*）上的一篇文章说，非洲会比全球各地暖化得更快，并面临“人类历史上最大的危机”。它还引用了经济学家尼克·斯特恩爵士（Sir Nick Stern）的话以及许多计算机模型的模拟结果——非洲西部会面临干旱——作为佐证。然而，最近一份名为

“哥本哈根诊断书”（The Copenhagen Diagnosis）的科学报告采用了类似的模型，和大多数研究一样，它指出，南北两极才是暖化最快的地方，不是非洲。他们还发现，西非的萨赫勒地区[①]可能会变得更潮湿，成为全球变暖形势下“少数的正面转折点”。这样的矛盾，以及荷兰皇家气象研究所网站上各种天差地别的研究结果，意味着不管我们选择相信哪一个非洲气候模型，其实都是一种赌博。而且同样的情形也存在于其他热带地区。地球物理学家文卡塔查拉姆·拉马斯瓦米（Venkatachalam Ramaswamy）最近在美国地球物理学会会刊 *Eos* 上说，由于“未能充分了解不同模型之间的差异”以及我们的气候模型“在区域性空间问题上力有不逮”，我们对于亚洲气候的了解也很有限。幸运的是，这些问题已经有了可靠的科学办法来解决，许多可以直接从热带地区的气温与降水原理推论出来。

两极地区因为冰雪融化，减少了对阳光的反射，气温上升比全球平均速度快。低纬度地区升温虽不至于如此猛烈，但也确确实实在变暖。不过，从人类历史来看，我们居住在热带地区的时间是最长的。毕竟，我们是在那里演化出来的。亿万年来，热带地区孕育出了无数物种，即使在今天，那里仍然是生命最兴旺、最活跃的地方。如果你想观赏各式各样的青蛙、鱼、花卉、菌类，你应该去亚马逊，而非育空地区。

既然热带是地球上众多生命的乐土，我们完全没必要因为害怕全球变暖就把炎热的气候视为洪水猛兽。环保团体常把地球描绘成

---

① 译者注：萨赫勒地区横贯非洲北部，西起大西洋，东至红海，北边为撒哈拉沙漠，南边为苏丹热带草原，在气候、地理、生态上都属于一个过渡地带，面积超过 300 万平方千米。

一个着火的行星，或是满脸通红、汗流浃背的样子，嘴巴里还插着一根爆表的温度计。这样的画面也许有助于吸引大众的注意并说服他们慷慨捐款，但无益于严肃而深入地讨论问题。暖化确实是一个问题，尤其是对习惯于低温环境的生物与社会而言，然而，高温不一定是可怕的，很多生物其实需要它。

在高纬度或高海拔地区，暖化会涉及一个物理上的临界点，即冰的熔点，并引发进一步的反应。但热带地区没有这个问题。在现在有水定期冻结的地方，气温的持续上升会造成突如其来的剧烈物理变化，譬如冰原的崩裂或极地海冰的消退。但在已经很热的地方，这样明显的生态界线并不存在。随着气温一路攀升，有一天北极的海豹会发现它没有浮冰可以休息了，而且等到过去被冰雪覆盖的土壤、岩石、植被都暴露出来，它们的吸热作用会使气温上升得更快。但当气温在热带地区上升时，唯一的改变仍旧只有气温。

我相信大部分热带地区的居民也不希望气温上升得更高。然而，当我们在思考气候变化可能带来的利弊时，除了主流媒体的一面之词外，也不要忘记，我们的智人祖先并没有被非洲的高温难倒。

我曾看过一幕让我永难忘怀的画面。在非洲之角[①]上的埃塞俄比亚与索马里中间，温度高得如同火炉的吉布提共和国，一队雄壮威武的法国外籍佣兵在热气蒸腾的环境里操演锻炼。当头烈日与闷热的空气吓坏了我这个初来乍到的访客，而且在我抵达之前不久，一车法国游客因为车子在偏僻的沙漠中抛锚数小时，竟然中暑而

① 译者注：非洲大陆东端突出的半岛，东临阿拉伯海，除了埃塞俄比亚、索马里、吉布提之外，还包括厄立特里亚。

死。但是，不需执勤的佣兵告诉我，他们迟早会适应当地的高温，习惯于完成户外任务。几个小时之后，太阳下山，气温变低，首都的街道又因为下哨的军人与当地居民而热闹起来。即使在流金铄石的吉布提，人们同样珍惜他们熟悉的家园。千百年来，这里的牧人不惜一切地与入侵者作战，守护这片令他们又爱又恨的土地。

这个例子告诉我们，高温不见得是无法忍受的，习惯就好，只要不是刚好特别贫穷、体弱多病或受战争的拖累。其实，真正危险的不是高温，而是剧烈的变化。未来，在全球变暖结束之后紧接而来的全球变冷之中，相似的剧变还会再折磨我们的子孙一次，只是方向相反而已。

科学界对热带气候历史的误解也是屡见不鲜。19 世纪最伟大的地质学成就之一，就是发现在过去的两三百万年里，亚欧大陆与北美洲曾经反复地被巨大的冰原覆盖。有鉴于此，当科学家观察到热带缺乏由冰川塑造的地形时，就大胆地推论低纬度地区气候一直很稳定，而且，既然这里的生物种类如此繁多，过去的气候环境一定也很舒适温和。然而，这些假设都是错的。

温带地区的人们通常很难理解，气温只是众多影响气候的因素之一而已。生长在新英格兰的我从小就以为四季只有冷热之分，而过去大规模的气候变化不外乎是冰川的扩张与消退。但如果我成长在内罗毕或雅加达，我会以为季节通常以干湿为划分标准，而且历史上最值得担忧的气候异常是洪水与干旱。降水量与气温一样，都是全球气候变化中的重要因素，而到目前为止，在大多数热带地区，降水比气温更重要。遗憾的是，比起气温，降水的模式更难模拟与预测。

直到最近半个世纪，因为古生态学家开始分析热带地区的沉积物，科学家才对降雨与干旱在热带地区的长期生态史中扮演的角色有了比较多的了解。其中的佼佼者包括我在杜克大学做研究生时的指导老师丹·利文斯通，他带着一群学生在20世纪60年代走遍了东非，因为他相信只要能够了解当地的植被与湖水高度在过去的变化，就能解开热带地区气候之谜。

利文斯通与学生们运用今天已经相当普遍的技术，将长长的金属管子插入维多利亚湖、坦噶尼喀湖、切希湖等湖泊的湖底软泥当中。在切希湖的时候，有一条鳄鱼弄翻了他们的船，还好无人伤亡。回到实验室，他们利用显微镜研究古代的花粉粒与晶莹剔透的硅藻外壳，并利用层层堆积的沉积物重建数万年来的非洲气候史。他们的发现震惊了科学界。根据这些古气候记录，热带地区的气候不但受到了冰期的影响，而且其变化相当剧烈，此外，其变化模式也不同于高纬度地区。

当北方的气温降低，冰雪增加，东非多多少少也凉快了一点，但它没有变潮湿，而是更加干燥了。上一次冰期快结束时，东非由于缺水，原本的森林都变成了干燥的草原。在1.7万～1.6万年前，坦噶尼喀湖干可见底，几乎露出了它深达1470米的裂谷盆地[①]，而如今世界上最大的热带湖维多利亚湖，当时则完全蒸发了。其他地方，如今天潮湿的南亚季风区，根据古地质记录，也显示出类似程度的干旱。换个角度来看，这样的变化在物理学上确实是说得通的。高温使水汽上升，然后它凝结成雨云，一旦气温降低，这个过

① 译者注：坦噶尼喀湖因东非大裂谷而形成，因此非常深。

程就反转过来了。从古代气候记录来看，大部分热带内陆地区都呈现出一个重要的规律——暖化带来湿气，降温意味着干旱。曾经有人认为，热带地区丰富的生物多样性得归功于稳定的环境，但事实并非如此。究竟是什么原因，科学家至今还不能解释。

至于温暖的间冰期，热带地区在那时候留下来的地质记录不如温带地区多，但大多数记录都显示，那是一个又湿又热的时代。东地中海的海底沉积物表明，在伊缅间冰期与全新世早期，尼罗河带来了大量较轻的淡水。在上一个温暖期里，撒哈拉还是一片充满各种动物的热带草原，而如今已收缩为“可怜的小水洼”的乍得湖，当初可是一个巨大的淡水湖。来自毛里塔尼亚海岸附近的海底沉积物样本清楚地标示出全新世的潮湿期是在什么时候结束的：大约五千年前。那时东风把越来越多的沙子吹进海里，说明北非开始了沙漠化。

然而，近来有研究发现了违反“热湿冷干”原则的例外。我个人的研究（由美国国家科学基金会提供赞助，亦即来自美国读者纳的税，本人在此感谢大家）表明，虽然维多利亚湖在远古的各主要低温时期都会缩小，但在六百年前到两百年前之间，所谓的小冰期最寒冷的时候，它的湖水不降反升。尽管大多数的非洲湖泊都没有出现同样的状况，但肯尼亚的奈瓦沙湖与肯尼亚、坦桑尼亚边境上的查拉湖湖水也是不降反升。这告诉我们，不管是从地域上来说还是从时间上来说，热带的降雨模式可能都与我们想的不一样。

回顾历史能够帮助我们了解热带地区未来的气候变化吗？是的，尽管它不能告诉我们全部的奥秘。不管人类世将来的暖化会对低纬度地区的气候产生什么影响，最大的冲击将来自降水量而非气温的变化。而且我们得记住，“热湿冷干”原则并非永远有效，每个地区对环境变化的反应也不尽相同。此外，许多长期变化的起因是地球公转轨道与倾角的自然循环，这跟人类引发的温室效应一点关系也没有。尽管如此，有件事是确定无疑的：主导热带气候之未来的，会是低纬度地区的主要气候系统，那是一个由云与暴雨组成的长条带，气候学家称之为热带辐合带。

从卫星图像来看，这个区域的特征是显而易见的。赤道沿线凡是绿色的地方，都表示热带辐合带会在每年雨季造访该地。亚马逊、刚果、亚洲与澳大利亚季风区的大片雨林与河流都处于这一区域。这个绿色区域的南北两侧，颜色就比较暗淡，那里有撒哈拉沙漠、纳米布沙漠[①]、喀拉哈里沙漠[②]、阿拉伯半岛，以及砖红色的澳大利亚旷野，放眼望去全是沙尘蔽日的荒凉之地，是地球上最大的干燥区。

热带辐合带的动力来自太阳，也有人把推动它的巨型气候机制称为地球的“热引擎”。这个比喻很贴切，因为当太阳直射热带地区的时候，空气的大规模上升与下降——也就是所谓的哈德里环流圈（Hadley Cell）[③]——就好像两个紧扣在一起的齿轮一样旋转。太阳的热量使空气变热并膨胀，然后飘在热带辐合带中央区域的上方。热空气在此处又凝结成云，然后在平流层底部蔓延开来，就好像烟撞到天花板后四散开来一样。这些空气冷却后会在纬度更高的

① 译者注：位于非洲西南沿海地区，形状狭长，跨越安哥拉、纳米比亚、南非三国，面积为8.1万平方千米，但长度有2000千米。

② 译者注：位于纳米布沙漠以东，占据了博茨瓦纳大部分地区，以及纳米比亚与南非的部分地区，面积为93万平方千米。

③ 译者注：哈德里环流圈，又称信风环流圈，是信风的直接来源。它是三圈环流之一，为低纬度环流，是一个直接的热力环流，跨度约为30个纬度。

干燥地区下沉到地面，并将那里地面的信风推回中央的上升地带。无论是对流雨[1]、万里无云的沙漠，还是水手们赖以为生的信风，都是这个统一系统中的一环，自远古以来就主宰着热带地区的气候。

热带地区的界线大约在南北纬 23.5 度。每年 6 月是北半球向太阳倾斜得最厉害的时候，此时强烈的阳光直射北回归线，约略在加尔各答、阿斯旺、哈瓦那所在的纬度上。若是你在 6 月底的正午时分站在北回归线上，太阳的威力肯定会让你吃不消。12 月，南半球的夏天开始了，此时太阳直射南回归线，约略在里约、温得和克[2]、爱丽斯斯普林斯[3] 附近。

当垂直照射的太阳光在南北回归线之间摆荡时，热带辐合带也跟着移动。一片浓重的云层每年都随之南北游走，为热带地区的居民带来季节性的降水。基于同样的原因，暴风雨也会规律性地侵袭世界上人口最稠密的某些地区，例如印度与巴基斯坦的夏季季风区，还有卢旺达与布隆迪。

如果我们的常识与许多全球气候模型都判断无误的话，那么全球变暖会使对温度很敏感的哈德里热引擎更加猛烈，其中心降雨地带覆盖的纬度也会更宽广。同时，暖化会使海洋蒸发更多的水汽，因此热带辐合带之内的降雨也会增加。热带季风区会越来越宽广，降水量会越来越充沛，难怪大多数模型都预测，在 21 世纪里，南亚、赤道非洲与南美洲都会更潮湿。

---

① 译者注：在热带或温带的夏季午后，高温导致空气受热膨胀上升，至高空冷却，凝结成积雨云。雨滴大而重，倾盆急降，且雷电交加，声势吓人，称为雷雨。

② 译者注：纳米比亚首都。

③ 译者注：位于澳大利亚中部。

另一方面，这个区域之外，纬度略高的地方可能会面临完全不同的局面。在哈德里热引擎的边缘，下沉气流使得云层无法形成，未来这些干燥地区可能变得更干燥。简单来说，全球变暖会使目前热带气候区既有的特征趋于极端化。然而，热带环流增强之后，不管是干燥的区域还是潮湿的区域都会朝南北两极方向扩张，并引发正反不同的影响。撒哈拉沙漠北部边缘的居民与生态将受害最深。虽然现在地中海沿岸没有那么干燥，人口相当稠密，但未来的干旱会严重减少这里的降雨量。另一方面，在沙漠的中部与南部，由于热带辐合带降雨带的扩大与强化，生存会容易一些。在伊缅间冰期与古新世—始新世极热事件等古代大规模暖化期之中，类似的纬度转移现象是很常见的，而且如今在热带与南半球温带已经有盛行风发生了这样的改变。因此，我们有理由相信，在人类世的未来，这样的情形会更多。

热带地区最可能面临严重缺水问题的地方是秘鲁。在南美洲安第斯山脉与东太平洋之间狭长的海岸地带中，居住着该国一半以上的人口，但这里极度干燥，每年的降雨量只有几厘米而已。

我在 2006 年第一次造访秘鲁沙漠，同行的有缅因大学气候变化研究所的考古学家丹·桑德维斯，当时我还在该研究所担任研究助理。他的研究显示，数千年来当地的文化深受周期性的潮湿期的影响。于是，在这一趟旅程当中，我们前往北部的塞丘拉地区寻找洪水的地质遗迹。不过，与降雨相比，从内陆高山上流下来的河对沿海地区的秘鲁人来说更重要。

从首都利马出发，我们乘车沿着荒凉的海岸一路往北，前往皮乌拉。路上桑德维斯告诉我，我们的目的地长得就像火星一样，有着焦黑的岩层、赤红的石砾、扇形的褐色沙丘。“看到那片面朝太平洋的陡坡上淡淡的绿色了吗？那是因为有雾气朝岸边吹来，才有一点植物能活着。其他地方都是寸草不生的。”这令我想到了早期的陆地生物的境况，当时构造简单的植物刚刚沿着海岸线爬上了陆地。当桑德维斯告诉我“美国国家航空航天局的研究小组有时候会用秘鲁的沙漠来模拟火星的场景”时，我竟然一点也不意外。

“现在，抬头看看远方。”他继续说。我们面前有一条黑色的缎带，从一个又深又狭窄的楔形山谷中流下，流入碧波万顷的太平洋。“看到下面有多苍翠茂盛了吗？那就是桑塔河的入海口。这里沿海的河谷一个接着一个，这些河维系着村镇与农田，千百年来都是如此。这可是考古学家的宝地啊。”

当公交车穿过河谷的底部，映入眼帘的是混杂在一起的坍塌的前殖民时代古迹与熙熙攘攘的现代建筑。但最令我惊讶的是新兴的旱地耕作农场。连绵数英里尽是青翠的色调，洒水器喷洒出珍贵的水，在薄薄的表层土上灌溉着芦笋、洋蓟等经济作物。它们的根部底下就是沙子，没有肥沃的土壤，因此这几乎可以说是一种水培法，而非土壤种植。

“凡是有河流可以灌溉，并因为最近高山融冰增加而受惠的地区，都十分欢迎这种耕种方式。你现在看到的大多是新产物，几年前还没有。这为秘鲁的经济注入了一股强劲的活水，但它全靠稳定的河水来维持。”这就不得不使人担忧了。在一个越来越炎热的世界里，最不可靠的就是来自冰川的融水了。

整个热带地区有 70% 的冰都在秘鲁。它们就像是信托基金，在短暂的冬天储存大量的降雪，然后在接下来的日子里一点一滴地还回去。在某些流域，每年旱季里有将近一半的河水来自融冰与降雪。数百年来，干燥的平原地区的生命就是靠这些河流在维系，而且今天秘鲁有3/4的电力是靠建在这些河流上的水力发电厂产生的。然而，全球变暖破坏了这些高海拔冰川的根基。

安第斯山脉的许多冰川现在都出得多，进得少，而且明显在缩小。从1930年到今天，秘鲁的冰减少了1/4，有些较小的冰川，例如厄瓜多尔的科塔卡奇冰川，干脆消失了。秘鲁人眼睁睁地看着当地的冰川越缩越短，好像一条燃烧着的白色引信，等它烧到安第斯山脉在天边的尽头的那一刻，恐怖的灾难就要爆发了。

水是生命的泉源，但秘鲁西部位于安第斯山脉背风面，因此降水十分稀少。她一直是个多灾多难的国家，过去一千年里先后遭受印加与西班牙的侵略，到了近代也不曾获得稳定的发展。唯有今天靠着冰川融水建造水力发电厂，并发展密集的沙漠农业，人民才稍稍过得和乐安康一点。然而，造化弄人，好不容易建立起来的经济又因为冰川消退而朝不保夕。

我们的公交车继续前行，穿过碧绿的农田，来到荒凉的沙漠，沿着山壁往上爬。我问桑德维斯如何看待秘鲁的未来，他一脸忧愁地说："有人提议在峡谷里建水坝，或是在山与山之间挖掘渠道，把水从多雨的亚马逊地区引过来。但这里是地震带，因此难保水坝与渠道将来不会危害下游人民的安全。"

如果秘鲁不但变热，还变得更干燥怎么办？所幸，大部分计算机模型都预测，因为哈德里环流圈增强的缘故，大部分热带内陆地区都会变得更潮湿。正因如此，某些北部山区现在已经变得更加潮湿多雨了。但由于某些因素，秘鲁境内的大部分安第斯山在这几年变干了。虽然大多数模型都预测，到21世纪中叶，那里的雨量会增大，但在接下来的几十年里，目前变干地区的人们与生态可能还得面对恶劣的干旱。

2009年7月，我再次造访秘鲁，同行的还有桑德维斯的一位研究生，库尔特·拉德梅克，以及另外四位年轻有为的地质学家。这一次我们的焦点是科罗普纳山[①]，它是一座冰雪覆顶的火山，海拔6425米，耸立在一片荒凉的高原与峡谷之间。几年前，就在我们扎营地点的附近（海拔约为4300米），拉德梅克发现了一个雕工精美的箭头，原料是粉红色的海岸玉髓。这说明远在数千年前就有原住民爬到这里了。可是他们这样辛苦地长途跋涉是为了什么呢？

古人要在科罗普纳山生存并非易事。首先，他们得适应它的气压。在这里一口气能吸入的氧气大约只有海平面的一半，这么说是因为我在高海拔营地故意倒空了一个矿泉水瓶，把瓶口拧紧，等回到海平面的时候，我从它被气压挤扁的程度得出这样的结论。山上完全没有足以挡风遮雨的树木或地形。最主要的植物是伞形科植物紧密小鹰芹，它看起来像是一丛绿色的石珊瑚。动物也不多见，其中有在岩石间蹦蹦跳跳的兔鼠[②]，它与南美洲栗鼠[③]是近亲，但常被误认为长尾巴的兔子，此外就是皮毛光滑柔顺但外形四不像的小羊驼（vicuñas，是大羊驼与羊驼的近亲）[④]。尽管靠近赤道，但夜里溪水还是会结冰。一言以蔽之，这里特殊的地理环境会让科学家流连

① 译者注："科罗普纳"（Coropuna）意为"高原上的圣殿"。科罗普纳山不但是秘鲁最高、最大的火山，也是最神圣的一座山。

② 译者注：南美洲的一种啮齿动物。

③ 译者注：原产于南美洲安第斯山脉，也叫毛丝鼠或绒鼠。

④ 译者注：小羊驼的毛料既保暖又柔软，但三年才能收割一次，因此售价极高。

忘返，但没人想要以此处为家。

无论是高处还是低地，水都是生命的泉源。这里的雨季是 12 月到 3 月，但即使在雨季过去很久之后，荒无人烟的峡谷与低地里还是会有很多波光粼粼的河流与池塘。凡是有水源的地方，附近总是布满翠绿的植被，这种独特的高海拔湿地叫作“波菲达尔”(bofedales)。它既不是长满青苔的沼泽，也不是长满草的沼泽。安第斯山上的波菲达尔是由一层高密度的灯芯草科植物 *Distichia* 构成的。这是种奇特的低矮植物，它尖锐的茎秆密密麻麻地聚集在一起，仿佛是紧密小鹰芹构成的地毯一般。在潮湿的波菲达尔之上，成群人工饲养的羊驼在低头吃草，形成高地上独特的畜牧风情。

“若是没有波菲达尔，这里恐怕无法长出任何东西。”库尔特低沉道，此时我们的车子正走在宽广的波坎丘（Pocuncho）湿地边缘的土路上，路旁穿着鲜艳的传统服饰的羊驼牧人在高兴地向我们挥手。“这里的生活相当艰苦，但他们靠着把牲口的皮毛与肉卖到山下来糊口。他们的生活完全不能没有这些湿地。上一次冰期后，第一批来到这里的人也许是为了猎捕波菲达尔上的小羊驼。”我们想要知道那么久以前是否也有波菲达尔，于是我们要对湿地内的沉积物抽取采样，并运用放射性碳定年法。

在我写作的当下，拉德梅克的研究结果还未出炉，但我们对从科罗普纳山两侧采样的波菲达尔泥炭层进行了分析，初步的定年结果显示，这些沉积物确实有数千年之久了。无论如何，这趟旅行大大增进了我们对热带地区气候变化的了解，却也开启了更多的疑窦。

与我们一同前往科罗普纳山的还有一位来自太平洋路德大学的

大学生马特·施密茨（Matt Schmitz）。他在与当地牧人的对话中发现，即使是在地球上最偏远的角落，人们也能察觉到气候变化的发生。“这里的人说他们注意到山顶积雪在消退，”他在考察了一整天之后这么告诉大家，“而且他们还发现雨季里的雨与雪都变少了，波菲达尔的水也变少了。”这样的观察与教科书里的描述相契合：从1960年开始，由于秘鲁南部降水减少，科罗普纳山的冰川减少了1/4。

然而，这里冰川的消退实际上跟流下山坡的冰雪融水没有直接关系。融冰甚至很少出现。高山冰盖的结构很复杂，其上沿与下沿对气候的反应并不相同，而且科罗普纳山大部分的冰雪海拔都很高，远远超过冻融高度，因此根本不会融化。它们的消退是升华作用的结果，从冰直接蒸发到空气中了。

在日常生活中类似的现象也会发生。你也许曾经感到困惑，为什么冰箱冷冻室里的冰块时间久了会无缘无故地缩小。事实上，秘鲁山区以及非洲乞力马扎罗山的冰雪也是因为同样的作用而减少。由此我们可以看出，威胁热带地区冰川的，除了暖化之外，还有干旱。一方面它们大量地融化，另一方面它们得不到新降雪的补充。这也表示，不是每一条冰川都能为下游的河流提供充足的水源。海拔较低的冰因为融化较多，对河流的贡献也较大。但科罗普纳与乞力马扎罗等真正的高山并非如此。

换言之，下游的河流应当有另外的水源。波菲达尔湿地都位于孤立的谷地当中，与冰川有所阻隔，但当地的水量依然相当充沛。这些湿地的功能与冰川相仿，能够将季节性的降雨与冰雪拦截住，以地下水的形式储存下来。很少有人发现波菲达尔有这一层重要作用，但它们确实在默默地灌溉秘鲁大地。

对未来秘鲁的水源供应来说，这是个好消息，但有两点是值得我们忧虑的。

第一，安第斯山脉也处于暖化当中。由于这里的山地地形太过复杂，大多数气候模型都无法克服空间上的障碍，准确模拟这里的气候。但有些专家预估，到 21 世纪末，温和的碳排放路线会让此地气温上升 2～3 摄氏度，而极端的 5 万亿吨碳排放路线会使这里增温 3～5 摄氏度。不论气温究竟上升多少，安第斯山上的冰盖肯定会缩小，波菲达尔的水也会大量蒸发。

第二，尽管大多数模型都预测，这里在 2100 年以前会比较潮湿，但大多数秘鲁山地目前相当干燥，而且这股趋势可能会持续好几十年，不仅山上的冰川会被影响，当地的湿地也会受波及。一旦波菲达尔缺水，仰赖它为生的高山牧人与羊驼都将难以为继，下游的农田与聚落也可能面临干旱的威胁。在暖化与干旱的双重打击之下，高山地区可能再也无法住人。

然而，像全球变暖这样大规模的环境变化发生的时候，有弊也一定会有利。对低纬度地区来说，福祸会同时降临。当哈德里环流圈速度加快，热带辐合带会为热带地区带来更多的雨水。暴雨有可能带来灾害，它会冲垮道路与桥梁，侵蚀表层土壤，残留的积水还会沦为蚊蝇滋生的温床。然而，对饱受旱季之苦的地区来说，雨水是大自然宝贵的恩赐。至于那些以农业为重并依靠水力发电的国家，更是非有雨水不可。

对于以种植水稻为生的巴基斯坦与印度尼西亚农民来说，更值得担忧的不是强盛夏季季风带来的巨大雨量，而是降雨不足或缺水。全球变暖是在站他们这一方的。大多数模型都预测，南亚幅员辽阔的季风带会因为大气与海洋的增温而变得更加潮湿。亚马逊雨林同样也将受惠于雨量充沛的季风而常保生机。几十年之后，等安第斯山的降水多起来，山顶的冰川或许就可以恢复不少。当位于东非的尼罗河上游得到更多的水源补充，苏丹与埃及下游两岸的灌溉平原自然就会发展壮大。仰赖农业的肯尼亚与坦桑尼亚正面临着可耕地不足的窘境，幸运的是，稳定且大量的雨水很快就可以解燃眉之急，高海拔地区的霜害也会缓和不少。许多将从诸如此类的变化中获益的人民都身处今天世界上最穷的国家。我们在评估人类世的全球气候变化将带来的利弊得失时，不应忘记暖化在某些情况下对他们是有利的。

然而，很不幸，以上结论并不具有百分之百的可靠性。我们可以合理地推测，暖化会强化哈德里环流圈，然后根据这个假设，即使没有计算机模型的帮助，也可以画出一幅未来的干湿区域分布图。然而，实际情形要比这个复杂。以气旋为例，理论上气温升高后它们的频率与强度都会增加，然而，低纬度地区升温趋势方面的完备记录显示，大部分热带地区都很少出现因为暖化而增强的气旋。不过，对大西洋上的飓风来说，情况就不同了。许多研究指出，20 世纪七八十年代之后飓风明显地增加了，原因很可能是海水的增温。

除了捉摸不定的哈德里环流圈与热带辐合带之外，还有其他机制会干扰热带地区的降雨，更增加了准确预测的难度。每隔大约十一年，太阳释放的能量就会稍多一些，其原因连太阳物理学家也无法解释，但有越来越多的证据显示，这种微小的波动有时候会改变地球的天气。在2007年，我的同事与我在《地球物理研究期刊》上发表了一篇文章，说明太阳输出能量强度的微幅震荡似乎引发了东非地区的异常大雨。我们若观察整个20世纪东非大裂谷里湖泊的水位变化，就可以印证这种规律性的雨量变化。类似的每十年一个周期的雨量变化也出现在非洲南部某些地方，只是刚好相反。在那里，略多的太阳能量带来的是干旱。

赤道地区突如其来的大雨影响很复杂，并非总是合乎人意。大雨可以为农作物与水库带来更多的水，但雨后坑洼之地中的积水正好成了蚊虫传播疾病的温床。从20世纪50年代开始有完整的记录以来，不寻常的大雨总是会在肯尼亚引发严重的裂谷热疫情，分毫不爽。很可惜，我们还不清楚太阳与天气之间的这种联结机制是怎么运作的——很可能是因为印度洋表层温度的变化，而且据我所知，还没有一种气候模型可以将它模拟出来。

然而，还有另外一个左右热带地区降雨的机制需要考虑，其涵盖范围很大，从非洲连绵到秘鲁，并波及世界上许多其他地区。比起太阳能量的高低起伏，这个机制的作用更加显著，但它的周期更难预测，而且我们对它的了解相当贫乏。这就是厄尔尼诺现象。

十几年前，在全球变暖还未成为全球最火的新闻话题时，厄尔尼诺现象是最受瞩目的焦点。如果各位读者年纪够长的话，也许还记得它第一次引起南美洲之外的全球媒体广泛报道的那一刻。那是1983年，当时有史以来最强烈的一次厄尔尼诺现象完全打乱了正常的全球气象规律，美国南部陷入大旱之中，西太平洋上的小岛更是望雨如渴。因为事态太过严重，这个原本只有南美洲人才会注意的自然现象一下子跃上了全球舞台。另一方面，有一群杰出的科学家当时正在秘鲁海岸附近监测上升流的情况，当缓慢的风速导致它停止时，他们刚好见证了一切。他们的报告也产生了推波助澜的效果。不管原因到底是什么，现在我们或多或少都听说过厄尔尼诺现象，它每隔三到七年会发生一次，开始于12月，即传统上耶稣基督诞生的月份[①]。

当东风的速度放缓，秘鲁与厄瓜多尔沿岸底层冰冷的海水也降低了上升的速度，厄尔尼诺现象就开始了。一旦海水温度升高，上方的空气就会变湿、变热，并上升、凝结为雨云。这个区域性变化的影响会逐渐扩散开，波及全球许多敏感的地区，通常它会使干燥的地方变潮湿（如肯尼亚、美国得州），潮湿的地方变干燥（如津巴布韦、澳大利亚昆士兰）。1997—1998年，厄尔尼诺现象在印度尼西亚引发了一场严重的干旱，脱水的泥炭层因此着火，接着闷烧数个月，从日惹到新加坡，到处弥漫着令人窒息的浓烟。浓烟与火焰逼得树林里野生的红毛猩猩慌张地逃窜，有的不幸来到它们不熟悉或是人口密集的危险地区。结果有多达1/3的红毛猩猩死在这场火灾当中。

类似的天气变化规模不容小觑，它足以打乱我们对热带地区降雨的预测。但尽管它对于全球气候有广泛的影响，我们还不清楚这个大约在5000～7000年前才形成今天之形态的现象是如何产生的，更不用说预测它未来会怎样。毫不意外地，计算机模型在模拟暖化会如何改变厄尔尼诺现象时，无法得到一致的结论。英国气候学家马修·柯林斯（Matthew Collins）与一个代表16个国际研究机构

---

① 译者注："厄尔尼诺"（El Niño）意为"圣婴"。

的团队在2005年的一篇报告中指出，凡是预测厄尔尼诺现象会发生最重大的变化的模型，也会推导出最不可靠的结果。他们的结论是，未来的全球变暖不会对厄尔尼诺现象产生任何重大的干扰。

地质记录在这个问题上也无法提供有价值的信息。科学家从采集自加拉帕戈斯群岛、厄瓜多尔山区以及秘鲁海岸的沉积物中发现了许多过去因厄尔尼诺现象而产生的洪水的证据，但目前我们手上掌握的记录还无法得到充分的解释。它们大多数都显示，在大约7000到1万年前北半球的夏天比较温暖的时候，厄尔尼诺现象沉寂了很久，但这个变化的成因并非人为的温室气体。此外，关于过去1000年中温暖期与寒冷期的降雨情况，有些记录所呈现出来的讯息竟是彼此矛盾的。除此之外，3400万～5500万年前，始新世的长期全球变暖对厄尔尼诺现象也几乎没有造成任何影响，至少从已经公布的地质记录来看确是如此。这些不利的条件使得我们无法进一步推测，在气温随着碳排放升高又降低的未来，厄尔尼诺现象会对热带地区的降雨有什么影响。

然而，尽管哈德里环流圈、厄尔尼诺现象与其他相关的气象系统在全球变暖时代的前景仍然扑朔迷离，但我们可以保证，改变若不是已经发生，就是山雨欲来风满楼了。想到这一点，我们就会对热带国家决策官员的处境感到十分同情。科学家们不遗余力地呼吁他们警惕戒备，却无法提供更具体的建议。最近某期《自然》的一篇评论就描写了这种尴尬的场面。2005年在约翰内斯堡的一场研讨会上，超过五十位外国专家学者齐聚一堂，警告政府官员必须“立即采取行动”以应对全球变暖，而且他们声称“坐而言不如起而行”。然而，没有一位专家可以解释清楚究竟该采取什么行动。

如果你根本不清楚你面对的威胁是什么，你又如何能够对症下药？

面对迫在眉睫的全球变暖却装聋作哑、粉饰太平固然要不得，但错误的应对措施同样能够贻害苍生。举例来说，1997年，气象学家根据先进的计算机模型向非洲南部居民发出警告，厄尔尼诺现象马上要引起一场严重的干旱。当地许多农民害怕血本无归，干脆停止耕作。结果，与预报信息相反的是，那年的雨水丰沛如昔。与农作物产量一同削减的，还有民众对气象学家的信任。后来，气象学家们成功预测到一场洪水，然而愤怒的农民已经不再相信他们的警告了，数百人因此丧生。

许多科学家认为，以人类现有的技术水平，我们根本不可能准确地预测某种具体的气候变化。这种信念导致越来越多的科学家在面对未来的不确定性时，倾向于采取比较全面而富有弹性的应对策略，以期能够应付各种可能发生的状况。在这种策略的指导下，解决贫穷、疾病、战争、教育与科技资源不足等问题以保障人民生命财产，就成了首要任务，相比之下，全球变暖根本不是当务之急。如果你的社会、经济地位够高，你就更能够适应各种气候变化。波斯湾上靠石油致富的迪拜说明，即使在烈日暴晒下夏天气温可以飙升到41摄氏度的沙漠当中，舒适宜人的生活仍然是可能的。问题在于低收入、社会不稳定以及基础设施的不足，是它们剥夺了热带居民应对各种气候变化的能力。有些环保人士反对这种说法，他们认为过分强调人类的适应能力只是推托之词，减少碳排放才是根本的解决之道。然而，我认为他们的主张不适用于热带国家。有些热带国家是世界上最贫穷的国度，而且几乎不需为全球变暖负任何责任。面对着一个没有人可以确切预知会发生什么事的未来，这些国家首先应该建立起强大的经济与稳定的社会，如此方能迅速有效地应付任何难以预料的灾害。

基于这样的考虑，我给出的建议是：要有远见。不要被眼前出现的短暂现象或趋势给蒙骗了。记住盲人摸象这则寓言的教训：象腿会被当作树、象鼻会被当作蛇、象肚子摸起来像是一堵墙。不充分的信息会影响我们对所处身的环境做出的判断。

举例来说，在秘鲁大部分地区，高山冰川越来越多的融水近来为山下饥渴的农田、城镇与水力发电厂带来充裕的用水。但是，可能只要再过几十年，当山上的冰越来越少，水量上的余额就会转为赤字。如果秘鲁人民因为这从天上掉下来的短暂礼物就扩大他们的用水需求，长期来看绝对是后患无穷。正确的做法应该是设法保护高山湿地，广建水库与水渠，为未来的干旱做好准备（抗震的施工方法也是必要的）。

在非洲，弗格森湾的沙漠化其实不难预料，只要主事者曾经关注到该湖水面的长期历史变化。然而，就在南边的维多利亚湖，人们再次犯了类似的错误。维多利亚湖的湖面从20世纪60年代开始就在下降了，如今坐落湖畔的码头恐怕会离水面越来越远，并危及尼罗河口的水力发电厂的发电量。然而，导致维多利亚湖日渐干涸的原因并非全球变暖。从整个20世纪的湖面高度变化记录中我们可以看出，这段干涸期只是暂时的。事实上，从1961年到1964年，热带非洲经历了一段非常湿润的时期，而随后的干燥只是自然的干湿循环的一部分而已，只不过至今我们仍然不知道其成因。在这种情况下，我们无法利用维多利亚湖来推测未来的气候变化，它唯一能告诉我们的不过是热带地区降雨量的高度不稳定性而已。再说，当21世纪地球的气温越升越高时，维多利亚湖应该只会变得更湿，而非更干。

如果我们想得更长远，人类世里的另外一个变化也会要求我们采取深思熟虑而又灵活的应对措施。许多现在困扰着我们的气候变化，在将来有一天会整个逆转。在地球气温达到最高点且气候鞭尾效应走到尽头之后，全球变冷会毫不留情地减缓哈德里环流圈的速度，许多热带地区的季风会因此减弱，其他地区的干旱则得到缓解。今天秘鲁白雪皑皑的布兰卡山脉[①]往后有一阵子会褪色为“枯黄山脉”，但接下来它会被越来越频繁、越来越难融化的冰霜吞没，并在更遥远的未来提供大量且稳定的水源。

全球气候发生大逆转之后，谁是环境的赢家，谁是环境的输家，又要重新洗牌。套用鲍伯·迪伦（Bob Dylan）的一句话，“现在是第一的那个，之后将成为最后一个”。我们最好时时睁大眼睛，谋定而后动，因为能够让我们采取有效应对措施的时机可能一去不复返。是的，热带的气候正在改变，这点我们很肯定。但除此之外，我们实在所知不多。

① 译者注：布兰卡山脉（Cordillera Blanca）是安第斯山脉的一部分，总共有33座超过5500米高的山峰。“布兰卡”（blanca）意为“白色”。

# 第十一章
# 温带地区

改变并不见得都是坏的。如果若干年后地球上形成了一种还算均衡、还算多元的生态系统，也许人类甚至可以过得更好……最后，我们可能会爱上它。

——《自然》评论，2009 年 7 月 23 日

这本书的大部分篇幅都用在描述规模极为宏大的场景上，在时间上动辄以千万年计，空间上则是整个星球。但对我们的后代来说，这些变化他们最终都会亲身感受到。就好像一间屋子必然是由一块块木板与一根根梁柱搭建起来的，全球平均气温与平均降水量等数据也是建构在从无数地点收集来的资料上的。每个地点都有其特殊的地形与位置，其数据也可能与全球平均值有很大的差距。计算机模型计算出来的趋势只能反映整个地球的概况，但它无法呈现你、我以及未来每个人每天所必须面对的天气。为了预测温室效应对各个地区会有什么具体的影响，我们需要更多区域性的信息。

在这一章里，我会以介于南北两极与赤道地区之间的温带为例，说明在往后的人类世里会有什么明确的区域性气候变化发生。在高纬度地区，最重要的生态变化是融冰，在热带地区则是降雨量的改变。然而，包含美国、亚欧大陆中部、加拿大南部、南美洲、澳大利亚、新西兰以及非洲在内的广大中纬度地区要复杂得多。在温带，只有高海拔地区或特定季节里才会有冰与雪，降雨与干旱却少有明显的四季之分。

因此，温带地区地理上的多样性使我们对温带地区任何一个地方的预测工作都要比南北极与赤道非洲难，唯一可以确定的就只有年平均气温一定会上升，因为那是全球性现象。想要确切地了解某个温带地区，我们不仅需要有该地更详细的信息，同时还要懂得全球规模的气候变化会如何影响区域性天气。这种有关本地的知识是我们想要进一步了解全球变暖会对自己的家园造成什么影响所必需的。在此前提之下，我挑选了两个地方作为案例。其一是代表南半球中纬度地区的南非开普省[①]，其二是代表北半球的纽约上州。挑选这两个地方，一是因为我对它们知之甚详，二是因为它们代表了两种相当不同的气候形态：开普省在未来最大的改变会是降雨量，而纽约上州最需要担心的是暖化。然而，我还是会把焦点放在纽约上州，理由很单纯：我是那里的人。

许多人也许没想到非洲的南端居然也属于温带。在南国的秋天里，西克莫树的黄叶飘落在开普敦的街上，行人踩在脚下还嘎吱作响。到了冬天，瑞雪降在帕尔与斯泰伦博斯[②]的葡萄园旁陡峭的岩壁上。在每年的大部分时间里，许多南非人都得身穿长袖毛衣、头戴厚毛帽，与同一片大陆上其他人汗流浃背的景象形成强烈对比。尽管如此，这里夏天的艳阳还是挺有威力的，我们可以看到绵延的

① 译者注：目前南非西南端有三个省以“开普”为名，分别是西开普省、东开普省与北开普省。但在1994年以前，这三个省共同组成一个更大的开普省。此处我们无法确定作者究竟是指哪一个。

② 译者注：帕尔与斯泰伦博斯都是南非西开普省的大城市。

沙滩此时吸引了大量喜好水上活动与日光浴的游客。从很多方面来看，南非的天气会令人想到半干旱的地中海与加州海岸，但如果我们仔细研究一下当地郊区的植被，立刻就能发现南非的独特之处。

从表面上看，开普省的芳百世（fynbos）生态圈[①]很像其他干燥地区芬芳多汁的植物群，但事实上，地球上还真找不到跟它类似的东西。因为与其他的温带生态圈隔绝，这片古老的植物区可以说是独立演化的，而且物种之繁多简直难以想象。从开普敦搭缆车到附近的平顶山，走上几分钟，你会发现一群仿佛来自另一个星球的植物。亮橘色、没有叶子的附生植物[②]从丛地攀附着结木质球果并绽放艳丽花朵的海神花。“三日水疱草”看起来像是芹菜，但人不小心碰到的话会在身上留下可怕的鞭痕，久久不散，好在登山客只要睁大眼睛几乎都可以避开。在潮湿之处，厚厚的苔藓上会有毛毡苔的踪迹，这些昆虫的克星居然比一片指甲盖还小。以上几种只是沧海一粟。非洲最南端的这块地方恰巧是在赤道与南极正中间，这里特有的温带物种有上千种之多。

然而，光是热带的高温与海洋形成的地理隔绝，还不足以塑造独一无二的芳百世生态圈。另一个功臣是极度稀少的水资源。任何一种植物若想在平顶山上欣欣向荣的同侪中生存下来，不仅得有忍耐冬天的寒风与硗薄的砂质土壤的本领，还得应付漫长的旱季。这

---

① 译者注：芳百世生态圈是指南非西开普省与东开普省的一片植物带，其中多半是灌木与欧石南类，并以生物多样性闻名。在不到9万平方千米的土地上，生长着约8600种植物。

② 译者注：附生植物也称为着生植物或表生植物。与寄生植物不同，附生植物只是依附在宿主植物的茎干和枝条上，使本身更易于获取日光以利光合作用，至于水分，则得自雨水、露水或空气中的水汽。

里很少下雨，因此植物必须有特殊的蓄水诀窍，譬如说叶面上的蜡质层、可以储藏水分的茎与肥厚的叶片，以及季节性的休眠。但即使这样还不够，若非笼罩山顶的湿冷雾气能稍稍提供一些水分，老天爷不赏水喝的日子会更不好过。

在热带，夏季的雨水通常是最多的，因为此时高温会把季节性降雨带吸引过来，但在开普省一带另有一种降雨机制。西风才是这里的主角，正如北半球中纬度地区的西风会把风暴系统由西往东吹向美国、加拿大与亚欧大陆那样。在南北半球的大多数温带地区，一年四季都可能有西风带来的云，但在非洲的最南端，只有冬天才会下雨。

由于地理上的巧合，开普省正好在乘风横渡南大西洋的海洋性暴雨带边缘，而且暴雨带只有在冬天南极的低温将本该从此处绕过的西风逼往北方的时候，才会接近南非。当天气变得暖和，这股西风就会往南极的方向偏去，大部分风暴就不会触及非洲南端，而直接奔向南印度洋。其结果就是，开普省地区只剩下冬天一个主要雨季，其余时间都是旱季。

接着我们要问，当人类世的暖化发生时，这里会发生什么变化呢？首先，海平面会逐渐上升，使闻名遐迩的沙滩往内陆退缩，而海水日复一日地入侵沿岸河口与人类定居点。暖化会加速旱季里水分的蒸发，因此旱灾会更严重，冬天里高海拔地区的降雪也会减少。但更精彩的还在后面。暖化会使冬天的风暴接近南非的时间越来越短，日益缩短雨季的长度，削弱它的强度。我的同事与我最近从南非湖泊底部的沉积物中发现了过去一千年来暖化与干旱之间的因果关系，因此，在更炎热的未来，偏向南方的西风可能根本不会碰到南非，于是开普省再也盼不到它阔别已久的雨季。当非洲大部分地区都因为全球变暖而变得更湿润的时候，它的最南端却有着完全不同的命运。

开普敦大学的古生态学家迈克·梅多斯很担心越来越短、越来越干的冬天会危及南非居民的生活与农业用水，酿酒工业与举世无双的芳百世生态圈也将受害。我上一次到他的实验室拜访他的时候，他告诉我："这些植物不可能全部都迁移到降水更多的地方。它们的生命力很强，因此有些可以安然无恙，但其他对水分很敏感的可能就不保了。"

然而，由于这些植物大多数都非常适应干旱的环境，因此缺水还不是真正的威胁。最恐怖的杀手是火。"缺雨的冬天会使土壤更干，等到夏天起风的时候，一旦烧起火来就一发不可收拾，"迈克继续说，"这将使野火的温度更高，土壤的质地会因此改变，就算等到最后降雨了，水也无法渗入土壤内。"种子难以发芽，雨水冲刷也会侵蚀珍贵的表层土。

世界上其他温带地区也面临着各自不同的挑战与难题。澳大利亚南部与非洲南部一样，最大的问题在于干旱与野火。在阿尔卑斯山，滑雪与登山爱好者为日渐萎缩的白雪惋惜不已，人们看着原本该在山下的灌木一路向上入侵高山草原而束手无策。针对高耸入云的喜马拉雅山，科学家展开了激烈的争论。有人担心山上冰川的消退会减少下游数亿居民的水源，但其他学者认为冰川没有缩减的迹象，并且主张季风带来的降雨而非融冰才是补充低地河流水量的主力。在中国，大部分地区的降雨应该都会增加，但洪水与干旱的势道也会增强。至于地中海沿岸国家，他们最忧虑的问题是，随着海水逐渐分层，团状的海洋黏液会越来越多，令海底生物无法呼吸，这显然也是气候变暖的产物。

然而，还有些不同的案例，充分说明了全球大趋势并不足以囊括各地的具体变化。气候学家亚历山大·斯泰恩（Alexander Stine）与其同事最近在《自然》上发表了研究成果，指出从1954年到2007年，魁北克与美国东南部的气温出现明显下降。表面上看，这与全球变暖的大趋势相冲突，但其实两者并不矛盾。全球平均值是由许多地方的数据共同组成的，其中某些地方的数据可能高于或低于平均值。当整个地球的大趋势是变暖的时候，北美洲一地变冷不足为奇，它只意味着，在北美洲之外，世界其他地区的暖化速度远远高于全球平均速度，西南极半岛就是一个例子。

在我的家乡——纽约上州的阿迪朗达克山区，老百姓担心的问题与南非开普省的居民完全不一样。水源不是问题，而且大多数计算机模型都预测未来这里会变得更湿润。气温的变化与其他相关问题才是我们最关心的。我们希望能够预知，气候会对我们的旅游与冬季运动产业有什么影响，这与本地的经济息息相关。

阿迪朗达克纽约州立公园以一块约与佛蒙特州一样大的古老钙长石山丘为主体[①]，上面是崎岖的山峰，处处有被森林环抱的湖泊。纽约州的最高峰，约1600米高的马西山，雄踞在哈德逊河上游。这里向南距曼哈顿有6个小时的车程，往北不到3个小时就可以到达蒙特利尔。整个公园的面积有2.4万平方千米，当中约有一半是私有土地，并以独特且令人赞叹的方式结合了地理与人文景

① 译者注：佛蒙特州是美国第六小的州，面积将近2.5万平方千米。阿迪朗达克纽约州立公园是美国本土最大的公园，面积大约为2.4万平方千米。

观。保罗·史密斯学院的北校区是我生活与工作的地方，这是一所以19世纪的荒野旅馆大亨命名的小型乡间学校，校址在下圣里吉斯湖畔。我很享受居住在这样一个有山有水、诗情画意的世外桃源。每当有人问我居住在哪一个城市，我总回答说："我住在一个没有城市的地方。"

虽然我是研究气候变化的，但因为我把重心放在远古气候与热带气候，所以一开始我对阿迪朗达克没有多少了解。那个时候，我跟其他环保人士一样，对这个地方的认识都来自媒体的头条新闻。我唯一确定的就是，这里的天气阴晴不定、难以捉摸，冬天冷得要死，而夏天最热也不会超过38摄氏度。

全球变暖的话题大约在几十年前开始受到世人关注，渐渐地开始有人以这个山明水秀的地方为焦点，讨论将来酷热的地球对它会有什么影响。最早的是比尔·麦吉本，他在1989年出版了轰动一时的《自然的终结》(*The End of Nature*)，当时他正住在阿迪朗达克中部。在书里他率先对本地的未来做了初步的预测：暖化会摧毁原本既有北方阔叶树又有针叶树的森林，1月份不再下雪而会下雨，原本的自然美景都会被碳污染破坏。

乍听这样的预言，我跟许多研究古代气候的同事一样，都会持保留态度。对我们来说，所谓的气候变化规模应该非常大，譬如说巨大的冰原夷平整个生态系统，或是全球气温上升到适合恐龙居住。几十年后会上升几度？哈哈，这简直是小儿科啊。而且，我们又怎么知道全球变暖一定会发生在"这里"？全球性的大趋势并不见得会反映在每一个地区。除非你有来自"本地"铁证如山的数据，不然就无法说服我。无论我的怀疑立场在最后看来是不是正确，它都是合理且必需的。千百年来，科学就是在不断的合理怀疑当中累积演进的。

幸运的是，在我终于看到令人折服的数据之前，我有机会认识了比尔·麦吉本并与他成为好友。在20世纪90年代，我的学校因为他的知名度而邀请他进入本校董事会，他不但接受了，还对这份工作相当投入。尽管后来我与他交好，我还是不怎么相信他说的某些即将爆发的威胁。作为一名科学家，我需要看数据，但我没有看过任何已经公布的关于阿迪朗达克的气象资料，足以支持或推翻全球变暖的说法。

然而事情很快就有了转机。为了进一步了解全球气候变化对美国各地的影响，来自各州与联邦机构的科学家开始全面展开气象资料的搜集工作，他们远赴各个湖泊、河流、冰川、森林进行勘探，并运用更精细的计算机模型追踪每个地区的气候变化趋势，预测到2100年会有什么改变。如果你住在美国，你可以在本地的大学甚至通过网络找到你家乡的气候分析预测。

2001年，一群来自新罕布什尔大学的研究人员发表了一篇名为《新英格兰区域评估》（*New England Regional Assessment*）的报告。这个团队热切地分送他们的研究报告，并在东北各州四处宣传演说。尽管他们这么努力，但阿迪朗达克大多数的居民主要还是通过比尔·麦吉本的介绍才了解他们的理论，因为比尔会把《新英格兰区域评估》的内容与其他对未来的介绍写进《阿迪朗达克生活》杂志里。如果你读过那本杂志，你就会知道这里的气候已经开始变暖，我们挚爱的糖枫有朝一日将无法生存，它们迷人的枫红即将被橡树与山胡桃的暗褐色与平凡无奇的绿色取代，这些树在南方的蓝岭山脉与大烟山国家公园[1]很常见。此外，因为降雪会被降雨取代，我们的冬季运动产业也将崩溃。

对于那些热爱本地北国风光的居民来说，没有雪的冬天正如没有洒上糖霜的蛋糕一般索然无味。这里的冬季还意味着巨大的旅游商机、第二次举办冬季奥运会[2]的机会、银白色的圣诞节以及滑雪与溜冰。当四季不再以万籁俱寂、天地间无比宁静的冬天作结，那大地苏醒、百花齐放的春天似乎也不再那么值得期待了。总而言之，阿迪朗达克的冬天就应该是有雪的。

当比尔·麦吉本通过生花妙笔把未来的景象描述给这里的居民，大家都吓坏了。但这些研究并非比尔自己完成的，他只是一个杰出的讲述者。如果换作你，听到别人对你的家乡做出危言耸听的预测，你应该也会想要取得第一手的数据，以验证这些预测的可靠性。

有一次，比尔为了撰写《阿迪朗达克生活》的文章而征询我对本地气候的看法。我答应了他，但同时也趁机要求研究《新英格兰区域评估》的内容与我自己搜集到的资料有什么不一样。他们并没有针对阿迪朗达克公园做独立的分析，而是把它与纽约州的其他地区合并在一起。但由于这里崎岖的山地地形，我很怀疑这么做是否恰当。

于是我开始查阅我过去整理的地球历史文献，而且很快发现，

---

① 译者注：蓝岭山脉从美国东部的宾夕法尼亚州向南延伸到佐治亚州，有景色宜人的蓝岭公路穿梭其间。大烟山国家公园就在其南段，因距离东部沿海的大城市不远，成了全美游客最多的国家公园。

② 译者注：阿迪朗达克山区的普莱西德湖镇共举办过两次冬季奥运会，第一次是在1932年，第二次是在1980年。

如果气温升高，橡树与山胡桃确实就有可能霸占这里的森林。在阿迪朗达克中部的马西山附近的塔哈伍兹（Tahawus），一座巨大的矿场把古代某座湖在伊缅间冰期的沉积物暴露了出来。1993 年，雪城大学的地质学家欧内斯特·穆勒（Ernest Muller）与其同事对这些沉积物做了仔细的研究，它们被冰川带来的两层砂石夹在中间，其中的花粉粒显示，当时的树木以橡树、山胡桃、栗树、多花蓝果树、山毛榉为大宗。除了最后一种之外，其他的在阿巴拉契亚山脉南段都很普遍，但你很难或根本不可能在今天的阿迪朗达克看到它们。

未来，我们的温室气体排放量只需达到温和的 1 万亿吨，这里山区的气温就会达到伊缅间冰期时的水平。根据历史经验，届时南方的植物将入侵北方。然而，这不表示这一切将会在 21 世纪发生，也不表示这对未来的阿迪朗达克居民来说一定是件坏事。橡树与山胡桃已经大量出现在本地，因此从最严格的历史角度来看，它们已经同今天本地的其他树一样，属于本地树种了。此外，橡树的果实可以喂饱熊、鹿、松鼠等野生动物，弥补山毛榉树皮病造成的山毛榉果实的减产。而且我曾经与好友同游北卡罗来纳州西部山区，一览秋天缤纷的美景。那里有很美的金色、橙色、暗红与黄铜色，但鲜红与橘色并不多见，因此不如遍地枫树的北方山区景色优美。尽管如此，每年阿巴拉契亚山脉南段还是可以吸引大量远道而来欣赏秋色的游客。

我的第二个任务是检验阿迪朗达克的暖化是否如《新英格兰区域评估》所号称的那样迅速。我设法争取到了一个同事的帮助，他是来自杉木园环境咨询中心的迈克·马丁（Mike Martin），他的工作是汇集整理来自美国国家气候数据中心的阿迪朗达克八个气象站的每日记录。其中有些记录显示，过去五十年来确实有暖化的现象，但也有记录显示出轻微的冷化。整体来说，最显著的趋势是这些记录所呈现的多变性，每年、每月甚至每天都有很大的不同。

这其实并不令我意外。《新英格兰区域评估》的地图显示，就算美国东北部其他地区都在暖化，缅因州大部分区域的气温还是下降的，而且，在美国本土的四十八个州之内，阿迪朗达克的天气是所有类似面积的地区当中最不稳定的。本地的居民都知道这里的天气有多么捉摸不定，但当他们争取1980年在普莱西德湖镇二度举办冬季奥运会的时候，不会刻意对外人强调这件事。有些读者也许还记得，那年的冬奥会几乎因为1月的融雪而取消。当时我曾帮忙做雪橇滑道的抛光工作，但就在比赛前不久，它竟然全融化了。万幸开幕前的一场及时雪与低温挽救了那届冬奥会。

我们很快就从堆积如山的档案中了解到一件事，而且如果你把你家附近地区的气象记录仔细研究一番，你应该也会有同样的发现。迈克与我察觉到，由于多年的记录当中充满了无数短期波动，因此，只要我们愿意，我们总是可以找出任何形态的气候变化趋势。这完全取决于我们选择什么样的时间尺度。

举例来说，假设我们现在想要找出一些能够支持全球变暖的证据，那我们只需要找一段时间，它在开始的时候比较冷，而结束的时候比较热。20世纪60年代就比较冷，因此如果我们选取的是20世纪的最后四十年，我们就有数据来呈现气温确实越来越高。然而，如果我们反对全球变暖的提法，我们只要把选取的时间拉长到五十年，那样气温看起来就是微幅下降的。这是因为50年代初期出奇的热，在某些地点甚至比世纪末还热。类似的“热—冷—热”的模式还出现在北半球温带地区的许多气象记录当中，这解释了为什么有些地方在过去五十年来平均气温是下降的。这就好像把一条长木板放在两块相隔甚远的大石头上，如果其中一块比较大，那木板（变化曲线）就会倾斜向比较小的那块（气温降低）。因此，挑选较热的 50 年代作为起点，会使从 70 年代才重新开始的暖化现象被掩盖住。

接着我们还有第二个发现。20 世纪中期，阿迪朗达克与全球趋势不同。全球平均气温在 40 年代是上升的，但阿迪朗达克的气温是轻微下降的。然而十年后，这个模式就反转了，导致 20 世纪 50 年代离奇的区域性高温。由此可见，你应该测定你家所在的区域的气候实际上是怎样的，而不是预先假定它与全球气候变化步调一致。

我把我的研究结果交给比尔，而他也将其中一部分发表在《阿迪朗达克生活》上。我的结论与《新英格兰区域评估》的并不完全一致，因此杂志把我形容为“少数仍然不相信地球气候即将发生剧变的科学家”，我也微笑以对。迈克与我接着在《阿迪朗达克环境研究期刊》（*Adirondack Journal of Environmental Studies*）上正式发表了研究成果，我们认为，阿迪朗达克在过去五十年内没有出现暖化，就算有，也是非常轻微的。文章发表之后，某个环保团体的领袖与《新英格兰区域评估》的某位成员在本地的报纸上对我们展开猛烈挞伐，他们显然把我们当作专门与全球变暖唱反调的人。我没有预料到会有如此强烈的反响，但这督促我对阿迪朗达克的情形做更深入的研究。潜心研究之后，我开始知道，为什么关于区域性气候变化的可靠研究这么难出现在主流媒体之上。

通过整理、爬梳专业学术研究，我发现，一群来自新罕布什尔大学、明德学院，以及美国地质勘探局的科学家指出了《新英格兰区域评估》的谬误，它的问题在于太相信导致“不实的气温变化趋势”的原始资料。他们在提出尖锐的批评之后，引用了一组关于同一地区的更周密审慎的气象记录，并发现了比之前报道的规模更大的暖化现象，其中有些差异还相当惊人。譬如说，《新英格兰区域评估》认为缅因州大部分地区在20世纪是变冷的，但新的气象记录显示，缅因州与新英格兰其他地区一样，都是在变暖的。

这项新研究扇了《新英格兰区域评估》一个大巴掌，它也没有放过迈克与我。我们引用的气象记录与《新英格兰区域评估》的一样，都来自美国国家气候数据中心，这表示我们的结论也有问题。

虽然我们犯的错误都属于无心之失，但总是很可惜。我们并不是从别人已经完成的覆盖区域更广的研究当中筛选出我们想要的区域性信息，而是直接采用最原始的数据。然而，无论是我们、《新英格兰区域评估》的团队，还是许多其他研究人员，都没有注意到，这样的方法或多或少会产生我们无法预料的误差，使我们对真实的气候变化的规模与强度产生误判。

在这场教训之后，有一次我很偶然地在某家本地书店的书架上看到了杰罗姆·泰勒的大作《阿迪朗达克的天气》（*Adirondack Weather*），他是来自纽约南部的气候学家。真得感谢他，让我对什么是“干净”的原始数据有了更深入的认识。

泰勒在电话里跟我说：“你必须了解的第一个问题是，这些数据都是人搜集的，其中大部分是不拿钱的志愿者。”换言之，气象站工作人员的个人习惯对他们采集的数据有很大的影响。

举例来说，珍妮管理一个气象站有二十年了。每天她很早就起床，把当时的气温记录下来，然后才去上班。但如果她外出度假或孩子生病了，当天就没有记录。如此一来，当日的气温记录就出现了缺漏，进而影响了当月的平均气温。

有一天，珍妮退休了，由约翰接替她的工作。但约翰不喜欢早起，因此每天他都是等到日上三竿之后才记录当天的气温。可以想见，约翰记录下来的气温一定会比之前的高。

除此之外还有许多其他干扰因素，包括观测仪器的改良、停电、每日记录次数的改变、气象站搬迁、气象站附近植被变化等，凡此种种都会影响搜集到的原始数据。如果工作人员没有仔细地把这些改变随时记录下来，后来的人就完全无法得知它对真实的气温会产生多少扭曲。

“当气候学家说他们已经清理、调整了气象记录，请别以为他们是在开玩笑。”泰勒继续说，“为了尽可能排除干扰、还原真相，你非这么做不可。”根据泰勒与我认识的所有专家的看法，目前最好的气象资料来源是美国历史气候网，正是它颠覆了《新英格兰区域评估》的观点。

美国历史气候网的采样标准很严格，它只相信那些忠实记录每一个可能产生误差的因素的气象站。不管是原始数据出现缺漏、气象站物理环境改变，还是采样方法做过调整，美国历史气候网都会做出相应的修正。除了以图表形式定期更新数据之外，他们还巨细靡遗、不厌其详地说明他们的方法。

那么，从美国历史气候网最可靠的数据当中，我们对阿迪朗达克的气候能有什么新认识呢？ 有几个气象站的数据依然显示，从20世纪50年代之后就开始微幅降温，但在西北部的瓦那可那(Wanakena)，我们原本采用的数据显示它也会降温，但如今不会了。每个气象站的气温变化图都呈现出不规律的波动起伏，但当所有的数据被综合汇整成一条曲线，我们发现，阿迪朗达克的年平均气温在20世纪里是轻微上升的，而且在70年代初期出现了大幅的跃升，使整个阿迪朗达克上升了大约0.8摄氏度。这与全球变暖的大趋势是一致的。从统计学的角度来看，每年6月与9月的变化最显著。12月的气温也上升了，但模式太不规律，所以无法判定它究竟是一个趋势，还是仅仅属于随机波动。而其他的月份没有显示出任何显著的变化趋势。

至此，我总算相信阿迪朗达克这片山林也出现暖化现象了。但有多快呢？如果你选取的时间是过去五十年，那你得到的平均暖化速度会比选取过去三十年慢得多。那我们该如何决定选取时间的长短呢？

大多数专家在定义某地区的当前气候时，都是根据上一个三十年的气象平均值。譬如说，一位科学家在描述1990年阿迪朗达克的气候时会采用1961—1990年三十年间的平均数据。十年后，另一位科学家就得采用1971—2000年的数据。所以说，以三十年为界是个很合理的作法。此外，已经有充分的研究显示，造成1970年后全球变暖的罪魁祸首，最有可能是温室气体的增加，而不是太阳能增强或天气晴朗。根据这些原因，我们可以很合理地推断，尽管有许多短期气象波动的干扰，但总体来说，最近三十年来确实存在全球变暖的大趋势。

2006年，一群来自东北部各研究机构的专家发表了另一份报告，《东北气候冲击评估》（*Northeast Climate Impacts Assessment*）。在这份报告里，阿迪朗达克地区的气象历史与我后来持续追踪重建的没有太大的出入，这一点令我相当欣慰。另外，纽约州立大学奥尔巴尼校区的凯茜·戴罗在硕士论文中对纽约上州气象记录做的分析也支持我的结论。《东北气候冲击评估》也没有针对阿迪朗达克做预测，但过去三十年来本地和更大范围内的气候都朝着同一个方向变化，这确保了他们的结论与我的结论的可信度。

起初，我极不愿相信阿迪朗达克有暖化的可能。不是因为它看起来不可能，而是因为直到最近，都缺乏能够一锤定音的证据。此外，区域性的气温变化与温室气体导致的全球变暖之间也很难找到不容辩驳的关联，因为后者是缓慢且温和的，而前者总是瞬息万变，尤其是在山区。社会舆论常把顽固、任性地反对全球变暖之存在的人戏称为“气候怀疑主义者”，我个人对此深表遗憾。诸如此类的人应该被称作“拒绝面对真相的人”“食古不化的反对派”，而非怀疑主义者，因为保持理性的怀疑精神实为任何一位优秀科学家应当具有的品质，我们有责任戳破那些外表诱人但缺乏真凭实据的观点的假象。除非有人能够为你居住的城市或村落找到气温上升的确切证据，否则你不该轻易相信全球变暖就真的发生在那里。

现在，阿迪朗达克的长期暖化不仅见于本地气象站的数据，也可以从冬天水面封冻的情况中看出来。《东北气候冲击评估》指出，比起一百年前，东北各州冬天结的冰现在解冻得更早了，尽管背后的原因不见得是气温升高。雪与风也能影响湖面冰与河面冰的寿命长短。春天里，如果积雪的保温效果好，冰就会晚一点解冻。而积雪的厚薄除了看降雪量、融雪量之外，还要看有多少被风吹走。另外，会让湖面冰破裂的原因也不只有气温升高，还有风的因素。在平静无风的日子里，湖面的冰可以维持好几天，裂成一束束紧密垂直排列在一起的尖针，直到一阵风吹来，让它们撞上湖岸。

相比之下，封冻日期是判定暖化影响的一个更明确的指标，因为它不受积雪与冬天里冰的厚度等因素的干扰。除此之外，这里秋天的暖化要比春天的暖化来得严重，而且这种季节性的差异会反映在湖冰上。杰罗姆·泰勒在书里把普莱西德湖镇迷人的镜湖长达一个世纪的封冻记录呈现出来，本地的图书馆馆员朱迪思·谢伊（Judith Shea）也帮助我更新了近期的记录，我们的数据来源于一家划船俱乐部，他们每年都会举办猜测湖冰何时会解冻的竞赛。这些数据显示，镜湖封冻的日期比起20世纪早期晚了两周；另一方面，解冻的日期不太有规律，不过整体来看只晚了一周。在海拔较低的地方，气温本来就比较高，变化就更明显了。阿迪朗达克公园东界谷地里的尚普兰湖最近几年都没有封冻。但可以追溯到19世纪早期的记录告诉我们，整个19世纪，尚普兰湖只有三次没有完全封冻，而1950年后就有超过二十四次。如果不是气温上升，还真难找到其他原因来解释这个现象。

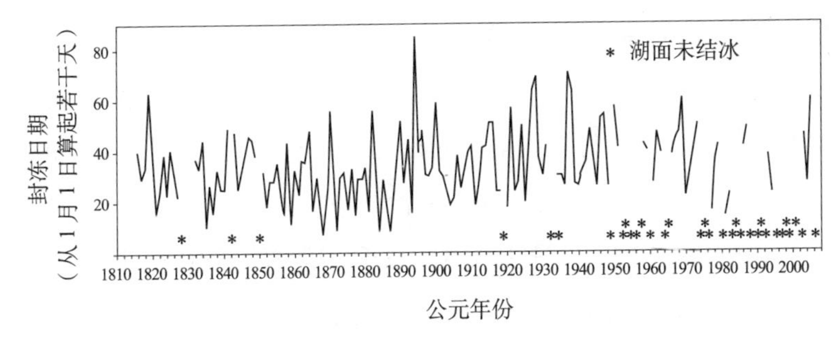


19世纪早期以来尚普兰湖的封冻日期。
（来源：美国国家气象局佛蒙特州伯灵顿天气预报办公室）

我把与几位伙伴共同研究出来的成果发表在最近的《阿迪朗达克环境研究期刊》上。后来美联社来采访我们其中几个人，询问湖冰消退的问题，我才发现一般大众对这篇文章的反应十分有趣。我在网络上看到的所有留言几乎都是负面的。有人将我们的文章评价为“信用荡然无存的全球变暖支持者的片面之词”。另一个典型的留言是：“全球变暖是某些环保狂人捏造出来的无稽之谈。”但既然有了上一次被环保团体批评为不够警觉的经验，这次我便把这些反对意见当作对科学家的一种肯定。当你承受着来自正反两方的充满情绪化的攻击，我相信这意味着你很可能站在真理这一方。但几周之后，我就再也无法保持从容了。有三个人因为冰层过薄而掉进本地的一座湖里并且丧命。美国海岸警卫队警告玩雪车与钓鱼的游客，尚普兰湖的冰层非常危险。

对于像阿迪朗达克这样的特定地区，另一个了解当地气候变化情形的渠道是博物学爱好者的观察记录，虽然这么做科学性有所欠缺。我过去有一位学生，布伦登·威尔茨，他的毕业论文是研究乔治湖[1]的环境变化史，具体做法是将沉积物样本和历史档案中呈现出来的过去的水质状况与今天他家附近的水质做比较。威尔茨的一个重要信息来源是美国开国元勋之一托马斯·杰斐逊（Thomas Jefferson），他在1791年曾造访乔治湖。在访问过程当中，杰斐逊持续记录了那里的自然环境状态，为两百年前的青山绿水留下了不朽的见证。“水质清澈透明，”他这样写道，“从湖边到山脚下长满了冷杉、松树、白杨与桦树。”因此，如今某些区域浑浊的湖水说明水质已经受到人类活动的破坏。很可惜，杰斐逊在那里停留的时间不够久，否则他很可能会留下一些有用的气象观察记录，足资后人参考。

当代博物学家或博物学爱好者的生态记录也具有宝贵的价值。从1991年开始，我每年都会记录下保罗·史密斯学院校园里什么时候会有第一只知更鸟出现，什么时候埃塞克斯山向阳面的独居蜂会从巢穴里钻出来，什么时候树蛙与黑底黄斑的蝾螈会跑到绮斯米尔斯路边的池塘里产卵，什么时候坎特维尔大楼旁的枫树会绽放火红的花苞。数年来，这些工作已经成为我生活中固定的仪式，通过它们我能深刻感受到四季的律动，并体会到自己与其他物种是密不可分的。当然，它们也帮助我掌握了这个地方的气候变化，正因如此，我特意每年都在同一地点进行观察。

1991年以来，我记录的大多数动植物都没有出现统计上有意义的改变，其中包括它们出现、苏醒或盛开的时间点。这也许是因为，（就像本地气象数据显示的那样，）最近几十年来这里的春天没

---

① 译者注：乔治湖位于阿迪朗达克山区东南部，与尚普兰湖与圣劳伦斯河相连。

有明显的暖化，尽管其他季节有。另一方面，也可能是因为我观察得不够久，容易受到突发变量的干扰，因此未能察觉更细腻的潜在变化。尽管我的观察记录中没有什么气候变化的迹象，但如果我没有长期保持这个好习惯，我也不会知道会出现这样的结果。

然而，我在参加我们本地广播电台的某次节目时发现，不少住在纽约北区[①]的居民对这一切早就很熟悉了。过去二十年来，我在纽约北区公共电台与新闻主持人玛莎·弗利共同主持一档每周一期的科学节目，《自然选择》。从 2007 年 5 月开始，我们每次留出一小时接听观众来电，让大家分享各自观察到的气候变化征兆。许多人提供了非常生动有趣且有科学价值的信息。

来自卡温顿堡的一位听众表示，她年迈的父亲自 1969 年以来，每个春天都会记下红翅黑鹂回到它们最爱的香蒲沼泽的日子。从他那些手写的笔记可以看出，黑鹂鸟平均来看并没有改变它们造访的时间。如同先前说过的，这可能是因为春天并没有出现明显的暖化现象。

来自亨廷顿野生动物森林的生物学家斯泰西·麦克纳尔蒂提供了延龄草与荚蒾花自 20 世纪 70 年代中期以来的开花时间，以及本地湖泊的封冻状况。开花与解冻的时间都没有明显的变化，湖面封冻的日子倒是晚了许多。

杰夫·加伦杰里是圣劳伦斯大学的地质学家，他把记载着阿迪朗达克地区几条河流流量的档案寄给我们。从中我们可以看到，在 20 世纪，尤其是 70 年代初期以后，它们的流量有明显的增加。这

① 译者注：纽约北区位于纽约州最北部，下辖六个县，与加拿大接壤。

也印证了我对本地降水量的看法。

热爱莳花弄草的唐娜·法斯特（Danna Fast）从1982年开始记录她家附近的野花绽放的时间。现在，白色睡莲比在80年代初期开得更早，可能是因为池子里的水变热了。6月的气温在过去三十年里确实有了大幅攀升。

我们若想知道气候变化会对我们的居住环境与本地物种有什么影响，大自然本身就是最好的观察对象。计算机模型在这时反而帮不上什么忙，不过很多研究人员还是被迫在这方面不断做尝试。

比尔·麦吉本在《阿迪朗达克生活》中对于糖枫悲惨未来的描述就是一个很好的例子。比尔是从其他人那里辗转知道这件事的，而后者显然又是从美国农业部森林局的研究中取得的信息。他们的网站把具备不同树种最适合生长之温度的地区在未来可能的温度变化绘制成彩色地图，其根据是1998年发表在《生态学论丛》（*Ecological Monographs*）上的一份研究报告。

乍看之下，这些地图好像宣告了糖枫的末日。一个个着色的圆点说明糖枫在往加拿大方向退缩，而橡树与山胡桃却向北蚕食鲸吞。有朝一日，也许阿迪朗达克的植物生态真的会变得与蓝岭和大烟山一样。

然而，该网页下方有一个很醒目的按键，敦促读者点进去看看。我最近点进去了，里面是这么说的："为了避免造成误解，我们希望各位在下结论之前务必阅读以下内容。我们在此强调，我们的模型所预测的并不是特定物种的迁移，而是最适合该物种生存的地区的变化。"

换句话说，这些地图只是标示最适合的生物栖息地，不是说这些生物真的会迁移到那里。树可没有办法迁移，它们不会把根从土壤里拔出来，走到气候较温暖的地方去。再说，它们也需要恰到好处的降雨量、土壤、远距离散播种子的方法，以及足够的生长空间。《生态与环境前沿》中有一篇评论，指出这种模型“忽视了物种在过渡期中有可能生长在它们正常的气候带之外”。其他一些研究也显示，由于人类的活动已经严重打乱了许多生物的分布，现在我们根本无法得知它们原始的自然栖息地。想到这里，我意识到我应该请教一位比我更懂糖枫的专家。

我找到了迈克·法雷尔，指导康奈尔大学枫树研究站的森林生态学家，他们就在普莱西德湖镇郊外的滑雪跳台旁。迈克听过很多全球变暖会害死枫树的说法，但大部分他都不认同。“没有人真的知道未来会如何，”他开始说，“但如果有人说橡树与山胡桃会在五十年或一百年内取代枫树，我认为可能性不大。其实糖枫在比阿迪朗达克暖和一点的地区可以长得更好，南方的西弗吉尼亚就有很发达的制糖工业。真正的问题在于下一代的种苗。”酸雨、疾病、野鹿的啃食已经伤害了这里现有的枫树，新一代的枫树也无法长出来。不过，迈克认为，这些因素同样也会阻止橡树与山胡桃入侵。

虽然迈克经验丰富，但他的观点毕竟与我过去接触到的大相径庭，这使得我不得不继续追究。全球变暖真的不会危害我们的糖枫吗?

“气温升高后很多东西当然会改变，”他解释道，“现在采集枫树汁确实比较早，但这于健康无害。我担心的是夏天变得太干，因为枫树很怕干旱。”

这样球就被抛回到我这里了。为了了解阿迪朗达克的夏天曾经、将会发生什么变化，我回过头研究过去的气象资料。过去一百多年来干旱的频率没有明显增加，而且最近三十年（1981—2010）的湿度比之前的八十年（1901—1980）还高，夏天的降雨量则没有明显变化。因此，就气候来说，好像没什么特别值得这里的枫树担忧的，至少短期内是如此。

《东北气候冲击评估》利用多种计算机模型做预测，结论是，在极端的碳排放路线下，在21世纪末，美国东北部的年平均气温最多会上升7摄氏度，而年降水量会增加10%～15%。然而，在未来真正降临之前，我们完全无法知道这些预测是否准确。尽管如此，有些法子还是可以帮助我们测验这些模型的有效性，而过去的气象记录就是最好的工具。如果一个模型在模拟过去的气象时，能够产生与历史记录相符的曲线，就通过这层考验了。这个过程叫作"气象回测"。据说，当科学家用这个方法来检验《东北气候冲击评估》报告所使用的计算机模型时，它们在重建过去几十年的暖化趋势这方面表现还不错，但在追溯降水这方面的表现就要逊色一些了。60年代时有几年连续发生干旱，当时的人们把这段时间叫作"东北大旱"，当地的降雨历史记录因此留下一道深深的凹陷，但《东北气候冲击评估》报告的计算机模型完全没有模拟出来。

然而，这项失误并不令人意外。与气温相比，雨与雪要难模拟得多，因为它们更容易受时间与地形的影响。温室气体在大气层底部很容易就混合在一起，然后形成一条相当均匀的保温毯，将整个地球裹住，所以计算机很容易模拟它对气温的影响。此外，就算没有碳污染，同一地区内的气温分布也比降水更均匀。举例来说，在炎热的夏日里，某地方的人可能会流差不多的汗，但不是每个人都会被刚好经过的雷雨淋到。突如其来的乱流或地形的急升都能抬升并冷却潮湿的水汽，结果一个地点下了场大雨，其他地点却晴空万里。还有，湖泊产生的水汽或者各种气团的碰撞也可能为特定地点带来雨水，而其他地点未必有此机缘。为了克服其复杂性，你必须收集更多的干湿数据，求其平均。即便如此，你还是得对预测结果有所保留。

但气候模型的问题远不止于此。在模拟出来的结果中，短期的上下震荡并不与特定的日期相关联，因此它所呈现的长期大趋势要比短期波动更为可靠。另一方面，因为每个模型都是以特定的假设为基础建立的，而该假设免不了以特殊的甚至彼此冲突的方式夸大或低估气候系统中的某些因素。或许你以为把模拟对象缩小到特定区域能够简化问题，其实不然，因为如此一来你得把该区域中的山川湖泊与其他影响天气的因素全纳入考虑。还有，模拟对象的缩小意味着你需要采样的气象观测站的减少，你能参考的历史记录因此锐减，隐藏在全球范围的气候模型中的系统性错误于是被放大。在《自然》最近刊出的一篇文章中，记者奎林·席尔迈尔引用了某个专家的悲观结论："我们现有的气候模型所能提供的信息相当有限，不足以帮助大多数国家做出明智的决策。"

面对气候预测的不确定性，合理的应对之策是参考不同的信息来源，而不要只仰赖其中一个。网络上有一个能够轻松上手的分析工具，叫"气候精灵"(Climate Wizard)，它是由美国大自然保护协会、华盛顿大学与南密西西比大学共同研发的，是一个极佳的工具。在这个网站上，你可以挑选世界上任何一个你感兴趣的区域，然后从十六个知名的全球气候模型中任选一个，来预测 21 世纪内的气温与降水变化。针对不同的小地理范围、季节或一年中的某一段时间，不同模型预测出来的细节可能会有很大的出入。然而，宏观地看，每种预测结果都是很接近的，似乎这些模型只喜欢“提纲挈领”而不擅长处理细枝末节。譬如说，所有模型都预测，全世界都会暖化，我们排放的二氧化碳越多，暖化就越严重，而且大多数模型都预测，2100 年以前美国东北部会变得更湿润。

现在，让我们回到最初的问题：温带地区的未来到底会怎样？如果我们排放 1 万亿吨温室气体，气候模型与常识都会告诉我们，2100 年前大部分温带地区的气温会上升好几度，尤其是纬度较高的地区。至于降水量则视地区不同而有不同的变化。综合“气候精灵”上各种模型得出来的结论，北美洲大部分地区、欧洲北部与中亚都会变得更湿，但美国西南部大部分地区、巴塔哥尼亚①、澳大利亚南部以及地中海沿岸都会变干，南非的西南角同样会因为冬季风暴向南极偏斜的关系而名列干燥区域之中。

当气温越来越高，美国北方出现冰雪的日子就会缩短，冰雪厚度也会变小。地势较低的湖泊，如尚普兰湖，说不定根本就不结冰了，但山中高处的湖泊应该还是会结冰的。每年会有几个月，阿迪朗达克的几座山峰上仍会出现白雪，当东北部的其他滑雪场都关门大吉时，这里还可以维持下去，说不定能延续到 22 世纪。总有一天，化石燃料的消耗会告一段落，火力发电厂与内燃机将停止制造更多的酸雨，困扰我们多年的污染问题终于画下休止符。真是值得庆幸的一刻。

① 译者注：南美洲最南端的地理区域，包括阿根廷与智利两国。

就算阿迪朗达克的森林有一天会因为暖化变得同蓝岭与大烟山一样，那也不是一朝一夕的事。当这里开始变暖，现有的树木还要再过上百年才会慢慢老死，那时候新品种才会获得生长所需的空间，而且南方的树推移过来的速度也不可能快过它们的种子。因此，就跟现在一样，如果以后森林出现突然的变化，大概也不会是气候引起的，而是伐木作业、火灾或是外来病虫害的肆虐造成的。山毛榉已经因为霉菌感染而受重创，先前我们还因为外来的枯萎病而失去栗树与榆树，白蜡窄吉丁虫也正开始为害整个北美洲的白蜡树[①]。动物也面临着同样的问题。白鼻病正迅速夺走许多本地蝙蝠的性命[②]；本地高山湖泊里的鳟鱼竞争不过黄金鲈与金体美鳊，平地溪流里的本地贻贝则完全不是外来的斑马贻贝的对手。

如果这里确实如许多模型所预测的那样变得更潮湿，那额外的水分也许能在炎热的夏天保护湿地与森林土壤，使它们免于干燥，但也可能于事无补，这得看季节性的降水与蒸发是否达到平衡。阿迪朗达克与尚普兰地区都太小，因此对这里做的季节性降水预测分歧太大，都不足为信。但大多数模型都预测，如果以年为单位，这里是会变湿的。暖化会使冬天里融水增加，冰坝[③]发生的频率增大，但因为积雪与湖面冰都会减少，因此早春里问题不会太严重。整体

① 译者注：白蜡窄吉丁虫外观类似蚱蜢、约1厘米长，原产于亚洲，于20世纪90年代入侵北美，到目前为止已经造成了5000万至1亿棵白蜡树死亡，是如今美国为祸最烈的外来昆虫。

② 译者注：科学家对白鼻病的了解还不多，只知道它会导致蝙蝠在口鼻与翅膀附近长出白色霉菌。它初次被发现是在2006年的纽约州，至2013年初，已经在美国导致约600万只蝙蝠死亡。这是北美有史以来最严重的野生动物传染病大爆发。

③ 译者注：冰坝是指流冰在河道中堆积起来，形成一座堤坝的样子，通常发生在有冰川出现，或是一条河里部分水已解冻的情况下。

来说，更多的降水对阿迪朗达克是好事，但对下游的城市而言，如果河水流量持续增加，安全就堪忧了。由于纽约港的海水正在沿着曼哈顿的边缘缓慢上涨，如果北方的河水出现多次暴涨并溢出哈德逊河河堤，破坏力不容小觑的洪水就有可能突然爆发。

许多原本在山区很难看到的南方动物，例如负鼠，会越来越多地出现在这里，但一些本来就相当稀有的动物，如北泽旅鼠，可能就看不到了。不过，熊、浣熊、水獭、红狐狸等大多数哺乳动物由于有很强的适应能力，应该可以在阿迪朗达克与原栖息地继续生存。至于北泽旅鼠与其他北方动物，只要气候变化是温和的，就算这里不适合它们，也总会有适合它们的地区，而且在全球变暖的高峰过去之后，它们的后代也许还会从北方回来。美国读者参考的许多生物栖息地地图都把美国国界之外涂成一片空白，完全忽略加拿大对这些生物的价值。诸如“纽约州内已绝迹”之类的描述是以人类为中心的，并不表示它们真的绝迹了。如果我们能抛弃只关注本州或本国的狭隘视角，转而从这些动物的眼光来看，我们会发现加拿大其实能够成为北泽旅鼠的乐土。而且，当它们栖息地的南界越来越往北，不再包括阿迪朗达克公园时，它们的活动范围也许可以继续向北延伸。

许多人担心全球变暖会让带着病菌的蚊虫与壁虱入侵较高纬度与高海拔的温带地区。这种情况确实会发生，但通过蚊子传染的疟疾倒不令人担心。认为来自热带的诅咒将会肆虐美国的人忘记了一个事实：疟疾在北美洲早就很普遍了。19 世纪时，就算像加拿大那样北的地方都经常暴发疟疾，纽约市的居民也深受其害。我有一本很古老的教人如何在缅因州露营的手册，出版于 1879 年，它就警告游客必须小心“瘴疠之气”，据说北方的湿地在晚上都会散发瘴气。疟疾在北美洲销声匿迹只是最近几年的事，这得归功于人类的强力扫荡，采取了清除积水、喷洒杀虫剂、加装纱窗、改良卫生条件等措施。欧洲许多国家也推广了类似的措施，成效相当显著。这说明人类应该有办法阻止疟疾重回北方故地。

但如果我们排放了5万亿吨温室气体呢？“气候精灵”告诉我们，在2100年之前，这会使整个温带地区气温升高的幅度达到温和路线下的两倍，但降水量变化不会有太大差异，地中海沿岸、美国西南部、巴塔哥尼亚、澳大利亚南部、南非西南角都会变干，但其他大部分温带地区都会变湿。不过，比起温和碳排放路线下的变化，此时变干的地方会更干，而变湿的地方会更湿。

阿迪朗达克山区只有几百万年的历史，所以尚不曾经历类似古新世—始新世极热事件那样排放5万亿吨二氧化碳所可能造成的超级温室。那种强度的温室对本地生态来说是前所未见的，而且会持续数个世纪之久。我们最高的湖泊与山峰即使到了冬天也不会有冰。罕见的高山冻原植物，如矮柳与密布地表状似地毯的岩梅[①]，原是为了躲避间冰期的暖化而迁移到高山上，以后也许得继续向上避难，直到无处可逃。以岩梅为例，当它在阿迪朗达克山区绝迹之后，如果北极气温继续升高，它可能就会全面灭绝了。

然而，在遥远的未来，在面对气候鞭尾效应——全球气温骤然飙升，然后缓步下降，进入长期的冷却过程——时，较之于其他的温带地区，像阿迪朗达克这样的山区有一个额外的先天优势：

① 译者注：岩梅是一种常绿灌木，常长在岩石上，主要分布在北极圈及北半球温带地区，还有喜马拉雅山与中国西南部山区。

生物可以在山区里攀上移下以寻找适合的气候环境，而不必离开这片保护区。当然，前提是气温不会升得太高，且其他的生存条件都能被满足。但别把一切想得太美。那些生活在山顶的动植物处境最危险，因为一旦气温升高，它们就没有更高的地方可供逃亡了。一旦高山上的冻原植毁于5万亿吨二氧化碳的超级温室之手，恐怕得数十万年才能恢复。

当然，在所有能决定地球生态的未来的各种因素当中，最关键的其实是我们人类。是我们把“侵略性”的外来物种带到新环境中，未来的人，无论有意无意，还是会保持这个恶习。另外，虽然现有的法律在保护诸如阿迪朗达克这样的林区免受过度开发之破坏上略有小成，但不少人都在对这些林区动歪脑筋，所以说不定一百年后的法律就不再能够像今天这样保护它们了。人类对大自然肆意妄为所产生的伤害，比气候变化本身更加迅速，更具毁灭性。

今天的我们热爱阿迪朗达克的湖光山色，无论是诗情画意的森林还是冬天的银白世界，都令人心醉。然而当这一切在未来发生改变之后，当这里的山峦冬天不再有积雪的时候，我们的子孙依然会热爱它吗？这就不是任何计算机模型可以告诉我们的了。几个世纪以来的火灾、伐木、开垦、污染、过度猎捕、外来物种入侵与传染病早已使阿迪朗达克的自然环境与过去大不相同。但我们中的大多数人并不会抱怨这一点，相反，我们几乎第一眼就爱上了我们的家园，而不计较其身世背景。我们只能希望后人在经过人类世越来越炽烈的暖化之后，依然能够喜爱这个已经不那么自然的自然。

# 尾 声

我们需要努力做的是，让来自地球每一个角落的公民都把认真思索未来当作生活的一部分。

——玛格丽特·米德（Margaret Mead），
大气科学研讨会，北卡罗来纳，1975 年我与我的妻子凯莉正搭船从阿迪朗达克前往缅因州中部海岸，要在7月份共同庆祝我爸爸、我妈妈还有我的生日。自大岛出发的渡轮缓缓向东，穿过尚普兰湖，我们坐在视野极佳的甲板上，边享受徐徐微风，边欣赏海天一色的美景，看着佛蒙特州灰蒙蒙的陡峭湖岸逐渐靠近。这样的行程我们已经走过了好多次，但因为我的研究以及写这本书的关系，我开始把沿途景色与书中内容一一比对印证。

正当我在渡轮上把车熄了火，拉上手刹，广播传来声音说，全球各地的人们对气候变化越来越关注。广播结束之后，凯莉问我：“你写的书能为大众提供什么建议吗？”

大哉问。如果让我用一句话概括我所有的研究，我想我会说：“大家用不着害怕，也不需要绝望。”气候变化确实是一个复杂且棘手的问题，但它不会把我们全杀光。在过去的一小时里，凯莉与我肺里的二氧化碳总量增加了，我们周围的平均气温也上升了2摄氏度，但这只是因为我们开车从保罗·史密斯学院下山到了普拉茨堡，这里的空气密度比较大，也比较热。景物虽然改变了，但依然绿意盎然，欣欣向荣。套用海洋学家华莱士·布勒克最近的一句建言，我们必须审慎地思考、小心地说话、战战兢兢地行动，才有可能成功化解排山倒海而来的环境危机与随之而来的社会问题。

然而，我也会毫不隐瞒地指出，今天的碳危机的确相当难缠。我们制造的废气对气候、海洋与同位素的影响所能持续的时间远超乎一般人的想象。它们已经从各方面改变了地球生态，尽管人类可以生存下来，其他物种可未必。

渡轮越来越接近对岸的峭壁，我想起我曾经告诉我的学生，这些岩石很久以前就被压在热带海洋底下，附近某些珊瑚礁沉积化石是地球上最古老的一批，甚至比为汽车与渡轮提供动力的化石燃料还古老。在过去的4.5亿年里，支撑在这些东西底下的大陆板块从原本的位置一路向北漂移，结果曾经缤纷美丽的海底世界化为如今陆地上的石冢，偶尔还掺杂着古代生物残留的印记。在距离赤道1/4个地球远的干燥土壤里，我们可以见到状如肉桂卷的远古热带海螺。它们不仅出现在不该出现的地方，而且除了在化石里，它们已经无处可见了，一同消失的还有它们所栖息的海底盆地。如果它们有足够的大脑容量思考几百万年之后的事，它们会怎么看待这场大变化？热带变成温带、海洋上升为陆地，算是天崩地裂的大灾难吗？或者，热闹的伯灵顿、渡轮、轻松自在的旅行，会让它们觉得人类世的新环境也不错吗？

当车子穿过佛蒙特州美丽的绿山山脉时，有辆油罐车停在平交道前，小心翼翼地张望。这画面让我想要把原来的箴言改为“停，看，听”。如果我们熟悉地球气候史，就会知道今天的暖化并不会比古新世—始新世极热事件或伊缅间冰期时的自然暖化来得恐怖，而鞭尾效应发作时的冷化也不会比新生代中接二连三的冰期吓人。然而，话虽这样说，尽快减少碳排放毕竟才是万全之计。理由是什么？不是这样一来我们就不用担心气候变化了。无论我们如何处理碳污染，北极震荡、地球公转轨道的周期变化、厄尔尼诺现象等因素仍然会影响地球的气候。也不是因为暖化一定是件坏事，尚普兰湖中的热带海螺肯定就不这么想，更何况，阻截下一次冰期对我们的后代来说亦为美事一桩。

及早控制化石燃料的使用并改用替代能源，有一个强有力的理由——这对我们是最有利的。如果我们迟迟不下定决心，不愿壮士断腕，化石燃料总会有耗尽的一天，届时人类还是得改用替代能源，但人类已经排放了5万亿吨温室气体，气候异常与海水酸化造成的生态浩劫已覆水难收。这样既不道德，对我们也没有任何好处。反之，如果我们尽早防患于未然，将来如果需要，还是可以随时回头使用剩下的化石燃料，此时一意孤行却会断了往后的退路。在非常遥远的未来的某一天，地球的气候会回复到今天的状态，但那时很多曾经陪伴人类的生物都已化为乌有。气候环境可以恢复，但灭绝的物种不能。

以上，是“停，看，听”三字中“停”的部分。“看”是指试着多了解地球的生态以及人类行为对它的影响。目前我们还不知道在某一特定的碳排放路线下，哪些生物有办法适应环境，而哪些又会因此灭绝。我们甚至不知道今天地球上还有多少物种，更别提它们的生理构造与生活习性。至于自然的气候变化、大洋环流、冰原的内在结构等，都还有待科学家更深入的探索。不幸的是，很多人都认为自然科学是艰深又专业的学问，与之相反的是财经、流行文化、政治等学科，它们都是以人为中心的学问，但因为不像自然科学那样以整个物理世界为研究对象，所以在面对环境问题时可能产生短视、狭隘的偏见。

当我心中想着这些恼人的问题的时候，凯莉发现窗外路边有一排五彩缤纷的花朵。“看看那片蓝色的菊苣，”她兴奋地尖叫，“还有那些安妮皇后的蕾丝[①]，开得真美！”我们前后还有许多车，大部分司机心里都想着别的事情，对他们来说，身旁的树林与花花草草都只是匆匆掠过的模糊背景。我很庆幸，伴我同行的是懂得欣赏这一切的人，然而，我也不禁担忧，大多数对地球生态面临的严重威胁缺乏充分了解的社会大众，如何能在决定这个星球的命运时广纳各方意见，做出审慎理智的判断。

即使是那些略识草木鸟兽之名的人，也不见得能体会生态史的重要性。以阿迪朗达克为例，当我们在讨论这个地方暖化的情形时，能够指出糖枫将会被橡树与山胡桃取代当然很好，但这还不够。我们要如何面对眼前的变化？在做一个会影响无数世代与千百种生物的决策时，我们要如何权衡利弊得失？如果我们坚持维持地球的现状，那表示我们忽略了一个很重要的事实。地球的现状也不是正常的。无论我们承认与否，人类世都已经降临了。

拿芬芳的菊苣与安妮皇后的蕾丝来说好了。它们的确为我们的道路与原野增色不少，但它们都不是美国本土植物。是人类把它们

① 译者注：又称野萝卜，原产于温带欧洲与东南亚，后来也出现在北美洲与澳大利亚。

从欧洲引进美国的。早期的罗马人把菊苣与大蒜一起油炸，而安妮女王在 18 世纪早期统治着英伦诸岛。那么，那些树林边缘的野生苹果树呢？苹果派总该是货真价实的美国货吧？然而，这种正宗的美国水果其实源自中亚。坦白地说，我们路旁与田园里的大部分植物都是外来的，从紫苜蓿、毛茛，到牛眼菊和西洋蓍草。绝大多数美国人都很喜爱它们的气味与色彩，甚至一度把它们当作食物与药材。不过，对真正忠于本土植物的爱花人士与美国农业部自然资源保护局来说，它们都是“有害的杂草”。从历史的角度来看，它们来到北美大陆对那些热爱原生物种的人来说真是场灾难。

北美的动物生态同样因为人类而发生了改变。在草坪上蹦蹦跳跳的椋鸟是被人类带来的，此外还有蜜蜂在对上述的“杂草”授粉，而躲在下面的蚯蚓有时候会被小孩子抓去当鱼饵。佛蒙特州溪里的褐鳟是被人类从大西洋彼岸的德国运来的，虹鳟则来自西海岸。即使是原本相当兴旺的本土动物，也深受人类活动的影响。在今天的美国东北部，由于人类的猎捕、农耕与森林开发，白尾鹿与郊狼的数量远远超过了麋鹿与灰狼。

由于人类世已进行了一段时间，我们早就对周遭种种变化习焉不察，不以为意。在我们思考地球与人类的未来时，想象人类世早期的古人会怎么看待我们的时代也很有趣。假设我们生活在 18 世纪的新英格兰并想象三百年之后的情景，我们会因为今天的田野风情不如安妮女王统治的时代而嫌弃它吗？把时间再往前调，假设我们生活在 16 世纪，我们会因为知道西班牙人带来的马匹将改变这里的文化而抗议反对吗？最后，让我们回到石器时代，当我们看到第一批来到北美洲的人类大肆屠戮猛犸象与乳齿象，让这片大地变得更安全却也更死寂，我们会悲伤愤怒吗？

我认为不会，至少大多数人不会。我们喜欢人类世的地球，尽管它已经因为我们而改变。也许以后的人类也会如此，同样珍爱属于他们的地球。我们怎么知道哪些改变对所有人或大部分人是真的百害而无一利？哪些改变又是正常的，甚至是有利的？

车子从桥上跨过康涅狄格河，我们进入了新罕布什尔州。我再次思索我的三字箴言，并发现最后一个字，“听”，也许是最难的。但如果我们自认必须为后代子孙负责，就非这么做不可。

这是地球历史上第一次有单一物种有意识地占据且控制整个星球。作为一种群居动物，人类在演化的道路上最与众不同的一点就是发展出分享知识的能力。你可能不知道在饥荒的时候要去哪里挖植物的根来吃，但如果你的祖母知道，她儿时的记忆就可以在非常时期拯救全村的人。但如今我们正面临着一个更大的挑战。分享知识已经不够了，我们得与全世界共同分担我们该承担的责任。

在这个属于人类的新时代，我们的每一个欲望、每一个起心动念，本身都蕴含着强大的力量，足以影响整个自然世界，而我们的每一个决策与行动，除了改变自己之外，也能改变其他亿万人与其他物种。我们越能试着以同理心去了解与尊重他人，就越能彼此学习，越能知道彼此的需求与渴望，也就越能彼此合作，朝对人人都有利的方向努力。没有任何一个人或一个国家可以单独解决温室气体污染的问题，集思广益与携手合作是唯一的途径。我们可以选择作为地球大家庭的一员齐心协力化解危机，或者选择继续各行其是，作为杂乱的乌合之众来共同承受苦难。

因此，在我们能够准确判断目前的局势并清楚知道接下来该怎么做之前，最好先踩一下刹车。许多问题很难有一个圆满的解答，其中有一些涉及多方利益，难以取舍。不管做什么样的决定，一定都会有所偏颇，结局恐怕难免几家欢乐几家愁。对热带与北极圈附近的国家来说，全球变暖可能是个喜讯，因为前者的雨量会增加，后者能利用更适合居住与交通更便利的北极。另一方面，处在扩张中的沙漠边缘地带的人士显然不会乐见暖化，沿海居民也不会想面对海平面上升与海水酸化。最明智、在道德上也最站得住脚的办法就是先放慢脚步，敞开心胸，仔细聆听彼此的需求与想法，然后，在认识到我们只有一个地球，而且所有人类的命运都彼此相连的前提下，继续向前。

知之为易，行之为难，这是个艰巨的挑战。人类不是没有利他精神，但我们都还像那些生活在与世隔绝的部落里的祖先一样，大多时候只愿意为了近亲与朋友牺牲自己。此外，刻意制造对立的操作手法与劣质的政治与媒体文化也都是严重的障碍。要说服超过半数的民众支持任何一种调节控制气候的策略都不容易，尤其是许多人不愿受制于国际法，似乎那样有损国家主权。然而，诚如约翰·列侬（John Lennon）告诉我们的，光是想象人类有可能捐弃成见，聚在一起共同筹划对策，就是件很振奋人心的事。举例来说，350.org 发起的“国际气候行动日”就是个很利于引导大众重视全球变暖的活动。就算你怀疑 350ppm 的二氧化碳浓度不可能在短期内实现，也不会否认这个活动的意义与价值。

开了数小时之后，我与凯莉决定到路边稍事休息，伸展筋骨。在停车场上，我发现我旁边停着一辆破烂的小卡车，后面贴满了各种宣传贴纸，其中一张写着“救救鲸鱼”，另外一张是“救救地球”。但是，就在旁边有另一辆卡车，上面的贴纸似乎是在刻意唱反调，写着充满讽刺意味的“救救人类”。在面对全球气候变化这样的重大问题时，难道我们就不能心平气和一点，非得这样条件反射式地针锋相对吗?

如果我们依然按照现在的速度燃烧化石燃料，虽然能逞一时之快，但其实是祸及子孙，那些废气引发的气候变化会危害数千数万年后的人类与其他物种，造成各种文化上与环境上的灾害。然而，如果我们马上找到替代能源，很多人立刻就得过苦日子，而且公元130000年的地球公民可能逃不掉下一次冰期。总之，如果我们全盘考虑人类世的未来，这似乎必然是一场浮士德式的交易。

但是，或许还有第三条路。如果我们设法采取温和的碳排放路线，目前地球上大部分剩余的碳都能保存下来，留给后世，然后我们将利用其他能源来维系生活与文明的演进。环境破坏在未来数百年里会被降到最弱的程度，部分开放的北冰洋能为某些社会创造繁荣，本来该在五万年后进犯地球的冰期会被阻截。长远来看，这么做还有一个好处，我们能够把很多碳储存在地底留给后代。有了这么一大批安全、固态、容易取得的化石碳，未来人类可以有更好的方式来利用它们，不是拿来做燃料，而是当作一种便宜实惠的气候调节工具。

就算公元130000年的人类缺乏先进的科技，只要他们还记得二氧化碳是一种温室气体，他们就有办法抵御即将降临地球的冰期。他们唯一需要的科技就是火，人类最简单也最具威力的工具。只要把合理数量的煤炭烧掉，未来的气候调节人员不但能在周期性的气候变冷发生时将地球维持在任何一个适宜的温度上，他们还可以利用煤炭燃烧时产生的热量与光线。燃烧释放出来的废气只要经过审慎的处理，其危害就可以降到最小。虽然煤炭的储量有限，在未来也总有用完的一天，但与其让我们这个世代不计后果地把它挥霍光，还不如留给后人救急用。

我们要怎么做才能达到“救救碳”的目标呢？我们得寻找替代能源，而且要快。毕竟，无论我们是否愿意，替代能源迟早都是必需的。地球上有开采价值的石油已经快用完了，廉价石油产量的下降会立即改变我们习以为常的生活方式。如果所有从石油中提炼出来的燃料、肥料、塑料、化妆品、药品、合成纤维甚至是柏油都没了，人类将遭受的损失与痛苦恐怕要超过气候变化带来的影响。正是这一后患无穷且迫在眉睫的危机，迫使我们毫不迟疑地把寻找替代能源当作当务之急。

从长远的人类世的角度来看，煤炭一方面太过宝贵，一方面对环境伤害太大，因此不宜擅用。它最重要的任务应该是留待未来调节地球的气候，而不是当作廉价且肮脏的燃料烧掉。烧煤炭发电就好像因为外头天气太冷就把你家房子烧掉取暖，或者好比在救生艇底部上挖一块塑料布来补牛仔裤上的破洞。总而言之，这确实有点……嗯，有点笨。

我跟凯莉讨论了一会儿之后继续开车上路。凯莉一边笑一边用笔勾勒出我们自己的宣传贴纸草稿，在黑色的底上用白色的粗线条写着“救救碳”。我们应该好好保护仅存的碳，等待人类变得更审慎、更有智慧的时候再来用它。如果有一天，你看到我们车上贴着“救救碳”的贴纸从你身边驶过，请轻轻地按一下喇叭，当作你对我们的鼓励。

顺着二号公路，我们穿过了白山山脉，进入了缅因州西部。那里有好几座弥漫着纸浆味的造纸城镇，我们在其中一个镇子慢了下来，欣赏水流翻滚奔腾的安德罗斯科金河与河上的数个水力发电厂。此时凯莉问了一个我正好也在思考的问题："没了便宜的化石燃料，这个世界要靠什么来维持运转？"

目前我们面临的碳危机不只是污染问题而已，另一个困难在于，我们能否找到足够便宜且能持续使用的非化石燃料来维持既有的生活方式。我猜没有任何一种单一的替代能源能够取代碳，因此我们可能需要很多种。越早达到这个目标越好，因为其他选项都有极大的风险。继续对危机视而不见，继续大量地排放温室气体，绝对是饮鸩止渴。然而，考虑到人性的弱点，期待人类在一夕之间断然停止使用化石燃料，使大气恢复前工业革命时代的状态，又几乎是天方夜谭。由于这么做并不会立即给我们这个世代带来任何好处，而且必定会招致某些团体的激烈反对，谁会愿意支持呢？如果为了减少人们对化石燃料的依赖而刻意抬高它的价格，那么许多人有可能负担不起，这对在底层挣扎着过活的人来说极不公平。最好的策略还是鼓励替代能源的开发。基于两个原因，我对此保持审慎的乐观：虽然在现阶段我们的核能发电技术尚不成熟，长期的安全与核废料的处理都成问题，但核电总是可以备不时之需；此外，我们还有数十亿个头脑灵活、彼此交流砥砺的人，不断地想方设法挖掘新点子。

在我看来，最具潜力的新能源是氢气燃料，但我说的不是被某些人取笑为不切实际的那种。目前最常被讨论的氢气燃料是先用电力将水分子分解，但这表示在此之前我们需要有别的电力来源。反对这种方法的人指出，我们何不干脆把那些电子用在其他更有效率的地方。在冰岛这样水与地热资源都丰沛而便宜的地方，由电力产生的氢气已经带来了一些经济效益，而且冰岛已经打造了一个氢气动力的船队。然而，我个人最欣赏的新能源与此不同，它几乎可以用在地球各个角落。那就是光合作用。

植物、藻类与细菌在过去数亿年里都在把水分解成氧与氢，而它们的能量来源是阳光。其中的分子运作奥秘以及模拟这个过程的纳米技术已经被来自世界各地的植物学家与分子工程学家破解了，其中包括澳大利亚蒙纳士大学、瑞士联邦理工学院以及美国宾夕法尼亚州立大学与罗格斯大学的团队。如果一切按照计划进行，一种可以媲美甚至超过自然光合作用的太阳能水分解综合技术是指日可待的，到时候我们就会有源源不绝的绿色——或者应该说蓝色——燃料。氢气的来源是水，燃烧后的主要产物也是水。这正是当初这种最轻的气体的名称的由来——它诞生于水（hydrogenesis）[①]。

这里不妨描述一下我的“白日梦”：这种新能源普及后，家家户户的屋顶上都有收集阳光的叶片，风一吹就飒飒作响。门口的草坪被转换成氢气花园，车辆表面漆上能进行光合作用的涂料。不过，下面这种情形可能性更大：大部分太阳能—氢能（solar hydrogen）都来自工厂，并通过管道与加压容器输送到各户人家。此外，由电力产生的氢、水力、风能等非碳能源也有一席之地。然而，不管新形态的能源究竟是什么样子，让我们祈祷它尽可能提早

① 译者注：英文 hydrogen（氢）源于 hydrogenesis（水生成）。

实现吧。

轮到凯莉驾驶的时候，太阳已经落在我们后方，低悬在白山山脉上方。风穿过打开的车窗，掠过我的右手，感觉比几小时前凉了点儿。气温的变化使我注意到那气流，而我的想象力告诉我，其中充满了无数分子，只是因为太小而看不到。这些分子就好像极细的颗粒，形成一道滑顺的气流，轻轻划过我的皮肤。我的眼睛仍看着前方，神思却有点飘忽。长时间驾驶残留在脑海里的画面为我想象中的微粒带来了色彩，而风也晕染上在空中飘荡的微粒的颜色。

大部分微粒是淡棕色的，那是氮。稳定性强的氮气占了我们吸进来的气体的大部分，而且有少数微生物把它当作养料。但除此之外，没人太在乎它。大约有 1/5 的微粒是白色的，那些是游离氧。若非光合作用把氧当作废物排出来，就不会有它的存在，所以照理说它也算是一种空气污染。但如果没有光合作用，自然也不会有人类，所以我们还是该感谢大量氧气的存在。最后有不到 1% 的微粒是灰色的，此即二氧化碳，两个白色的氧原子中间夹着一颗黑色的碳原子。

我很惊讶，虽然研究气候变化是我的工作，但显然我也身染“被科学蒙蔽”的毛病，因此直到这一刻之前，我从不知道全球变暖与我个人切身的感受之间有什么关联。温室气体造成的暖化、海水酸化、人体内同位素成分的改变，并非只是空洞的理论，也不只是大学教授写在黑板上的方程式。当你坐着读我的书的时候，它们充斥在你的肺里，吹拂在你的脸上。当教授在演讲时，它们震动在她的喉咙里。在我们的双眼与远方的地平线之间，在帽子与苍穹之间，看似空无一物，实则满是它们的踪影。它们飘散在风里，夏天乃清风徐徐，冬天则寒风刺骨。到21世纪末，空气中温室气体的总量将增长到1750年时的两倍。人类制造出来的温室气体是真实存在的，就跟人类世本身一样真实。比尔·麦吉本曾在《自然的终结》里指出，温室气体已经摧毁了地球上最后一块尚未被人类足迹污染的处女地了。它们就在我们四周，在我们身体里面，它们正在不断增加蔓延，正在操控地球未来的气候。要不是因为它们太小，人类肉眼无法直接看见，人们不太可能忽视它们。

一阵冰凉的湿气扑面而来，把我跟凯莉吞没，我们终于来到了海边的贝尔法斯特，距离我爸爸在佩诺布斯科特湾的房子只剩几英里了。向晚时分的空气既宁静又潮湿，远处响起雾号[①]低沉的鸣声，四下里回荡不绝。我们把车开向能够俯瞰港口的停车场，地上的海鸥纷纷振翅避开。雾实在太大，视线很不好。但空气中弥漫着复杂的香味，而且由于湿度的关系，气息更加浓郁。有盐的刺鼻味，有沙滩与海草的甜味，从一旁的餐厅里还飘来令人垂涎三尺、食指大动的香味，闻起来像是蒸龙虾和黄油。我们差不多就要循着香味去用餐了，但事有轻重缓急，我们还是驱车前往海边。

我们来到海边，船道两侧的花岗岩上爬满了柔软的青苔，上面褐色、坚果大小的玉黍螺正在埋头大快朵颐。这种动物虽然现在就像海边的鹅卵石一样寻常，但其实也是最近数百年内才随着欧洲人的船来到这里的。一起从欧洲过来的还有绿螃蟹，它们都栖息在水面下长着褐色而有弹性的海草的岩石上。尤有甚者，就像我与所有居住在美洲的人一样，这片岩岸也算是外来移民。当阿瓦隆尼亚大

---

① 译者注：雾号，在雾天或黑暗中用于警示船只。

陆[1] 与原始北美洲相撞的时候，缅因州东部的这片海岸向上抬升，并融入北美洲大陆。这大约发生在五亿年前，现在的白山山脉就是在那一连串的板块碰撞当中形成的，尚普兰湖里的珊瑚礁化石原本所在的海洋在当时也受到推挤。自从移动到今日临海的位置后，阿瓦隆尼亚大陆残余的陆块既经历了火山喷发的冶炼，也承受了冰原的切割侵蚀，在冰期与间冰期的循环当中，时而干涸，时而被海水淹没。

既然地球从来就不是一成不变的，我们为什么要害怕变化呢？有时候我会怀疑，其实我们真正担心的不是全球变暖，而是任何一种形式的变化。比方说，我们可以把最近一百年全球气温与海平面的上升曲线翻转过来，就成了鞭尾效应中缓步下降的那种变化模式，而那画面看起来一样令人忧心。对今天的因纽特海豹猎人来说，北极冰层的消退确实是心腹大患。然而，千年万年之后，当整个北冰洋又要重新冰封的时候，那时已经适应无冰的北极的渔民也一样会胆战心惊。

人类不喜欢变化，这可能在很早以前就注定了。那时候先民的生活非常艰难，任何变化都可能导致饥荒，使他们面临野兽或仇敌的威胁，或者不确定的风险。但今天我们得面对的是迥然不同的局面。人类这一物种具备超凡的生存能力，足迹深入地球上每一个你能想得到的栖息地，并建立起日益复杂的社会与经济网络。然而，如此一来，人类已经把这颗星球的生命承载能力发挥到极致，任何

① 译者注：阿瓦隆尼亚大陆存在于古生代，介于今天的英国与北美洲之间，并构成了西欧、加拿大与美国的部分古老岩层。“阿瓦隆尼亚”一名来自纽芬兰的阿瓦隆半岛。

形式的环境波动对我们的生存来说都是潜在的威胁。既然地球上每个地方都有人类，因此无论气温是升高还是降低，降水量是增加还是减少，总会有人遭殃。地球这艘船已经严重超载，所以任何风浪都难以承受。然而，尽管如此，我认为真正的罪魁祸首不是气候，而是人类自己。

此时的海面仍然平静，而且笼罩在浓厚的雾气之中。不过隔三岔五会有大浪突然打上来，并把海岸线一步步推向那船道。看起来像是暴风雨的预兆，天气迟早要变坏。人类世的全球变暖与海水酸化同样也正步步逼近，许多警讯已经发出，提醒我们采取行动。

有些环保人士主张，只要能诱导大众立即采取正确的行动，谎言或欺骗都是可以被接受的手段。我能理解这种想法，然而，尽管我也希望大自然不再受污染，地球上如此多的物种不再相继灭绝，我还是希望我们的环保行动是理智选择的结果，而不是被蒙骗的。

这时候我们非依靠科学不可。在这个媒体无所不在的时代，公共舆论太容易被党派立场、营销策略与短视自利的想法操控。相比之下，科学的可爱可贵之处在于它是相对公正的，而且有自我纠正的能力。科学研究必须遵循严格的规范，任何新观念的出炉必先经过反复的锤炼。跨国的同行评审制度更是一道固若金汤的防火墙，通过相互监督与制衡过滤掉任何思虑不周或以偏概全的观点。好的科学不掺杂任何个人的私心与偏见，因此是放诸四海而皆准的。推动科学前进的步伐痛苦且缓慢，因为随着新发现与新观念的诞生，研究者很可能被迫放弃原有的想法。举例来说，我很确信我写在这本书里的某些观点在将来需要予以补充修正。然而，至少你知道，促使你改变既有想法的不是某人的操控或欺瞒。

正因为如此，我特别担心某些杰出的科学家不谨守职业原则，而把科学家与激进环保人士的角色混淆。大部分科学家都是有几分证据说几分话，诚如生态学家厄尔·埃利斯（Erle Ellis）与地质学家彼得·哈夫（Peter Haff）在最近某期*Eos*中所建议的，在对社会大众喊话之前，“不要被主观的想法或自己的偏见给蒙蔽了”。但据我所知，气候学界至少有一位知名人物刻意夸大了全球变暖的危险性，因为他在一场研讨会上亲自这样告诉我。他的理由如下：“如果大家不心生畏惧，就不会严肃以对。”

今天，在环境问题上学有专精的人士很受器重，他们的专业素养是强大的知识武器，常被要求为特定的立场背书。有些人难免因此言过其实、危言耸听，为了引导公共舆论而对气候研究本身的局限性视而不见。然而，陈述事实、推广观念与兜售思想是完全不同的作为，一旦你跨过了那条界线，就舍弃了科学的客观公正，自贬身价为操纵民意的煽动家。更糟糕的是，你将玷污科学的清誉，而科学一旦丧失人们对其中立性的信任，就只好在是非难分的舆论战场上与其他对手混战。我相信，科学家应该与这个社会的主流风潮保持一点距离，唯有这样他们才能更公正、清醒地找出问题，并提供解答。此时，科学家才能发挥他们对社会最大的贡献。那也许是一条孤独崎岖的小径，但我相信是值得的。如果社会大众因为科学家不公正地袒护某种立场而不再信任他们，那么我们所有人都会遇上麻烦。

想要正确有效地化解碳危机，我们还有很漫长的路要走，而首要之务是增进我们对彼此以及对我们所栖身的地球环境的了解，而这里所说的地球环境不只是现在的地球环境，还包括过去与未来的。我衷心盼望本书能在这方面对各位有所帮助。无论如何，我有信心，只要大家立定目标，我们有足够的智慧、决心与时间来克服这个困难。

最后，有一个留给各位读者自行思考的问题。无论我们怎么想，我们的行动都将在以人类为历史中心的未来扮演关键角色，并决定地球生态与所有同人类休戚与共的物种的命运。换言之，无论你有没有宗教信仰，你都得接受一个事实，那就是人类正在重塑这个世界。《创世记》的新篇章正在书写，而人类正是其作者。

当然，我们不是全知全能的神祇，重塑世界的重责大任是我们难以负荷的。然而，换个角度来看，这个责任背后的现实是人类已羽翼渐丰，有日渐强大的能力去改变地球的环境，也更清楚地球加诸我们身上的限制。能否在我们所享有的权利与应承担的责任之间寻找到一个恰当的平衡点，会是人类是否成熟到可以称为智慧物种的判断标准。希望有一天，我们果真能配得上“智人”这个骄傲的名字。

无论好坏，我们既是人类时代的产物，也是其创造者，而且我们将决定其往后的历史轨迹，直到深未来。

欢迎大家来到人类世，地球历史最新的一页。

# 参考文献


## 序言

Archer, D. 2005. "The Fate of Fossil Fuel $CO_2$ in Geologic Time." *Journal of Geophysical Research* 110: C09805, doi:10.1029/2004/C002625.

——, and V. Brovkin. 2008. "The Millennial Atmospheric Lifetime of Anthropogenic $CO_2$." *Climatic Change* 90: 283–297.

——, and A. Ganopolski. 2005. "A Movable Trigger: Fossil Fuel $CO_2$ and the Onset of the Next Glaciation." *Geochemistry, Geophysics, Geosystems* 6: Q05003, doi: 10.1029/2004GC000891.

Crutzen, P. 2002. "The Geology of Mankind." *Nature* 415: 23.

——. 2006. *Earth System Science in the Anthropocene*. Berlin: Springer.

——, and E. F. Stoermer. 2000. "The 'Anthropocene'." *Global Change Newsletter* 41: 12–13.

Gill, J. L., et al. 2009. "Pleistocene Megafaunal Collapse, Novel Plant Communities, and Enhanced Fire Regimes in North America." *Science* 326: 1100–1103.

Kump, L. R. 2008. "The Rise of Atmospheric Oxygen." *Nature* 451: 277–278.

Meehl, G. A., et al. 2007. "Global Climate Projections." In: *Climate Change 2007:The Physical Science Basis*. Contribution of Working Group I to the Fourth Assessment Report of the Intergovernmental Panel on Climate Change, S. Solomon et al., eds. Cambridge, UK: Cambridge University Press.

Ruddiman, W. F. 2005. *Plows, Plagues, and Petroleum:How Humans Took Control of Climate*. Princeton, NJ: Princeton University Press.

## 第一章　阻截冰期

Archer, D., and A. Ganopolski. 2005. "A Movable Trigger: Fossil Fuel $CO_2$ and the Onset of the Next Glaciation." *Geochemistry, Geophysics, Geosystems* 6: Q05003, doi:10.1029/2004GC000891.

Berger, A., and M.-F. Loutre. 2002. "An Exceptionally Long Interglacial Ahead?" *Science* 297: 1287–1288.

Broecker, W. S. 1999. "What If the Conveyor Were to Shut Down? Reflections on a Possible Outcome of the Great Global Experiment." *GSA Today* 9:1–7.

——. 2006. "Abrupt Climate Change Revisited." *Global and Planetary Change* 54: 211–215.

——. 2006. "Was the Younger Dryas Triggered by a Flood?" *Science* 312: 1146–1148.

——. 2009. "Future Global Warming Scenarios." *Science* 304: 388.

Bryden, H. L., H. R. Longworth, and S. A. Cunningham. 2005. "Slowing of the Atlantic Meridional Overturning Circulation at 25° N." *Nature* 438: 655–657.

Cochelin, A.-S., L. A. Mysak, and Z. Wang. 2006. "Simulation of Long-Term Future Climate Changes with the Green McGill Paleoclimate Model: The Next Glacial Inception." *Climatic Change* 79: 381–401.

Crucifix, M., and A. Berger. 2006. "How Long Will Our Interglacial Be?" *Eos* 87: 352–353.

Drysdale, R. N., et al. 2009. "Evidence for Obliquity Forcing of Glacial Termination II." *Science* 325: 1527–1531.

Hays, J. D., J. Imbrie, and N. J. Shackleton. 1976. "Variations in the Earth's Orbit: Pacemaker of the Ice Ages." *Science* 194: 1121–1132.

Kerr, R. 2006. "False Alarm: Atlantic Conveyor Belt Hasn't Slowed Down After All." *Science* 314: 1064.

Kukla, G. J., R. K. Matthews, and J. M. Mitchell. 1972. "Present Interglacial: How and When Will It End?" *Quaternary Research* 2: 261–269.

Meehl, G. A., et al. 2005. "How Much More Global Warming and Sea Level Rise?" *Science* 307: 1769–1772.

Pollard, D., and R. M. DeConto. 2009. "Modelling West Antarctic Ice Sheet Growth and Collapse Through the Past 5 million Years." *Nature* 458: 329–332.

Rahmstorf, S. 2003. "The Current Climate." *Nature* 421: 699.

Raymo, M. E., and P. Huybers. 2008. "Unlocking the Mysteries of the Ice Ages." *Nature* 451: 284–285.

Schiermeier, Q. 2007. "Ocean Circulation Noisy, Not Stalling." *Nature* 448: 844–845.

Short, D. A., and J. G. Mengel. 1986. "Tropical Climate Phase Lags and Earth's Precession Cycle." *Nature* 323:48–50.

Sirocko, F., et al. 2005. "A Late Eemian Aridity Pulse in Central Europe During the Last Glacial Inception." *Nature* 436: 833–836.

Sternberg, J. 2006. "Preventing Another Ice Age." *Eos* 87: 539, 542.

Toggweiler, J. R., and J. Russell. 2008. "Ocean Circulation in a Warming Climate." *Nature* 451: 286–288.

Vernekar, A. D. 1972. *Long-Period Global Variations of Incoming Solar Radiation.* Boston: American Meteorological Society.

Weaver, A. J., and C. Hillaire-Marcel. 2004. "Global Warming and the Next Ice Age." *Science* 304: 400–402.

Wunsch, C. 2002. "What is the Thermohaline Circulation?" *Science* 298: 1179–1181.

### 第二章 祸福攸关的抉择

Allen, M. R., et al. 2009. "Warming Caused by Cumulative Carbon Emissions Towards the Trillionth Tonne." *Nature* 458: 1163–1166.

Archer, D. 2005. "The Fate of Fossil Fuel $CO_2$ in Geologic Time." *Journal of Geophysical Research* 110: C09805, doi:10.1029/2004/C002625.

——. 2007. "Methane Hydrate Stability and Anthropogenic Climate Change." *Biogeosciences* 4: 521–544.

——. 2008. *The Long Thaw: How Humans Are Changing the Next 100,000 Years of Earth's Climate*. Princeton, NJ: Princeton University Press.

——, and V. Brovkin. 2008. "The Millennial Atmospheric Lifetime of Anthropogenic $CO_2$." *Climatic Change* 90: 283–297.

——, and A. Ganopolski. 2005. "A Movable Trigger: Fossil Fuel $CO_2$ and the Onset of the Next Glaciation." *Geochemistry, Geophysics, Geosystems* 6: Q05003, doi: 10.1029/2004GC000891.

——, et al. 2009. "Atmospheric Lifetime of Fossil Fuel Carbon Dioxide." *Annual Review of Earth and Planetary Sciences* 37: 117–134.

Berner, B. A., A. C. Lasaga, and R. M. Garrels. 1983. "The Carbonate-Silicate Geochemical Cycle and Its Effect on Atmospheric Carbon Dioxide over the Past 100 Million Years." *American Journal of Science* 283: 641–683.

Caldeira, K. 1995. "Long-Term Control of Atmospheric Carbon Dioxide: Low-Temperature Sea-Floor Alteration or Terrestrial Silicate-Rock Weathering." *American Journal of Science* 295: 1077–1114.

——, and G. H. Rau. 2000. "Accelerating Carbonate Dissolution to Sequester Carbon in the Ocean: Geochemical Implications." *Geophysical Research Letters* 27: 225–228.

——, and M. E. Wickett. 2005. "Ocean Model Predictions of Chemistry Changes from Carbon Dioxide Emissions to the Atmosphere and Ocean." *Journal of Geophysical Research: Oceans* 110, doi: 10.1029/2004JC002671.

Canadell, J. G., et al. 2007. "Contributions to Accelerating Atmospheric $CO_2$ Growth from Economic Activity, Carbon Intensity, and Efficiency of Natural Sinks." *Proceedings of the National Academy of Sciences* 104: 18866–18870.

Crutzen, P. 2002. "The Geology of Mankind." *Nature* 415: 23.

——. 2006. *Earth System Science in the Anthropocene*. Berlin: Springer.

——, and J. W. Birks. 1982. "The Atmosphere After a Nuclear War: Twilight at Noon." *Ambio* 11: 114–125.

——, and E. F. Stoermer. 2000. "The 'Anthropocene'." *Global Change Newsletter* 41: 12–13.

Eby, M., et al. 2009. "Lifetime of Anthropogenic Climate Change: Millennial Time Scales of Potential $CO_2$ and Surface Temperature Perturbations." *Journal of Climate* 22: 2501–2511.

Fowler, C. M. R., C. J. Ebinger, and C. J. Hawkesworth, eds. 2003. *The Early Earth: Physical, Chemical and Biological Development.* London: Geological Society Special Publications.

Gathorne-Hardy, F. J., and W. E. H. Harcourt-Smith. 2003. "The Super-Eruption of Toba, Did it Cause a Human Bottleneck?" *Journal of Human Evolution* 45: 227–230.

Goodwin, P., et al. 2007. "The Ocean-Atmosphere Partitioning of Anthropogenic Carbon Dioxide on Centennial Timescales." *Global Biogeochemical Cycles* 21: GB1014, doi: 10.1029/2006GB002810.

Hansen, J. E., et al. 2005. "Earth's Energy Imbalance: Confirmation and Implications." *Science* 308: 1431–1435.

IPCC. 2007. "Summary for Policymakers." In: *Climate Change 2007: Impacts, Adaptation and Vulnerability*. Contribution of Working Group II to the Fourth

Assessment Report of the Intergovernmental Panel on Climate Change, M. L. Parry et al., eds. Cambridge, UK: Cambridge University Press.

Jackson, S. 2007. "Looking Forward from the Past: History, Ecology, and Conservation." *Frontiers in Ecology and the Environment* 5: 455.

Kump, L. R. 2008. "The Rise of Atmospheric Oxygen." *Nature* 451: 277–278.

Lenton, T. M., and C. Britton. 2006. "Enhanced Carbonate and Silicate Weathering Accelerates Recovery from Fossil Fuel $CO_2$ Perturbations." *Global Biogeochemical Cycles* 20: GB3009, doi: 10.1029/2005GB002678.

Lenton, T. M., et al. 2006. "Millennial Timescale Carbon Cycle and Climate Change in an Efficient Earth System Model." *Climate Dynamics* 26: 687–711.

Meehl, G. A., et al. 2005. "How Much More Global Warming and Sea Level Rise?" *Science* 307: 1769–1772.

Meehl, G. A., et al. 2007. "Global Climate Projections." In: *Climate Change 2007: The Physical Science Basis.* Contribution of Working Group I to the Fourth Assessment Report of the Intergovernmental Panel on Climate Change, S. Solomon et al., eds. Cambridge, UK: Cambridge University Press.

Meissner, K. J., et al. 2007. "$CO_2$ Threshold for Millennial-Scale Oscillations in the Climate System: Implications for Global Warming Scenarios." *Climate Dynamics* 30: 161–174.

Monastersky, R. 2009. "A Burden Beyond Bearing." *Nature* 458: 1091–1094.

Montenegro, A., et al. 2007. "Long-Term Fate of Anthropogenic Carbon." *Geophysical Research Letters* 34: L19707, doi: 10.1029/2007GL030905.

Parry, M., J. Lowe, and C. Hanson. 2009. "Overshoot, Adapt, and Recover." *Nature* 458: 1102–1103.

Ridgwell, A., and J. C. Hargreaves. 2007. "Regulation of atmospheric $CO_2$ by Deep-Sea Sediments in an Earth System Model." *Global Biogeochemical Cycles* 21: GB2008, doi:10.1029/2006GB002764.

Royal Society. 2005. "Ocean Acidification Due to Increasing Atmospheric Carbon Dioxide." The Royal Society Policy Document 12/05.

Ruddiman, W. F. 2005. *Plows, Plagues, and Petroleum: How Humans Took Control of Climate.* Princeton, NJ: Princeton University Press.

Schmittner, A., et al. 2008. "Future Changes in Climate, Ocean Circulation, Ecosystems, and Biogeochemical Cycling Simulated for a Business-As-Usual $CO_2$ Emission Scenario Until Year 4000 AD." *Global Biogeochemical Cycles* 22:

GB1013, doi:10.1029/2007GB002953.

Schneider, S. H., and J. Lane. 2006. "An Overview of 'Dangerous'Climate Change." In: *Avoiding Dangerous Climate*, H. J. Schellnhuber, W. Cramer, and N. Nakicenovic, eds., UK: Cambridge University Press.

Solomon, S., et al. 2009. "Irreversible Climate Change Due to Carbon Dioxide Emissions." *Proceedings of the National Academy of Sciences* 106: 1704–1709.

Stager, J. C. 1987. "Silent Death from Cameroon's Killer Lake." *National Geographic* 172: 404–420.

Stockstad, E. 2004. "Defrosting the Carbon Freezer of the North." *Science* 304: 1618–1620.

Tans, P. P., and P. S. Bakwin. 1995. "Climate Change and Carbon Dioxide Forever." *Ambio* 24: 376–378.

Thomas, B. C., et al. 2005. "Terrestrial Ozone Depletion Due to a Milky Way Gamma-Ray Burst." *The Astrophysical Journal* 622: L153–L156.

Thorsett, S. 1995. "Terrestrial Implications of Cosmological Gamma-Ray Bursts." *Astrophysical Journal* 444: L53–L55.

Tyrrell, T., J. G. Shepherd, and S. Castle. 2007. "The Long-Term Legacy of Fossil Fuels." *Tellus* 59: 664–672.

Wigley, T. M. L. 2005. "The Climate Change Commitment." *Science* 307: 1766–1769.

Zachos, J. C., G. R. Dickens, and R. E. Zeebe. 2008. "An early Cenozoic Perspective on Greenhouse Warming and Carbon-Cycle Dynamics." *Nature* 451: 279–283.

### 第三章　上一次冰川融化

Balter, M. 2009. "Early Start for Human Art? Ochre May Revise Timeline." *Science* 323: 569.

Berger, A., and M.-F. Loutre. 2002. "An Exceptionally Long Interglacial Ahead?" *Science* 297: 1287–1288.

Blanchon, P., et al. 2009. "Rapid Sea-Level Rise and Reef Back-Stepping at the Close of the Last Interglacial Highstand." *Nature* 458: 881–884.

Bosch, J. H. A., P. Cleveringa, and Z. T. Meijer. 2000. "The Eemian Stage in the Netherlands: History, Character and New Research." *Netherlands Journal of Geosciences* 79: 135–145.

Bowler, J. M., K.-H. Wyrwoll, and Y. Lu. 2001. "Variations of the Northwest Australian Summer Monsoon over the Last 300,000 Years: The Paleohydrological Record of the Gregory (Mulan) Lakes System." *Quaternary International* 83: 63–80.

Brewer, S., et al. 2008. "The Climate in Europe During the Eemian: a Multi-Method Approach Using Pollen Data." *Quaternary Science Reviews* 27: 2303–2315.

Brigham-Grette, J., and D. M. Hopkins. 1995. "Emergent Marine Record and Paleoclimate of the Last Interglaciation Along the Northwest Alaskan Coast." *Quaternary Research* 43: 159–173.

CAPE-Last Interglacial Project Members. 2006. "Last Interglacial Arctic Warmth Confirms Polar Amplification of Climate Change." *Quaternary Science Reviews* 25:1383–1400.

Ceulemans, R., L. van Praet, and X. N. Jiang. 2006. "Effects of $CO_2$ Enrichment, Leaf Position and Clone on Stomatal Index and Epidermal Cell Density in Poplar (*Populus*)." *New Phytologist* 131: 99–107.

Chen, F. H., et al. 2003. "Stable East Asian Monsoon Climate During the Last Interglacial (Eemian) Indicated by Paleosol S1 in the Western Part of the Chinese Loess Plateau." *Global and Planetary Change* 36: 171–179.

Clark, P. U., and P. Huybers. 2009. "Interglacial and Future Sea Level." *Nature* 462: 856–857.

Cuffey, K. M., and S. J. Marshall. 2000. "Substantial Contribution to Sea-Level Rise During the Last Interglacial from the Greenland Ice Sheet." *Nature* 404: 591–594.

Dansgaard, W., and J.-C. Duplessy. 2008. "The Eemian Interglacial and Its Termination." *Boreas* 10: 219–228.

Demenocal, P. B., et al. 2000. "Millennial-Scale Sea-Surface Temperature Variability During the Last Interglacial and Its Abrupt Termination." *Eos* 81: F675.

Drysdale, R., et al. 2009. "Evidence for Obliquity Forcing of Glacial Termination II." *Science* 325: 1527–1531.

EPICA Community Members. 2004. "Eight Glacial Cycles from an Antarctic Ice Core." *Nature* 429: 623–628.

Froese, D. G., et al. 2008. "Ancient Permafrost and a Future, Warmer Arctic." *Science* 321: 1648.

Gaudzinski, S. 2004. "A Matter of High Resolution? The Eemian Interglacial (OIS 5e) in North-Central Europe and Middle Palaeolithic Subsistence." *International Journal of Osteoarcheology* 14: 201–211.

Granoszewski, W., et al. 2004. "Vegetation and Climate Variability During the Last Interglacial Evidenced in the Pollen Record from Lake Baikal." *Global and*

*Planetary Change* 46: 187–198.

Hearty, P. J., et al. 2007. Global Sea-Level Fluctuations During the Last Interglaciation (MIS 5e)." *Quaternary Science Reviews* 26: 2090–2112.

Jouzel, J., et al. 2007. "Orbital and Millennial Antarctic Climate Variability over the Past 800,000 Years." *Science* 317: 793–797.

Kaspar, F., et al. 2005. "A Model-Data-Comparison of European Temperatures in the Eemian Interglacial." *Geophysical Research Letters* 32: L11703, doi:10.1029/2005GL022456.

Kühl, N., et al. 2008. "Reconstruction of Quaternary Temperature Fields and Model-Data Comparison." *PAGES News* 16: 8–9.

Lozhkin, A. V., and P. M. Anderson. 1995. "The Last Interglaciation in Northeast Siberia." *Quaternary Research* 43: 47–158.

Magee, J. W., et al. 2004. "A Continuous 150,000 Years Monsoon Record from Lake Eyre, Australia: Insolation Forcing Implications and Unexpected Holocene Failure." *Geology* 32: 885–888.

Marra, M. 2002. "Last Interglacial Beetle Fauna from New Zealand." *Quaternary Research* 59: 122–131.

Matthews, J. V. 1970. "Quaternary Environmental History of Interior Alaska: Pollen Samples from Organic Colluvium and Peats." *Arctic and Alpine Research* 2: 241–251.

Muller, E. H., L. Sirkin, and J. L. Craft. 1993. Stratigraphic Evidence of a Pre-Wisconsinan Interglaciation in the Adirondack Mountains, New York." *Quaternary Research* 40: 163–168.

Müller, U. C., and G. J. Kukla. 2004. "European Environmental During the Declining Stage of the Last Interglacial." *Geology* 32: 1009–1012.

Nørgaard-Pedersen, N. Mikkelsen, and Y. Kristoffersen. 2009. "The Last Interglacial Warm Period Record of the Arctic Ocean: Proxy-Data Support a Major Reduction of Sea Ice." *IOP Conference Series: Earth and Environmental Science* 6, doi:10.1088/1755-1307/6/7/072002.

Péwé, T. L., et al. 1997. "Eva Interglaciation Forest Bed, Unglaciated East-Central Alaska: Global Warming 125,000 Years Ago." *Special Papers* 319.

Rohling, E., et al. 2009. "High Rates of Sea-Level Rise During the Last Interglacial Period." *Nature Geoscience* 1: 38–42.

Rundgren, M., and O. Bennike. 2002. "Century-Scale Changes of Atmospheric $CO_2$ During the Last Interglacial." *Geology* 30: 187–189.

Schweger, C. E., and J. V. Matthews. 1991. "The Last (Koy-Yukon) Interglaciation in the Yukon: Comparisons with Holocene and Interstadial Pollen Records." *Quaternary International* 10–12: 85–94.

Speelers, B. 2000. "The Relevance of the Eemian for the Study of the Palaeolithic Occupation of Europe." *Netherlands Journal of Science* 79: 283–291.

Steig, E. J., et al. 2009. "Warming of the Antarctic Ice-Sheet Surface Since the 1957 International Geophysical Year." *Nature* 457: 459–462.

Stirling, C. H., et al. 1998. "Timing and Duration of the Last Interglacial: Evidence for a Restricted Interval of Widespread Coral Reef Growth." *Earth and Planetary Science Letters* 160: 745–762.

Stringer, C. B., et al. 2008. "Neanderthal Exploitation of Marine Mammals in Gibraltar." *Proceedings of the National Academy of Sciences* 105: 14319–14324.

United States Geological Survey. 2006. "Vegetation and Paleoclimate of the Last Interglacial Period, Central Alaska. *Quaternary Science Reviews* 20: 41–61.

Vaks, A., et al. 2007. "Desert Speleothems Reveal Climatic Window for African Exodus of Early Modern Humans." *Geology* 35: 831–834.

van der Hammen, T., and H. Hooghiemstra. 2003. "Interglacial-Glacial Fuquene-3 Pollen Record from Colombia: An Eemian to Holocene Climate Record." *Global and Planetary Change* 36: 181–199.

van Kolfschoten, T. 1992. "Aspects of the Migration of Mammals to Northwestern Europe During the Pleistocene, in Particular the Reimmigration of Arvicola Terrestris." *Courier Forsch.-Inst. Senckenberg* 153: 213–220.

——. 2000. "The Eemian Mammal Fauna of Central Europe." *Netherlands Journal of Geosciences* 79: 269–281.

Velichko, A. A., O. K. Borisova, and E. M. Zelikson. 2007. "Paradoxes of the Last Interglacial Climate: Reconstruction of the Northern Eurasia Climate Based on Palaeofloristic Data." *Boreas* 37: 1–19.

Walter, R. C., et al. 2000. "Early Human Occupation of the Red Sea Coast of Eritrea During the Last Interglacial." *Nature* 405: 65–69.

Willerslev, E., et al. 2007. "Ancient Biomolecules from Deep Ice Cores Reveal Forested Southern Greenland." *Science* 317: 111–114.

Williams, J. W., et al. 2004. "Late-Quaternary Vegetation Dynamics in North America: Scaling from Taxa to Biomes." *Ecological Monographs* 74: 309–334.

Wilson, C. R. 2009. A Lacustrine Sediment Record of the Last Three Interglacial Periods from Clyde Foreland, Baffin Island, Nunavut: Biological Indicators from the Past 200,000 Years." Master's Thesis, Biology Department, Queen's University, Kingston, Ontario.

Winter, A., et al. 2003. "Orbital Control of Low-Latitude Seasonality During the Eemian." *Geophysical Research Letters* 30: 1163, doi: 10.1029/2002GL016275.

**第四章　超级温室**

Archer, D. 2007. "Methane Hydrate Stability and Anthropogenic Climate Change." *Biogeosciences* 4: 521–544.

Bowen, G. J., et al. 2002. "Mammalian Dispersal at the Paleocene/Eocene Boundary." *Science* 295: 2062–2065.

Bowen, G. J., et al. 2004. "A Humid Climate State During the Palaeocene/Eocene Thermal Maximum." *Nature* 432: 495–499.

Bowen, G. J., and B. B. Bowen. 2008. "Mechanisms of PETM Global Change Constrained by a New Record from Central Utah." *Geology* 36: 379–382.

Currano, E. D., et al. 2008. "Sharply Increased Insect Herbivory During the Paleocene-Eocene Thermal Maximum." *Proceedings of the National Academy of Sciences* 105: 1960–1964.

Eberle, J. J. 2005. "A New 'Tapir' from Ellesmere Island, Arctic Canada: Implications for Northern High Latitude Palaeobiogeography and Tapir Paleobiology." *Palaeo-3* 227: 311–322.

Gibbs, S. J., et al. 2006. "Nannoplankton Extinction and Origination Across the Paleocene-Eocene Thermal Maximum." *Science* 314: 1770–1773.

Gingerich, P. D. 2003. "Mammalian Responses to Climate Change at the Paleocene-Eocene Boundary: Polecat Bench Record in the Northern Bighorn Basin, Wyoming." *Special Papers* 369.

——. 2006. "Environment and Evolution Through the Paleocene-Eocene Thermal Maximum." *Trends in Ecology and Evolution* 21: 246–253.

Huber, M. 2008. "A Hotter Greenhouse?" *Science* 321: 353–354.

Katz, M. E., et al. 1999. "The Source and Fate of Massive Carbon Input During the Latest Paleocene Thermal Maximum." *Science* 286: 1531–1533.

Kennett, J. P., and L. D. Stott. 1991. “Abrupt Deep Sea Warming, Paleoceanographic Changes and Benthic Extinctions at the End of the Paleocene.” *Nature* 353: 319–322.

Kennett, J. P. and L. D. Stott. 1995. “Global Warming.” In: *Effects of Past Global Change on Life*. Washintongton D. C. : National Academy Press.

Kennett, J. P., et al. 2003. “Methane Hydrates in Quaternary Climate Change: The Clathrate Gun Hypothesis.” *American Geophysical Union Special Publication* 54.

Norris, R. D., and U. Röhl. 1999. “Carbon Cycling and Chronology of Climate Warming During the Palaeocene/Eocene Transition.” *Nature* 401: 775–778.

Nunes, F., and R. D. Norris. 2006. “Abrupt Reversal in Ocean Overturning During the Paleocene/Eocene Warm Period.” *Nature* 439: 60–63.

Pagani, M., et al. 2006. “Arctic Hydrology During Global Warming at the Palaeocene/Eocene Thermal Maximum.” *Nature* 442: 671–674.

Pearson, P. N., and M. R. Palmer. 2000. “Atmospheric Carbon Dioxide Concentrations over the Past 60 Million Years.” *Nature* 406: 695–699.

Pearson, P. N., et al. 2001. “Warm Tropical Sea Surface Temperatures in the Late Cretaceous and Eocene Epochs.” *Nature* 413: 481–487.

Royer, D. L. 2008. “Nutrient Turnover Rates in Ancient Terrestrial Ecosystems.” *Palaios* 23: 421–423.

——, et al. 2009. “Ecology of Leaf Teeth: A Multi-Site Analysis from an Australian Subtropical Rainforest.” *American Journal of Botany* 96: 738–750.

Scheibner, C., and R. P. Speijer. 2007. “Decline of Coral Reefs During Late Paleocene to Early Eocene Warming.” *eEarth Discussions* 2: 133–150.

Sluijs, A., et al. 2007. “Environmental Precursors to Rapid Light Carbon Injection at the Paleocene/Eocene Boundary.” *Nature* 450: 1218–1221.

Smith, T., K. D. Rose, and P. D. Gingerich. 2006. “Rapid Asia-Europe-North America Dispersal of the Earliest Eocene Primate *Teilhardina*.” *Proceedings of the National Academy of Sciences* 103: 11223–11227.

Sowers, T. 2006. “Late Quaternary Atmospheric $CH_4$ Isotope Record Suggests Marine Clathrates Are Stable.” *Science* 311: 838–840.

Storey, M., R. A. Duncan, and C. C. Swisher. 2007. “Paleocene-Eocene Thermal Maximum and the Opening of the Northeast Atlantic.” *Science* 316: 587–589.

Svenson, H., et al. 2004. “Release of Methane from a Volcanic Basin as a Mechanism for Initial Eocene Warming.” *Nature* 429: 542–545.

Williams, C. J. 2009. "Structure, Biomass, and Productivity of a Late Paleocene Arctic Forest." *Proceedings of the Academy of Natural Sciences of Philadelphia* 158: 107–127.

——, et al. 2008. "Paleoenvironmental Reconstruction of a Middle Miocene Forest from the Western Canadian Arctic." *Palaeogrography, Palaeoclimatology, Palaeoecology* 261: 160–176.

Wing, S. L., et al. 2005. "Transient Floral Change and Rapid Global Warming at the Paleocene-Eocene Boundary." *Science* 310: 993–996.

Wing, S. L., et al. 2009. "Late Paleocene Fossils from the Cerrejón Formation, Colombia, Are the Earliest Record of Neotropical Rainforest." *Proceedings of the National Academy of Sciences* 106: 18627–18632.

Zachos, J. C., et al. 2001. "Trends, Rhythms and Aberrations in Global Climate 65 Ma to Present." *Science* 292: 686–693.

Zachos, J. C., et al. 2003. "A Transient Rise in Tropical Sea Surface Temperatures During the Paleocene-Eocene Thermal Maximum." *Science* 302: 1551–1554.

Zachos, J. C., et al. 2005. "Rapid Acidification of the Ocean During the Paleocene-Eocene Thermal Maximum." *Science* 308: 1611–1615.

Zachos, J. C., G. R. Dickens, and R. E. Zeebe. 2008. "An Early Cenozoic Perspective on Greenhouse Warming and Carbon-Cycle Dynamics." *Nature* 451: 279–283.

## 第五章 来自未来的化石

Bada, J. L., et al. 1990. "Moose Teeth as Monitors of Environmental Isotopic Parameters." *Oecologia* 82: 102–106.

Grimm, D. 2008. "The Mushroom Cloud's Silver Lining." *Science* 321: 1434–1437.

Kehrwald, N. M., et al. 2008. "Mass Loss on Himalayan Glacier Endangers Water Resources." *Geophysical Research Letters* 35: L22503, doi:10.1029/ 2008GL035556.

Meyers, P. A. 2006. "An Overview of Sediment Organic Matter Records of Human Eutrophication in the Laurentian Great Lakes Region." *Water, Air, and Soil Pollution* 6: 89–99.

O'Reilly, C. M., et al. 2003. "Climate Change Decreases Aquatic Ecosystem Productivity of Lake Tanganyika, Africa." *Nature* 424: 766–768.

Ostrom, P. H., et al. 1998. "Changes in the Trophic State of Lake Erie: Discordance Between Molecular $\delta^{13}C$ and Bulk $\delta^{13}C$ Sedimentary Records." *Chemical Geology* 152: 163–179.

Schelske, C. L., and D. A. Hodell. 1995. "Using Carbon Isotopes of Bulk Sedimentary Organic Matter to Reconstruct the History of Nutrient Loading and Eutrophication in Lake Erie." *Limnology and Oceanography* 40: 918–929.

Schmittner, A., et al. 2008. "Future Changes in Climate, Ocean Circulation, Ecosystems, and Biogeochemical Cycling Simulated for a Business-As-Usual $CO_2$ Emission Scenario Until Years 4000 AD." Global Biogeochemical Cycles 22: GB1013, doi:10.1029/2007GB002953.

Spaulding, K. L., et al. 2005. "Forensics: Age Written in Teeth by Nuclear Tests." *Nature* 437: 333–334.

Totter, J. R., M. R. Zelle, and H. Hollister. 1958. "Hazars to Man of Carbon-14" *Science* 128: 1490–1495.

Verbur, P. 2007. "The Need to Correct for the Suess Effect in the Application of $\delta^{13}C$ in Sediment of Autotrophic Lake Tanganyika, as a Productivity Proxy in the Anthropocene." *Journal of Paleolimnology* 37: 591–602.

——, R. E. Hecky, and H. Kling. 2003. "Ecological Consequences of a Century of Warming in Lake Tanganyika." *Science Express* 301: 505–507.

White, T. H. 1986. *The Once and Future King*. New York: Berkley Books.

Williams, C. P. 2007. "Recycling Greenhouse Gas Fossil Fuel Emissions into Low Radiocarbon Food Products to Reduce Human Genetic Damage." *Environmental Chemistry Letters* 5: 197–202.

## 第六章　海水酸化

Anderson, N., and A. Malhoff. 1977. *The Fate of Fossil Fuel $CO_2$ in the Oceans*. New York: Plenum Press.

Archer, D. 2005. "Fate of Fossil Fuel $CO_2$ in Geologic Time." *Journal of Geophysical Research* 110: C09S05, doi:10.1029/2004C002625.

Caldeira, K., and M. E. Wickett. 2003. "Anthropogenie Carbon and Ocean pH." *Nature* 425: 365.

Caldeira, K., and M. E. Wickett. 2005. "Ocean Model Predictions of Chemistry Changes from Carbon Dioxide Emissions to the Atmosphere and Ocean." *Journal of Geophysical Research: Oceans* 110, doi:10.1029/2004JC002671.

Cicerone, R. 2004. "The Ocean in a High $CO_2$ World." *Eos* 85: 351, 353.

Feeley, R. A., et al. 2008. "Evidence for Upwelling of Corrosive 'Acidified' Water onto the Continental Shelf." *Science* 320: 1490–1492.

Findlay, H. S., et al. 2009. "Calcification, a Physiological Process to Be Considered in the Context of the Whole Organism." *Biogeosciences Discuss* 6: 2267–2284.

Fine, M., and D. Tchernov. 2007. "Scleractinian Coral Species Survive and Recover from Decalcification." *Science* 315: 1811.

Gibbs, S. J., et al. 2006. "Nannoplankton Extinction and Origination Across the Paleocene-Eocene Thermal Maximum." *Science* 314: 1770–1773.

Guinotte, J. M., et al. 2006. "Will Human-Induced Changes in Seawater Chemistry Alter the Distribution of Deep-Sea Scleractinian Corals?" *Frontiers in Ecology and the Environment* 4: 141–146.

Hall-Spencer, J. M., et al. 2008. "Volcanic Carbon Dioxide Vents Show Ecosystem Effects of Ocean Acidification." *Nature* 454: 96–99.

Henderson, C. 2006. "Paradise Lost." *New Scientist* 5: 29–33.

Hoegh-Culdberg, O., et al. 2007. "Coral Reefs Under Rapid Climate Change and Ocean Acidification." *Science* 318: 1737–1742.

Iglesias-Rodriguez, M. D., et al. 2008. "Phytoplankton Calcification in a High-$CO_2$ World." *Science* 320: 336–340.

Interacademy Panel on International Issues. 2009. "IAP Statement on Ocean Acidification. " *Journal of International Wildlife Law & Policy* 12: 210–215.

Kleypas, J. A., et al. 1999. "Geochemical Consequences of Increased Atmospheric Carbon Dioxide on Coral Reefs." *Science* 284: 118–120.

Kolbert, E. 2006. "The Darkening Sea." *The New Yorker*, November 20: 66–75.

Morel, V. 2007. "Into the Deep: First Glimpses of Bering Sea Canyons Heats Up Fisheries Battle." *Science* 318: 181–182.

Orr, J. C., et al. 2005. "Anthropogenic Ocean Acidification over the Twenty-First Century and Its Impact on Calcifying Organisms." *Nature* 437: 681–686.

Poore G. C. B., and G. Wilson. 1993. "Marine Species Richness." *Nature* 361: 597–598.

Precht, W. F., and R. B. Aronson. 2004. "Climate Flickers and Range Shifts of Reef Corals." *Frontiers in Ecology and the Environment* 2: 307–314.

Richardson, A. J., and M. J. Gibbons. 2008. "Are Jellyfish Increasing in Response to Ocean Acidification?" *Limnology and Oceanography* 53: 2040–2045.

Rintoul, S. R. 2007. "Rapid Freshening of Antarctic Boltom Water in the Indian and Pacific Oceans." *Geophysical Research Letters* 34: L06606. 1–L06606. 5.

Roberts, J. M., A. J. Wheeler, and A. Friewald. 2006. "Reefs of the Deep: The Biology and Geology of Cold-Water Coral Ecosystems." *Science* 312: 543–547.

Roberts, S., and M. Hirschfield. 2004. "Deep-Sea Corals: Out of Sight, But Not Out of Mind." *Frontiers in Ecology and the Environment* 2: 123–130.

Royal Society. 2005. "Ocean Acidification Due to Increasing Atmospheric Carbon Dioxide." Royal Society Policy Document 12/05.

Sabine, C. L. 2004. "The Oceanic Sink for Anthropogenic $CO_2$." *Science* 305: 367–371.

Scheibner, C., and R. P. Speijer. 2007. "Decline of Coral Reefs During Late Paleocene to Early Eocene Warming." *eEarth Discussions* 2: 133–150.

Silverman, J., et al. 2009. "Coral Reefs May Start Dissolving When Atmospheric $CO_2$ Doubles." *Geophysical Research Letters* 36: L05606, doi:10.10929/2008GL036282.

Steinacher, M., et al. 2009. "Imminent Ocean Acidification in the Arctic Projected with the NCAR Global Coupled Carbon Cycle-Climate Model." *Biogeosciences* 6: 515–533.

UNEP. 2006. "Marine and Coastal Ecosystems and Human Well-Being: A Synthesis Report Based on the Findings of the Millennium Ecosystem Assessment." *European Environment* 14: 138–152.

Yamamoto-Kawai, M., et al. 2009. "Aragonite Undersaturation in the Arctic Ocean: Effects of Ocean Acidification and Sea Ice Melt." *Science* 326: 1098–1100.

Zachos, J. C., et al. 2005. "Rapid Acidification of the Ocean During the Paleocene-Eocene Thermal Maximum." *Science* 308: 1611–1615.

**第七章　海平面上升**

Alexander, C. 2008. "Tigerland." *Thc New Yorker*, April 21: 67–73.

Alley, R. B., et al. 2005. "Ice-Sheet and Sea Level Changes." *Scicnce* 310: 456–460.

Ballard, R. D., D. F. Coleman, and G. D. Rosenberg. 2000. "Further Evidence of Abrupt Holocene Drowning of the Black Sea Shelf." *Marine Geology* 170: 253–261.

Bamber, J. L., et al. 2009. "Reassessment of the Potential Sea-Level Rise from a Collapse of the West Antarctic Ice Sheet." *Science* 324: 901–903.

Bentley, C. R. 1997. "Rapid Sea-Level Rise Soon from West Antarctic Ice Sheet Collapse?" *Science* 275: 1077–1078.

Blanchon, P., et al. 2009. "Rapid Sea-Level Rise and Reef Back-Stepping at the Close of the Last Interglacial Highstand." *Nature* 458: 881–884.

Böcker, A. 1998. *Regulation of Migration: International Experiences*. Antwerp, Belgium: Het Spinhuis.

Cabanes, C., A. Cazenave, and C. Le Provost. 2001. "Sea Level Rise During Past 40 Years Determined from Satellite and in Situ Observations." *Science* 294: 840–842.

Cazenave, A. 2006. "How Fast Are the Ice Sheets Melting?" *Science* 314: 1250–1252.

——, et al. 2008. "Sea Level Budget over 2003–2008: A Reevaluation from GRACE Space Gravimetry, Satellite Altimetry and Argo." *Global and Planetary Change* 65: 83–88.

Church, J. A., et al. 1991. "A Model of Sea Level Rise Caused by Ocean Thermal Expansion." *Journal of Climate* 4: 438–456.

Clark, P. U., et al. 2004. "Rapid Rise of Sea Level 19,000 Years Ago and Its Global Implications." *Science* 304: 1141–1144.

Davis, C. H., et al. 2005. "Snowfall Driven Growth in East Antarctic Ice Sheet Mitigates Recent Sea-Level Rise." *Science* 308: 1898–1901.

Garcia-Castellano, D., et al. 2009. "Catastrophic Flood of the Mediterranean After the Messinian Salinity Crisis." *Nature* 462: 778–781.

Hansen, J. E. 2007. "Scientific Reticence and Sea Level Rise." *Environmental Research Letters* 2, doi:10.1088/1748-9326/2/2/024002.

Hu, A., et al. 2009. "Transient Response of the MOC and Climate to Potential Melting of the Greenland Ice Sheet in the 21st Century." *Geophysical Rescarch Letters* 36: L10707, doi:1029/2009GL037998.

Joughin, I., et al. 2008. "Seasonal Speedup Along the Western Flank of the Greenland Ice Sheet." *Science* 320: 781–783.

Karan, P. P. 2005. *Japan in the 21st Century: Envirommment, Economy, and Society.* Lexington: University Press of Kentucky.

Kellogg, W. W., and M. Mead, eds. 1976. *The Atmosphere: Endangered and Endangering.* Fogarty International Center.

Kerr, R. 2007. "How Urgent Is Climate Change?" *Science* 318: 1230–1231.

Khan, S. A., P. Knudsen, and C. C. Tscherning. 2003. "Crustal Deformations at Permanent GPS Sites in Denmark." In: *A Window on the Future of Geodesy.* F. Sansò, eds. Berlin: Springer.

Larter, R. D., et al. 2007. "West Antarctic Ice Sheet Change Since the Last Glacial Period." *Eos* 88: 189–190.

Liu, G., et al. 2008. "Detecting Land Subsidence in Shanghai by PS-Networking SAR Interferometry." *Sensors* 8: 4725–4741.

Marbaix, P., and R. J. Nichols. 2007. "Accurately Determining the Risks of Rising Sea Level." *Eos* 88: 441–442.

Meehl, G. A., et al. 2005. "How Much More Global Warming and Sea Level Rise?" *Science* 307: 1769–1772.

Mitrovica, J. X., N. Gomez, and P. U. Clark. 2009. "The Sea-Level Fingerprint of West Antarctic Collapse." *Science* 323: 753.

Oerlemans, J., D. Dahl-Jensen, and V. Masson-Delmotte. 2006. "Ice Sheets and Sea Level." *Science* 313: 1043–1044.

Pfeffer, W. T., J. T. Harper, and S. O'Neel. 2008. "Kinematic Constraints on Glacier Contributions to 21st-Century Sea-Level Rise." *Science* 321: 1340–1343.

Pollard, D., and R. M. DeConto. 2009. "Modelling West Antarctic Ice Sheet Growth and Collapse Through the Past Five Million Years." *Nature* 458: 329–332.

Pritchard, H. D., et al. 2009. "Extensive Dynamic Thinning on the Margins of the Greenland and Antarctic Ice Sheets." *Nature* 461: 971–975.

Rohling, E. J., et al. 2008. "High Rates of Sea-Level Rise During the Last Interglacial Period." *Nature Geoscience* 1: 38–42.

Rowley, J., et al. 2007. "Risk of Rising Sea Level to Population and Land Area." *Eos* 88: 105–107.

Ryan, W. B. P., et al. 1997. "An Abrupt Drowning of the Black Sea Shelf." *Marine Geology* 138: 119–126.

Shepherd, A., and D. Wingham. 2007. "Recent Sea-Level Contributions of the Antarctic and Greenland Ice Sheets." *Science* 315: 1529–1532.

Siddall, M. 2009. "The Sea Level Conundrum: Insights from Paleo Studies." *Eos* 90: 72–73.

Steig, E. J., and A. P. Wolfe. 2008. "Sprucing Up Greenland." *Science* 320: 1595–1596.

Steig, E. J., et al. 2009. "Warming of the Antarctic Ice-Sheet Surface Since the 1957 International Geophysical Year." *Nature* 457: 459–462.

Stockstad, E. 2007. "Boom and Bust in a Polar Hot Zone." *Science* 315: 1522–1523.

Sun, B., et al. 2009. "The Gamburtsev Mountains and the Origin and Early Evolution of the Antarctic Ice Sheet." *Nature* 459: 690–693.

Velicogna, I., and J. Wahr. 2006. "Measurements of Time-Variable Gravity Show Mass Loss in Antarctica." *Science* 311: 1754–1756.

Wigley, T. M. L. 2005. "The Climate Change Commitment." *Scicnce* 307: 1766–1769.

Xuo, Y.-Q., et al. 2005. "Land Subsidence in China." *Environmental Geology* 48: 713–720.

Yanko-Hombach, V. 2003. "'Noah's Flood' and the Late Quaternary History of the Black Sea and Its Adjacent Basins: A Critical Overview of the Flood Hypotheses." Geological Society of America Annual Meeting, Seattle. *Abstracts with Programs* 36: 460.

Yu, S.-Y., Y.-X. Li , and T. B. Törnqvist. 2009. "Tempo of Global Deglaciation During the Early Holocene: A Sea Level Perspective." *PAGES News* 17: 68–70.

**第八章　没有冰的北极**

ACIA. 2005. "Arctic Climate Impact Assessment." Cambridge, UK: Cambridge University Press.

Borgerson, S. G. 2008. "Arctic Meltdown." *Foreign Affairs*, March/April: 63–77.

Briner, J. P., et al. 2006. "A Multi-Proxy Lacustrine Record of Holocene Climate Change on Northeastern Baffin Island, Arctic Canada." *Quaternary Research* 65: 431–442.

Carlton, J. 2005. "Is Global Warming Killing the Polar Bears?" *Wall Street Journal,* December 14.

Chylek, P., M. K. Dubey, and G. Lesins. 2006. "Greenland Warming of 1920–1930 and 1995–2005." *Geophysical Research Letters* 33: L11707, doi:10.1029/2006GL026510.

Cressey, D. 2008. "The Next Land Rush." *Nature* 451: 12–15.

Derocher, A. E., et al. 2000. "Predation of Svalbard Reindeer by Polar Bears." *Polar Biology* 23: 675–678.

Derocher, A. E., et al. 2002. "Diet Composition of Polar Bears in Svalbard and the Western Barents Sea." *Polar Biology* 25: 448–452.

Douglas, M. S. V., J. P. Smol, and W. Blake. 1994. "Marked Post-18th Century Change in High-Arctic Ecosystems." *Science* 266: 416–419.

Fisher, D., et al. 2006. "Natural Variability of Arctic Sea Ice over the Holocene. " *Eos* 87: 273–275.

Gaston, A. J., and K. Woo. 2008. "Razorbills (*Alca Torda*) Fellow Subarctic Prey into the Canadian Arctic: Colonization Results from Climate Change?" *The Auk* 125:

939–942.

Gautier, D. L., et al. 2009. "Assessment of Undiscovered Oil and Gas in the Arctic." *Science* 324: 1175–1179.

Grahl-Nielsen, O., et al. 2003. "Fatty Acid Composition of the Adipose Tissue of Polar Bears and of Their Prey: Ringed Seals, Bearded Seals, and Harp Seals." *Marine Ecology Progress Series* 265: 275–282.

Grebmeier, J. M., et al. 2006. "A Major Ecosystem Shift in the Northern Bering Sea." *Science* 311: 1461–1464.

Iredale, W. 2005. "Polar Bears Drown as Ice Shelf Melts." *The Sunday Times*, December 18.

Kaufman, D. S., et al. 2004. "Holocene Thermal Maximum in the Western Arctic (0–180° W)." *Quaternary Science Reviews* 23: 529–560.

Lomborg, B. 2007. *Cool It: The Skeptical Environmentalist's Guide to Global Warming*. New York: Knopf.

Lowenstein, T. K., and R. V. Demicco. 2006. "Elevated Eocene Atmospheric $CO_2$ and Its Subsequent Decline." *Science* 313: 1928.

Mieszkowska, N., D. Sims, and S. Hawkins. 2007. "Fishing, Climate Change and North-East Atlantic Cod Stocks." Report for the World Wildlife Fund, UK.

Monnett, C., and J. S. Gleason. 2006. "Observations of Mortality Associated with Extended Open-Water Swimming by Polar Bears in the Alaskan Beaufort Sea." *Polar Biology* 29: 681–687.

Moore, P. D. 2004. "Hope in the Hills for Tundra?" *Nature* 432: 159.

Overland, J., et al. 2008. "The Arctic and Antarctic: Two Faces of Climate Change." *Eos* 89: 177.

Putkonen, J., et al. 2009. "Rain on Snow: Little Understood Killer in the North." *Eos* 26: 221–222.

Rigor, I. G., and J. M. Wallace. 2004. "Variations in the Age of Arctic Sea-Ice and Summer Sea-Ice Extent." *Geophysical Research Letters* 31: L09401, doi: 10.1029/2004GL019492.

Schiermeier, Q. 2007. "The New Face of the Arctic." *Nature* 446: 133–135.

Serreze, M. C., M. M. Holland, and J. Stroeve. 2007. "Perspectives on the Arctic's Shrinking Sea-Ice Cover." *Science* 315: 1533–1536.

Smol, J. P., and M. S. V. Douglas. 2007. "Crossing the Final Ecological Threshold in High Arctic Ponds." *Proceedings of* the *National Academy of Sciences* 104:

12395–12397.

Stickley, C., et al. 2009. "Evidence for Middle Eocene Arctic Sea Ice from Diatoms and Ice-Rafted Debris." *Nature* 460: 376–379.

Stirling, I., and A. E. Derocher. 1993. "Possible Impacts of Climatic Warming on Polar Bears." *Arctic* 46: 240–245.

Stirling, I., and A. E. Derocher. 2007. "Melting Under Pressure: The Real Scoop on Climate Warming and Polar Bears." *Wildlife Professional*, Fall: 24–27, 43.

Stockstad, E. 2007. "Boom and Bust in a Polar Hot Zone." *Science* 315: 1522–1523.

Stroeve, J. M., et al. 2008. "Arctic Sea Ice Extent Plummets in 2007." *Eos* 89: 13–14.

Torrice, M. 2009. "Science Lags on Saving the Arctic from Oil Spills." *Science* 325: 1335.

Tripati, A. K., C. D. Roberts, and R. A. Eagle. 2009. "Coupling of $CO_2$ and Ice Sheet Stability over Major Climate Transitions of the Last 20 Million Years." *Science* 326: 1394–1397.

Wilkinson, J. P., et al. 2009. "Hans Island: Meteorological Data from an International Borderline." *Eos* 90: 190–191.

Woods Hole Oceanographic Institution. 2006. "Walrus Calves Stranded by Melting Sea Ice." *Science Daily*, April 15.

## 第九章　绿色世界：格陵兰

Alley, R. B., et al. 2005. "Ice Sheet and Sea Level Changes." *Science* 310: 456–460.

Bamber, J. L., R. L. Layberry, and S. P. Gogenini. 2001. "A New Ice Thickness and Bed Data Set for the Greenland Ice Sheet 1: Measurement, Data Reduction, and Errors." *Journal of Geophysical Research* 106: 33773–33780.

Bamber, J. L., R. L. Layberry, and S. P. Gogenini. 2001. "A New Ice Thickness and Bed Data Set for the Greenland Ice Sheet 2: Relationship Between Dynamics and Basal Topography." *Journal of Geophysical Research* 106: 33781–33788.

Blanchon, P., et al. 2009. "Rapid Sea-Level Rise and Reef Back-Stepping at the Close of the Last Interglacial Highstand." *Nature Geoscience* 458: 881–885.

Cazenave, A. 2006. "How Fast Are the Ice Sheets Melting?" *Science* 314: 1250–1252.

Cuffcy, K., and S. Marshall. 2000. "Substantial Contribution to Sea-Level Rise During the Last Interglacial from the Greenland Ice Sheet." *Nature* 404: 591–594.

de Vernal, A., and C. Hillaire-Marcel. 2008. "Natural Variability of Greenland Climate, Vegetation, and Ice Volume During the Past Million Years." *Science* 320: 1622–

1625.

Francis, D. R., et al. 2006. "Interglacial and Holocene Temperature Reconstructions Based on Midge Remains in Sediments of Two Lakes from Baffin Island, Nunavut, Arctic Canada." *Palaco-3* 236: 107–124.

Gregory, J. M., P. Huybrechts, and S. C. B. Raper. 2004. "Climatology: Threatened Loss of the Greenland Ice-Sheet." *Nature* 428: 616.

Hamilton, G. S., V. B. Spikes, and L. A. Stearns. 2005. "Spatial Patterns in Mass Balance of the Siple Coast and Amundsen Sea Sectors, West Antarctica." *Annals of Glaciology* 41: 105–106.

Hanna, E., et al. 2005. "Runoff and Mass Balance of the Greenland Ice Sheet: 1958–2003." *Journal of Geophysical Research* 110: D13108, doi:10.1029/2004JD005641.

Huybrechts, P., and J. de Wolde. 1999. "The Dynamic Response of the Greenland and Antarctic Ice Sheets to Multiple-Century Climatic Warming." *Journal of Climate* 12: 2169–2188.

IPCC. 2007. "Summary for Policymakers." In: *Climate Change 2007: Impacts, Adaptation and Vulnerability.* Gontribution of Working Group II to the Fourth Assessment Report of thc Intergovernmental Panel on Climatc Change, M. L. Parry et al., eds. Cambridge, UK: Cambridge University Press.

Kerr, R. A. 2008. "Winds, Not Just Global Warming, Eating Away at the Ice Sheets." *Science* 322: 33.

Khan, S. A., et al. 2007. "Elastic Uplift in Southeast Greenland Due to Rapid Ice Mass Loss." *Geophysical Research Letters* 34: L21701, doi:10.1029/2007GL031468.

Letreguilly, A., P. Huybrechts, and N. Reeh. 1991. "Steady-State Characteristics of the Greenland Ice Sheet Under Different Climates." *Journal of Glaciology* 37: 149–157.

Luthcke, S., et al. 2006. "Recent Greenland Ice Mass Loss by Drainage System from Satellite Gravity Observations." *Science* 314: 1286–1289.

Oerlemans, J., D. Dahl-Jenscn, and V. Masson-Delmotte. 2006. "Ice Sheets and Sea Level." *Science* 313: 1043–1044.

Overpeck, J. T., et al. 2006. "Paleoclimatic Evidence for Future Ice-Sheet Instability and Rapid Sea-Level Rise." *Science* 311: 1747–1750.

Pritchard, H. D., et al. 2009. "Extensive Dynamic Thinning on the Margins of the Greenland and Antarctic Ice Sheets." *Nature* 461: 971–975.

Rial, J. A., C. Tang, and K. Steffen. 2009. "Glacial Rumblings from Jakobshavn Ice Stream, Greenland." *Journal of Glaciology* 55: 389–399.

Ridley, J. K., et al. 2005. "Elimination of the Greenland Ice Sheet in a High $CO_2$ Climate." *Journal of Climate* 18: 3409–3427.

Schwartz, M. L. 2005. *Encyclopedia of Coastal Science*. Berlin: Springer.

Secher, K., and P. Appel. 2007. "Gemstones of Greenland." *Geology and Ore* 7: 1–12.

Shepherd, A., and D. Wingham. 2007. "Recent Sea-Level Contributions of the Antarctic and Greenland Ice Sheets." *Science* 315: 1529–1532.

Stearns, L. A., and G. S. Hamilton. 2007. "Rapid Volume Loss from Two East Greenland Outlet Glaciers Quantified Using Repeat Stereo Satellite Imagery." *Geophysical Research Letters* 34: L05503, doi:10.1029/2006GL028982.

Steig, E. J., and A. P. Wolfe. 2008. "Sprucing Up Greenland." *Science* 320: 1595–1597.

Steig, E. J., et al. 2009. "Warming of the Antarctic Ice-Sheet Surface Since the 1957 International Geophysical Year." *Nature* 457: 459–462.

Traufetter, G. 2006. "Global Warming a Boon for Greenland's Farmers." *Spiegel International Online*, August 30.

Truffer, M., and M. Fahnestock. 2007. "Rethinking Ice Sheet Time Scales." *Science* 315: 1508–1510.

van den Broeke, M., et al. 2009. "Partitioning Recent Greenland Mass Loss." *Science* 326: 984–986.

Zwally, H. J., et al. 2002. "Surface Melt-Induced Acceleration of Greenland Ice-Sheet Flow." *Science* 297: 218–222.

**第十章　那热带呢？**

Allison, I., et al. 2011. "The Copenhagen Diagnosis 2009: Updating the World on the Latest Climate Science." The University of New South Wales Climate Change Research Centre (CCRC), Sydney, Australia.

Bar-Matthews, M., A. Ayalon, and A. Kaufman. 2000. "Timing and Hydrological Conditions of Sapropel Events in the Eastern Mediterranean, as Evident from Speleothems, Soreq Cave, Israel." *Chemical Geology* 169: 145–156.

Behling, H., et al. 2001. "Holocene Environmental Changes in the Central Amazon Basin Inferred from Lago Calado (Brazil)." *Palaeogeography, Palaeoclimatology, Palaeoecology* 173: 87–101.

Biastoch, A., et al. 2009. "Increase in Agulhas Leakage Due to Poleward Shift of Southern Hemisphere Westerlies." *Nature* 462: 495–498.

Boko, M., et al. 2007. "Africa." In: *Climate Change 2007: Impacts, Adaptation and Vulnerability.* Contribution of Working Group II to the Fourth Assessment Report of the Intergovernmental Panel on Climate Change, M. L. Parry et al., eds. Cambridge, UK: Cambridge University Press.

Cherry, M. 2005. "Ministers Agree to Act on Warmings of Soaring Temperatures in Africa." *Nature* 437: 1217.

Christensen, J. H., et al. 2007. "Regional Climate Projections." In: *Climate Change 2007: The Physical Science Basis.* Contribution of Working Group I to the Fourth Assessment Report of the Intergovernmental Panel on Climate Change, S. Solomon et al., eds. Cambridge, UK: Cambridge University Press.

Collins, M., and the CMIP Modelling Groups. 2005. "El Niño- Or La Niña-Like Climate Change?" *Climate Dynamics* 24: 89–104.

Demenocal, P. B., et al. 2000. "Millennial-Scale Sea Surface Temperature Variability During the Last Interglacial and Its Abrupt Termination." *Eos* 81: F675.

Dessai, S., et al. 2009. "Do We Need Better Predictions to Adapt to a Changing Climate?" *Eos* 90: 111–112.

Easterbrook, G. 2007. "Global Warming: Who Loses—and Who Wins." *The Atlantic* 299: 52–64.

Eschenbach, W. 2004. "Climate-Change Effect on Lake Tanganyika?" *Nature* 430, doi:10.1038/Nature02689.

Funk, C., et al. 2008. "Warming of the Indian Ocean Threatens Eastern and Southern African Food Security But Could Be Mitigated by Agricultural Development." *Proceedings of the National Academy of Sciences* 105: 110814–11086.

Giles, J. 2007. "How to Survive a Warming World." *Nature* 446: 716–717.

Hay, S. I., et al. 2002. "Climate Change and the Resurgence of Malaria in the East African Highlands." *Nature* 415: 905–909.

Huber, M., and R. Caballero. 2003. "Eocene El Niño: Evidence for Robust Tropical Dynamics in the 'Hothouse'." *Science* 299: 877–881.

Huey, R. B., et al. 2009. "Why Tropical Forest Lizards Are Vulnerable to Climate Warming." *Proceedings of* the *Royal Society B* 276: 1939–1948.

Hulme, M., et al. 2000. "African Climate Change: 1900–2100." *Climate Research* 17: 145–168.

Landsea, C. W. 2007. "Counting Atlantic Tropical Cyclones Back to 1900." *Eos* 88: 197–202.

Linthicum, K. J., et al. 1999. "Climate and Satellite Indicators to Forecast Rift Valley Fever Epidemics in Kenya." *Science* 285: 397–400.

Lobell, D. B., et al. 2008. "Prioritizing Climatc Change Adaptation Needs for Food Security in 2030." *Science* 319: 607–610.

Malhi, Y., et al. 2008. "Climate Change, Deforestation, and the Fate of the Amazon." *Science* 319: 169–172.

Mayle, F. E., and M. J. Power. 2008. "Impacts of a Drier Early-Mid-Holocene Climate Upon Amazonian Forests." *Philos Trans R Soc Lond B Biol Sci* 363: 1829–1838.

Mote, P. W., and G. Kaser. 2007. "The Shrinking Glaciers of Kilimanjaro: Can Global Warming Be Blamed?" *American Scientist* 95: 318–325.

Moy, C. M., et al. 2002. "Variability of El Niño/Southern Oscillation Activity at Millennial Timescales During the Holocene Epoch." *Nature* 420: 162–165.

Neelin, J. D., et al. 2006. "Tropical Drying Trends in Global Warming Models and Observations." *Proccedings of the National Academy of Sciences* 103: 6110–6115.

O'Reilly, C. M., et al. 2003. "Climate Change Decreases Aquatic Ecosystem Productivity of Lake Tanganyika, Africa." *Nature* 424: 766–768.

Patt, A. G., L. Ogallo, and M. Hellmuth. 2007. "Learning from 10 Years of Climate Outlook Forums in Africa." *Science* 318: 49.

Ramaswamy, V. 2009. "Anthropogenic Climate Change in Asia: Key Challenges." *Eos* 90: 469–471.

Russell, J., et al. 2008. "Paleolimnological Records of Recent Glacier Recession in the Ruwenzori Mountains, Uganda-D. R. Congo." *Journal of Paleolimnology* 41: 253–271.

Sarewitz, D. 2010. "Tomorrow Never Knows." *Nature* 463: 24.

Saunders, M. A., and A. S. Lea. 2008. "Large Contribution of Sea Surface Warming to Recent Increase in Atlantic Hurricane Activity." *Nature* 451: 557–559.

Scholz, C. A., et al. 2007. "East African Megadroughts Between 135 and 75 Thousand Years Ago and Bearing on Early-Modern Human Origins." *Proceedings of the National Academy of Sciences* 104: 16416–16421.

Seidel, D. J., and W. J. Randel. 2007. "Recent Widening of the Tropical Belt: Evidence from Tropopause Observations." *Journal of Geophysical Research* 112: D20113, doi:10.1029/2007JD008861.

Shukla, J. 2007. "Monsoon Mysteries." *Science* 318: 204–205.

Stager, J. C., B. Cumming, and L. D. Meeker. 2003. "A 10,000-Year High-Resolution Diatom Record from Pilkington Bay, Lake Victoria, Uganda." *Quaternary Research* 59: 172–181.

Stager, J. C., et al. 2005. "Solar Variability and the Levels of Lake Victoria, East Africa, During the Last Millennium." *Journal of Paleolimnology* 33: 243–251.

Stager, J. C., et a1. 2007. "Solar Variability, ENSO, and the Levels of Lake Victoria, East Africa." *Journal of Geophysical Research* 112: D15106, doi:10.1029/2006JD008362.

Tadross, M., C. Jack, and D. Le Sueur. 2005. "On RCM-Based Projections of Change in Southern African Summer Climate." *Geophysical Research Letters* 32: L23713, doi:10.1029/2005GL024460.

Thomas, C. 2004. "Changed Climate in Africa?" *Nature* 427: 690–691.

Vallely, P. 2006. "Climate Change Will Be Catastrophe for Africa." *The Independent*, May 16.

Verburg, P., R. E. Hecky, and H. Kling. 2003. "Ecological Consequences of a Century of Warming in Lake Tanganyika." *Science Express* 301: 505–507.

Verschuren, D., K. R. Laird, and B. F. Cumming. 2000. "Rainfall and Drought in Equatorial East Africa During the Past 1,100 Years." *Nature* 403: 410–413.

Verschuren, D., et al. 2009. "Half-Precessional Dynamics of Monsoon Rainfall Near the East African Equator." *Nature* 462: 637–641.

Vuille, M., et al. 2008. "Climate Change and Tropical Andean Glaciers: Past, Present, and Future." *Earth Science Reviews* 89: 79–96.

**第十一章　温带地区**

Bagla, P. 2009. "No Sign Yet of Himalayan Meltdown, Indian Report Finds." *Science* 326: 924–925.

Cannone, N., S. Sgorbati, and M. Guglielmin. 2007. "Unexpected Impacts of Climate Change on Alpine Vegetation." *Frontiers in Ecology and the Environment* 5: 360–364.

Danovaro, R., S. Fonda Umani, and A. Pusceddu. 2009. "Climate Change and the Potential Spreading of Marine Mucilage and Microbial Pathogens in the Mediterranean Sea." *PLOS ONE* 4: E7006, doi:10.1371/Journal.Pone.00070006.

Dello, K. 2007. "Trends in Climate in Northern New York and Western Vermont."

Master's thesis, State University of New York at Albany.

Frumhoff, P. C., et al. 2007. "Confronting Climate Change in the U. S. Northeast: Science, Impacts, and Solutions." Synthesis Report of the Northeast Climate Impacts Assessment (NBCIA).

Harlow, W. M., et al. 1996. *Textbook of Dendrology*. New York: McGraw-Hill.

Hayhoe, K., et al. 2007. "Past and Future Changes in Climate and Hydrological Indicators in the U. S. Northeast." *Climate Dynamics* 28: 381–407.

Hulme, M., et al. 1999. "Relative Impacts of Human-Induced Climate Change and Natural Climate Variability." *Nature* 397: 688–691.

IPCC. 2007. "Summary for Policymakers." In: *Climate Change 2007: Impacts, Adaptation and Vulnerability.* Contribution of Working Group II to the Fourth Assessment Report of the Intergovernmental Panel on Climate Change, M. L. Parry et al., eds. Cambridge, UK: Cambridge University Press.

Keim, B. D., et al. 2003. "Are There Spurious Temperature Trends in the United Stares Climate Division Database?" *Geophysical Research Letters* 30: 1404, doi: 10.1029/2002GL016295.

Lovett, G. M., and M. J. Mitchell. 2004. "Sugar Maple and Nitrogen Cycling in the Forests of Eastern North America." *Frontiers in Ecology and the Environment* 2: 81–88.

McKibben, B. 1990. *The End of Nature*. New York: Penguin Books.

——. 2002. "Future Shock: The Coming Adirondack Climate." *Adirondack Life,* March-April.

——. 2006. "A Win-Wind Situation." *Adirondack Life*, September-October.

——. 2009. "Half-Precessional Dynamics of Monsoon Rainfall Near the East African Equator." *Nature* 462: 637–641.

Meehl, G. A., et al. 2007. "Global Climate Projections." In: *Climate Change 2007: The Physical Science Basis.* Contribution of Working Group I to the Fourth Assessment Report of the Intergovernmental Panel on Climate Change, S. Solomon et al., eds. Cambridge, UK: Cambridge University Press.

Muller, E. H., L. Sirkin, and J. L. Craft. 1993. "Stratigraphic Evidence of a Pre-Wisconsinan Interglaciation in the Adirondack Mountains, New York." *Quaternary Research* 40: 163–168.

New England Regional Assessment. 2001. "Preparing for a Changing Climate: The Potential Consequences of Climate Variability and Change." Durham: University of New Hampshire.

Prasad, A. M., and L. R. Iverson. 1999. "A Climate Change Atlas for 80 Forest Tree Species of the Eastern United States (Database)." Northeastern Research Station, USDA Forest Service, Delaware, Ohio.

Schiermeier, Q. 2010. "The Real Holes in Climate Science." *Nature* 463: 284–287.

Spaulding, P., and A. W. Bratton. 1946. "Decay Following Glaze Storm Damage in Woodlands of Central New York." *Journal of Forestry* 44: 515–519.

Stager, J. C., and M. R. Martin. 2002. "Global Climate Change and the Adirondacks." *Adirondack Journal of Environmental Studies* 9:1–10.

Stager, J. C., et al. 2009. "Historical Patterns and Effects of Changes in Adirondack Climates Since the Early 20th Century." *Adirondack Journal of Environmental Studies* 15: 14–24.

Stine, A. R., P. Huybers, and I. Y. Fung. 2009. "Changes in the Phase of the Annual Cycles of Surface Temperature." *Nature* 457: 435–440.

Thaler, J. S. 2006. *Adirondack Weather: History and Climate Guide.* Yorktown Heights, NY: Hudson Valley Climate Service.

Thomson, D. J. 2009. "Shifts in Season." *Nature* 457: 391–392.

Trombulak, S., and R. Wolfson. 2004. "Twentieth Century Climate Change in New England and New York." *Geophysical Research Letters* 31: L19202, doi:10.1029/2004GL020574.

Willis, K. J., and S. A. Bhagwat. 2009. "Biodiversity and Climate Change." *Science* 326: 806–807.

北京大学出版社

# 自然—博物书单

**博物文库 · 生态与文明系列**

| | |
|---|---|
| 1. 世界上最老最老的生命 | 〔美〕蕾切尔·萨斯曼 著 |
| 2. 日益寂静的大自然 | 〔德〕马歇尔·罗比森 著 |
| 3. 大地的窗口 | 〔英〕珍·古道尔 著 |
| 4. 亚马逊河上的非凡之旅 | 〔美〕保罗·罗索利 著 |
| 5. 生命探究的伟大史诗 | 〔美〕罗布·邓恩 著 |
| 6. 食之养：果蔬的博物学 | 〔美〕乔·罗宾逊 著 |
| 7. 人类的表亲 | 〔法〕让–雅克·彼得 著 |
| | 〔法〕弗朗索瓦·德博尔德 著 |
| 8. 土壤的救赎 | 〔美〕克莉斯汀·奥尔森 著 |
| 9. 十万年后的地球：暖化的真相 | 〔美〕寇特·史塔格 著 |
| 10. 看不见的大自然 | 〔美〕大卫·蒙哥马利 著 |
| | 〔美〕安妮·比克莱 著 |
| 11. 种子与人类文明 | 〔英〕彼得·汤普森 著 |
| 12. 感官的魔力 | 〔美〕大卫·阿布拉姆 著 |
| 13. 我们的身体，想念野性的大自然 | 〔美〕大卫·阿布拉姆 著 |
| 14. 狼与人类文明 | 〔美〕巴里·H. 洛佩斯 著 |

**博物文库 · 博物学经典丛书**

| | |
|---|---|
| 1. 雷杜德手绘花卉图谱 | 〔比利时〕雷杜德 著 / 绘 |
| 2. 玛蒂尔达手绘木本植物 | 〔英〕玛蒂尔达 著 / 绘 |
| 3. 果色花香 —— 圣伊莱尔手绘花果图志 | 〔法〕圣伊莱尔 著 / 绘 |
| 4. 休伊森手绘蝶类图谱 | 〔英〕威廉·休伊森 著 / 绘 |
| 5. 布洛赫手绘鱼类图谱 | 〔德〕马库斯·布洛赫 著 |
| 6. 自然界的艺术形态 | 〔德〕恩斯特·海克尔 著 |
| 7. 天堂飞鸟 —— 古尔德手绘鸟类图谱 | 〔英〕约翰·古尔德 著 / 绘 |
| 8. 鳞甲有灵 —— 西方经典手绘爬行动物 | 〔法〕杜梅里、〔奥地利〕费卿格 / 绘 |
| 9. 手绘喜马拉雅植物 | 〔英〕胡克 著 菲奇 绘 |
| 10. 飞鸟记 | 〔瑞士〕欧仁·朗贝尔 |
| 11. 寻芳天堂鸟 | 〔法〕勒瓦扬〔英〕古尔德、华莱士 著 |
| 12. 狼图绘：西方博物学家笔下的狼 | 〔法〕布丰、〔英〕奥杜邦、古尔德 等 |
| 13. 缤纷彩鸽 —— 德国手绘经典 | 〔德〕埃米尔·沙赫特察贝 著；舍讷 绘 |

**博物文库·自然博物馆系列**

1. 蘑菇博物馆 〔英〕罗伯茨、埃文斯 著
2. 贝壳博物馆 〔美〕M.G.哈拉塞维奇 莫尔兹索恩 著
3. 蛙类博物馆 〔英〕蒂姆·哈利迪 著
4. 兰花博物馆 〔英〕马克·切斯 等著
5. 甲虫博物馆 〔加拿大〕帕特里斯·布沙尔 著
6. 病毒博物馆 〔美〕玛丽莲·鲁辛克 著
7. 树叶博物馆 〔英〕J.库姆斯〔匈牙利〕德布雷齐 著
8. 鸟卵博物馆 〔美〕马克·E.豪伯 著
9. 毛虫博物馆 〔美〕戴维·G.詹姆斯 著
10. 蛇类博物馆 〔英〕马克·O.希亚 著
11. 种子博物馆 〔英〕保罗·史密斯 著

**徐仁修荒野游踪系列**

大自然小侦探 徐仁修 著
村童野径 徐仁修 著
与大自然捉迷藏 徐仁修 著
仲夏夜探秘 徐仁修 著
思源垭口岁时记 徐仁修 著
家在九芎林 徐仁修 著
猿吼季风林 徐仁修 著
自然四记 徐仁修 著
荒野有歌 徐仁修 著
动物记事 徐仁修 著
探险途上的情书（上、下） 徐仁修 著

东亚鸟类野外手册 〔英〕马克·布拉齐尔 著
“鸟人”应该知道的鸟问题 〔美〕劳拉·埃里克森 著
西布利观鸟指南 〔美〕戴维·艾伦·西布利 著
风吹草木动 莫非 著
北京野花 杨斧 著
勐海植物记 刘华杰 著
西方博物学文化 刘华杰 主编
垃圾魔法书（中小学生环保教材） 自然之友 著

**大美悦读·自然与人文系列**

极地探险 柯潜 编著
沙漠大探险 柯潜 编著
美妙的数学 吴振奎 著
中国最美的地质公园 吴胜明 著
穿越雅鲁藏布大峡谷 高登义 著

**科学元典丛书**

| | |
|---|---|
| 天体运行论 | 〔波兰〕哥白尼 著 |
| 关于托勒密和哥白尼两大世界体系的对话 | 〔意〕伽利略 著 |
| 心血运动论 | 〔英〕威廉·哈维 著 |
| 薛定谔讲演录 | 〔奥地利〕薛定谔 著 |
| 自然哲学之数学原理 | 〔英〕牛顿 著 |
| 牛顿光学 | 〔英〕牛顿 著 |
| 惠更斯光论（附《惠更斯评传》） | 〔荷兰〕惠更斯 著 |
| 怀疑的化学家 | 〔英〕波义耳 著 |
| 化学哲学新体系 | 〔英〕道尔顿 著 |
| 控制论 | 〔美〕维纳 著 |
| 海陆的起源 | 〔德〕魏格纳 著 |
| 物种起源（增订版） | 〔英〕达尔文 著 |
| 热的解析理论 | 〔法〕傅立叶 著 |
| 化学基础论 | 〔法〕拉瓦锡 著 |
| 笛卡儿几何 | 〔法〕笛卡儿 著 |
| 狭义与广义相对论浅说 | 〔美〕爱因斯坦 著 |
| 人类在自然界的位置（全译本） | 〔英〕赫胥黎 著 |
| 基因论 | 〔美〕摩尔根 著 |
| 进化论与伦理学（全译本）（附《天演论》） | 〔英〕赫胥黎 著 |
| 从存在到演化 | 〔比利时〕普里戈金 著 |
| 地质学原理 | 〔英〕莱伊尔 著 |
| 人类的由来及性选择 | 〔英〕达尔文 著 |
| 希尔伯特几何基础 | 〔德〕希尔伯特 著 |
| 人类和动物的表情 | 〔英〕达尔文 著 |
| 条件反射：动物高级神经活动 | 〔俄〕巴甫洛夫 著 |
| 电磁通论 | 〔英〕麦克斯韦 著 |
| 居里夫人文选 | 〔法〕玛丽·居里 著 |
| 计算机与人脑 | 〔美〕冯·诺伊曼 著 |
| 人有人的用处——控制论与社会 | 〔美〕维纳 著 |
| 李比希文选 | 〔德〕李比希 著 |
| 世界的和谐 | 〔德〕开普勒 著 |
| 遗传学经典文选 | 〔奥地利〕孟德尔 等 著 |
| 德布罗意文选 | 〔法〕德布罗意 著 |
| 行为主义 | 〔美〕华生 著 |
| 人类与动物心理学讲义 | 〔德〕冯特 著 |
| 心理学原理 | 〔美〕詹姆斯 著 |
| 大脑两半球机能讲义 | 〔俄〕巴甫洛夫 著 |
| 相对论的意义 | 〔美〕爱因斯坦 著 |
| 关于两门新科学的对谈 | 〔意大利〕伽利略 著 |
| 玻尔讲演录 | 〔丹麦〕玻尔 著 |
| 动物和植物在家养下的变异 | 〔英〕达尔文 著 |

| | |
|---|---|
| 攀援植物的运动和习性 | 〔英〕达尔文 著 |
| 食虫植物 | 〔英〕达尔文 著 |
| 宇宙发展史概论 | 〔德〕康德 著 |
| 兰科植物的受精 | 〔英〕达尔文 著 |
| 星云世界 | 〔美〕哈勃 著 |
| 费米讲演录 | 〔美〕费米 著 |
| 宇宙体系 | 〔英〕牛顿 著 |
| 对称 | 〔德〕外尔 著 |
| 植物的运动本领 | 〔英〕达尔文 著 |
| 博弈论与经济行为（60周年纪念版） | 〔美〕冯·诺伊曼 摩根斯坦 著 |
| 生命是什么（附《我的世界观》） | 〔奥地利〕薛定谔 著 |
| 同种植物的不同花型 | 〔英〕达尔文 著 |
| 生命的奇迹 | 〔德〕海克尔 著 |
| 阿基米德经典著作 | 〔古希腊〕阿基米德 著 |
| 性心理学 | 〔英〕霭理士 著 |
| 宇宙之谜 | 〔德〕海克尔 著 |
| 圆锥曲线论 | 〔古希腊〕阿波罗尼奥斯 著 |
| 化学键的本质 | 〔美〕鲍林 著 |
| 九章算术（白话译讲） | 张苍 等辑撰，郭书春 译讲 |

**科学元典丛书（彩图珍藏版）**

| | |
|---|---|
| 自然哲学之数学原理（彩图珍藏版） | 〔英〕牛顿 著 |
| 物种起源（彩图珍藏版）（附《进化论的十大猜想》） | 〔英〕达尔文 著 |
| 狭义与广义相对论浅说（彩图珍藏版） | 〔美〕爱因斯坦 著 |
| 关于两门新科学的对话（彩图珍藏版） | 〔意大利〕伽利略 著 |

| | |
|---|---|
| 科学的旅程（珍藏版） | 〔美〕雷·斯潘根贝格等 著 |
| 物理学之美（插图珍藏版） | 杨建邺 著 |
| 科学大师的失误 | 杨建邺 著 |
| 道与名：古代中国和希腊的科学与医学 | 〔美〕罗维、席文 著 |
| 科学史十论 | 席泽宗 著 |
| 科学史学导论 | 〔丹麦〕克奥 著 |
| 科学史方法论讲演录 | 〔美〕席文 著 |
| 科学革命新史观讲演录 | 〔美〕狄博斯 著 |
| 对年轻科学家的忠告 | 〔英〕P.B. 梅多沃 著 |
| 二十世纪生物学的分子革命 | 〔法〕莫朗热 著 |
| 道德机器：如何让机器人明辨是非 | 〔美〕瓦拉赫、艾伦 著 |
| 科学，谁说了算 | 〔意大利〕布齐 著 |

**李四光纪念馆系列科普丛书**

| | |
|---|---|
| 听李四光讲地球的故事 | 李四光纪念馆 著 |
| 听李四光讲古生物的故事 | 李四光纪念馆 著 |
| 听李四光讲宇宙的故事 | 李四光纪念馆 著 |